U0227980

航天器降落伞减速系统动力学

王海涛 郭 鹏 荣 伟 著

科 学 出 版 社

北 京

内 容 简 介

本书系统论述了航天器降落伞减速系统的基础知识、动力学理论、半实物仿真技术及试验方法,包含了作者科研过程中的许多实践经验和理论成果。全书共 11 章,第 1~2 章主要阐述了航天器降落伞减速着陆技术发展概况,动力学建模与仿真研究现状,降落伞的设计、结构、开伞过程及充气性能等基础知识;第 3~9 章详细论述了航天器降落伞减速系统相关的系统动力学建模、弹射分离动力学建模、拉直充气动力学建模、参数辨识方法、试验光测图像分析方法、翼伞系统动力学建模及归航设计方法等理论成果;第 10 章介绍了航天器降落伞减速半实物仿真系统的构建及关键技术;第 11 章论述了航天器降落伞减速系统的各类试验方法,重点介绍了风洞试验技术。本书基本上涵盖了航天器降落伞减速系统动力学理论、仿真和试验研究的各方面内容,侧重论述基础理论、基本方法和关键技术,并提供了一些有用的技术数据。

本书可供从事航天器回收着陆技术和降落伞技术专业领域的工程师和研究人员参考,也可作为航空航天相关专业的教学参考书,希望能够为我国飞行器回收、航空救生和空投空降技术的发展提供帮助。

图书在版编目(CIP)数据

航天器降落伞减速系统动力学 / 王海涛,郭鹏,荣伟著. —北京:科学出版社,2023.6
ISBN 978-7-03-075766-1

Ⅰ.①航⋯ Ⅱ.①王⋯ ②郭⋯ ③荣⋯ Ⅲ.①航天器—阻力伞—系统动态学 Ⅳ.①V227

中国国家版本馆 CIP 数据核字(2023)第 103162 号

责任编辑:胡文治 / 责任校对:谭宏宇
责任印制:黄晓鸣 / 封面设计:殷 靓

科 学 出 版 社 出版
北京东黄城根北街 16 号
邮政编码:100717
http://www.sciencep.com

南京展望文化发展有限公司排版

广东虎彩云印刷有限公司印刷
科学出版社发行 各地新华书店经销

*

2023 年 6 月第 一 版 开本:B5(720×1000)
2024 年 9 月第三次印刷 印张:19
字数:372 000

定价:170.00 元
(如有印装质量问题,我社负责调换)

前言
PREFACE

　　降落伞是一种气动力减速稳定装置,它具有重量轻、体积小、减速稳定效果好的优点,被广泛应用于航空航天飞行器回收、航空救生和空投空降技术领域。截至目前,载人飞船等航天器的回收无一例外均采用降落伞系统进行减速着陆,火星探测器的着陆也均采用降落伞作为主要气动减速手段。由于降落伞的柔性结构体特征,其工作过程涉及多物理场耦合动力学、刚柔耦合非线性多体动力学、复杂约束条件下的多学科优化等问题,理论分析、数值仿真及试验模拟难度均比较大。在航天器降落伞减速系统的设计分析和试验验证时期,对航天器降落伞减速系统的动态性能进行分析评估是一项重要的工作,因此,航天器降落伞减速系统动力学作为系统总体设计与分析、性能与试验评估的理论基础就显得特别重要。

　　作者及研究团队先是参与了我国载人航天工程中"神舟号"载人飞船降落伞减速系统的动力学分析和性能评估的研究工作,后又陆续参与了探月三期工程中"嫦娥五号"探月返回器、火星探测工程中"天问一号"火星探测器的降落伞减速系统动力学分析和性能评估研究工作。由于航天器降落伞减速系统通常是由大型降落伞系统组成,结构和工作流程均比较复杂、可靠性要求高,作者及团队在多年的研究中对其中的系统动力学建模、弹射分离、拉直充气、参数辨识、半实物仿真、试验设计及光测图像分析等领域均进行了深入的研究,在航天器降落伞减速系统动力学研究领域形成了较为完备的知识体系积累。对航天器降落伞减速系统进行动力学分析与性能评估是进行降落伞系统设计和试验验证的重要内容,因此,本书的目的是为从事航天器回收着陆技术和降落伞技术的工程师和研究人员提供一本系统描述降落伞系统动力学建模理论、仿真分析技术以及试验技术的专著,希望能够推动我国航天器回收着陆技术学科专业的进一步发展。

本书共分 11 章：第 1 章论述航天器降落伞减速着陆技术的发展概况及动力学研究现状；第 2 章对降落伞的组成结构、开伞过程及充气性能等内容进行论述；第 3 章从一般刚体动力学建模基础理论出发，利用多体系统动力学建模理论推导了不同自由度的降落伞系统动力模型；第 4 章以载人飞船降落伞减速系统工作过程为研究对象，系统建立了航天器降落伞减速系统工作全过程的动力学模型；第 5 章建立了航天器弹射分离伞舱盖及拉伞包过程的多体动力学模型和连续体动力学模型；第 6 章以载人飞船大型降落伞拉直过程为对象，系统建立大型降落伞拉直过程多阶段的三维不连续拉出多体动力学模型，并对大型降落伞拉直过程中的抽打现象进行了分析；第 7 章介绍了降落伞动力学参数辨识的基本理论，建立了航天器降落伞充气过程及稳定下降过程相关动力学参数辨识模型；第 8 章介绍了针对航天器降落伞空投试验光测图像的一般分析理论和方法；第 9 章建立了航天器翼伞减速系统的动力学模型并介绍了归航轨迹的设计和分析方法；第 10 章论述了航天器降落伞减速系半实物仿真系统的构建实现和关键技术、各子系统的设计和功能等内容；第 11 章论述了航天器降落伞减速系统的各类试验方法和技术，重点介绍了风洞试验技术。本书中关于航天器降落伞的基础知识、动力学建模理论、半实物仿真技术以及试验方法等内容体系的论述可为从事航天器回收着陆技术和降落伞技术的工程师和研究人员提供重要理论参考。

作者一直从事航天器回收着陆技术的研究工作，本书的撰写离不开团队成员的支持和帮助，他们是秦子增教授、程文科副教授、宋旭民博士、熊菁博士、郭叔伟博士等。特别感谢在从事航天器回收着陆技术的研究过程中，北京空间机电研究所(五〇八所)各位领导和同事们的支持和帮助，希望我国的航天器回收着陆事业发展得越来越好。

本书可作为航天器回收着陆系统和降落伞系统设计与分析的参考书，也可作为飞行器设计、动力学与控制等学科专业相关教学科研人员的参考用书。由于作者水平有限，书中难免存在一些疏漏和不足之处，恳请读者批评指正。

作　者

2022 年 12 月

目录
CONTENTS

第 1 章

概　　论

1.1　降落伞的应用与发展

降落伞是一种气动力减速稳定装置,它具有重量轻、体积小、减速稳定效果好的优点,被广泛应用于航空、航天、兵器和体育运动等领域。

降落伞的应用具有悠久的历史。司马迁在《史记·五帝本纪》中记载,传说中的虞舜曾利用两个斗笠从着火的仓廪上跳下来而得以不死,这是人类历史上最早应用降落伞气动减速原理的报道[1,2]。日本 1944 年出版的《降下伞》一书记载,在公元 1307 年中国元武宗登基大典中,杂技艺人使用纸制巨伞从高墙跃下做表演,这是人类历史上最早的跳伞实践。1495 年,意大利科学家达·芬奇在他的手稿中绘制了人类第一个降落伞的设计图,但是达·芬奇的设计在当时并没有付诸实践。17 世纪,法国驻暹罗(今泰国)大使德·卢贝尔在《历史关系》一书中记载了亲眼所见的中国杂技演员利用绸布雨伞从高塔缓慢降落的情形。1777 年,法国航空先驱和热空气气球发明人蒙哥尔费兄弟用麻布制成了直径2.5 m 的半球形降落伞,另一位法国人布兰查德发明了平顶式降落伞。1783 年,法国人勒诺尔芒受到《历史关系》一书的启发,对绸布雨伞进行了改进和试验,并取名为"降落伞"。1797 年,法国人加纳林在此基础上进一步改进,使用改进降落伞从 800 m 高的热气球上成功跳伞。因此,一般认为直到 18 世纪末,才在科学实验和气球跳伞表演中出现真正意义上的降落伞。最初的降落伞是用刚性骨架保持张开的,以后逐渐出现了有中心孔的降落伞和全柔性伞,中心孔改善了降落伞的稳定性,而全柔性伞可以折叠包入伞包,这些设计提高了降落伞的性能和实用性[3]。

20 世纪初,莱特兄弟发明了飞机,但是当时的飞机结构比较简单,工艺粗糙且安全性很差,飞行时常发生事故,所以迫切需要一种飞机驾驶员专用降落伞。1911年,俄国工程师科杰尼柯夫设计的飞行员救生伞问世。他将伞衣装进了专用伞包,便于携带和保管,使用时伞包固定在跳伞者身上,保证从任何位置跳伞,伞衣均能及时打开。这种降落伞和过去的降落伞大不相同,已经具有现代降落伞的特征。

同年,意大利人皮诺对降落伞的结构作了重大改进,他设计了一种引导主伞的附加小伞。跳伞员跳伞时,先拉开易于打开的小伞,然后大伞在已经打开的小伞作用下打开,这样操纵方便、效果良好。1912 年,美国陆军上尉贝里第一次从飞机上跳伞成功。

第一次世界大战促进了应急救生伞的迅速发展。战后年代,救生伞的改进非常迅速,采用了许多至今还在使用的方法,例如开伞拉绳和引导伞的开伞方法、背带连接和伞包包伞方式等。美国空军通过对救生伞的不断试验和研制改进,于 1924 年首次定型了标准化的由平面圆形密实伞组成的座式降落伞系统,供飞机驾驶员和空勤人员使用,这也是最早的军用型降落伞。

第二次世界大战开始后,德国人和英国人开始重视降落伞设计和性能预测的科学方法,为降落伞的设计和使用确立了许多基本的观点,是降落伞最重要的发展时期。英国人通过研究伞衣的形状和织物透气性,改善了人用伞的开伞可靠性和伞的应力状态,并发展了降落伞加工制造技术。德国人设计制造了带条伞和导向面伞,并通过理论和实验研究使这两种伞获得了卓越的性能。导向面伞由于稳定性极好被应用于炸弹、水雷及导弹部件的弹道控制。带条伞也具有良好的稳定性,主要应用于飞机减速控制、导弹和导弹部件(V-1 和 V-2)回收、弹射座椅的稳定和减速。德国人通过理论研究和应用,分析了降落伞的工作性能,获得了伞气动力性能的基本知识,发展了收口技术以降低开伞载荷。美国人于 1940 年在佐治亚州本宁堡制定了正式的伞兵训练计划,并对空投大重量军事装备问题作了尝试,从而导致了大伞的使用,促进了群伞系统的发展。

20 世纪 60~70 年代,降落伞在航天技术领域获得了成功的应用(图 1.1),满足了高空高速以及复杂工作状态下航天器减速的任务要求,比较典型的是苏联采用大型降落伞成功回收"联盟号"载人飞船以及美国成功突破了采用群伞回收"阿波罗号"载人登月飞船的技术。另外,在火星探测、金星探测等深空探测领域,也均采用了降落伞进行减速着陆。航天工程的应用需求,也推动了人们进一步发展科学分析预测降落伞工作性能的方法和技术。

20 世纪 80 年代,美国利用群伞技术成功回收了重约 80 吨的航天飞机固体火箭助推器,开启了重型航天器降落伞回收的先河。90 年代,美国利用"盘-缝-带"降落伞在火星大气环境中以 $1.57Ma$ 的超声速状态开伞减速,成功实施了"探路者号"火星探测器的着陆任务,发展了超声速火星降落伞减速技术。

20 世纪 60 年代初,美国在研制"双子星座号"载人飞船时曾经研究利用可展开的滑翔翼系统代替降落伞系统。这种滑翔翼在着陆段展开,可产生足够的升力,使返回器能在一定的范围内机动,并能将着陆冲击减小到无损的程度。可惜这种可展开翼系统在"双子星座"计划中并未研制成功[4]。但是,美国在 1998 年 3 月至

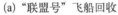

(a) "联盟号"飞船回收

(b) "阿波罗号"飞船回收

图 1.1 载人飞船的降落伞回收

2001 年 12 月期间,针对空间站乘员返回器(crew return vehicle,CRV)原型机 X - 38 共进行了 8 次利用大型翼伞实施精确回收着陆的飞行试验(图 1.2),其中第 8 次飞行试验使用的翼伞面积为 697 m²,着陆点距离预定点仅 360 m,成功验证了翼伞技术在航天器无损定点着陆方面具有重要的应用价值。

　　21 世纪以来,世界各国研制的新一代可重复使用载人飞船仍然普遍采用降落伞技术,例如,美国国家航空航天局(National Aeronautics and Space Administration,NASA)的"猎户座"飞船、太空探索技术公司(SpaceX)的"载人龙"飞船、波音公司的 CST - 100"星际线"飞船等(图 1.3)。

图 1.2 X - 38 翼伞精确回收试验

新一代载人飞船由于返回舱再入重量的增大,普遍选择群伞减速技术。因此,航空航天科技的进步和工程应用的需求,不断地推动着降落伞的理论设计与分析、材料与制造工艺的进一步发展。

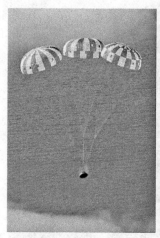  

(a)"猎户座"飞船回收　　　　(b)"载人龙"飞船回收　　　　(c)"星际线"飞船回收

图 1.3　新一代载人飞船降落伞回收

1.2　航天器降落伞减速着陆技术

1.2.1　航天器降落伞减速着陆技术概述

航天器(Spacecraft),又称空间飞行器、太空飞行器,是指基本上按照天体力学的规律在地球大气层以外的宇宙空间运行,执行探索、开发、利用太空和天体等特定任务的各类飞行器,例如,人造地球卫星、载人飞船、航天飞机和空间探测器等。航天器沿其运行轨道直接进入,或者离开它原来的运行轨道沿转变后的轨道进入它要着陆的天体的大气层,安全通过大气层并利用大气减速最终安全着陆在天体上的过程,称为航天器的进入(Entry)、下降(Descent)与着陆(Landing)过程,简称 EDL 过程[5]。

航天器的进入、下降与着陆过程一般分为进入、下降和着陆三个阶段。其中,进入段是指从进入点运行至降落伞系统开伞为止,是航天器进入、下降和着陆过程中的主要减速阶段,主要利用航天器在大气中运动产生的气动阻力进行减速,航天器由高超声速减速至超声速或亚声速,是 EDL 过程中飞行环境最恶劣、气动力/热环境最复杂的一个阶段;下降段是指从降落伞开始工作下降至着陆安全高度的过程,主要利用降落伞减速装置进行减速和稳定姿态,在此过程中,由于降落伞由折叠包装状态转变为展开工作状态,在很短的时间内物伞系统的外形、气动、质量特征及各部分的相对位置均发生急剧的变化,使得物伞系统的动力学特征非常复杂;着陆段是指从安全高度降落到行星表面,并完全停止的运动过程,即最终的减速缓冲着陆过程。

在学科专业领域一般把具有进入某一天体大气层功能的航天器称为进入式航天器,进入部分称为进入器,而进入器中确保在行星表面安全着陆的部分称为着陆器。把具有进入地球大气层功能的整个航天器称为返回式航天器,航天器中进入地球大气层的部分称为返回器或返回舱(如返回式卫星或载人飞船的返回舱、航天飞机的轨道器)。大多数返回式航天器的设计采用由返回器直接着陆的方式,即返回器就是着陆器。

当航天器以大于或等于第一宇宙速度进入地球或其他行星的大气层后,依靠其自身的外形在气动阻力的作用下急剧减速。对于返回地球的航天器来说,一般在 15 km 左右的高度其速度可减小至亚声速,再继续下降时返回器的速度将逐渐趋于稳定下降速度,保持在 100~200 m/s。此时,若不进一步采取减速措施,返回器将以超过 100 m/s 的速度冲向地面而坠毁。所以返回器在着陆之前还需要一套减速装置,通常是采用降落伞装置来进行减速,将返回器进一步减速到安全着陆速度或规定的下降速度。

利用降落伞减速时,由于降落伞的面积与其稳定下降速度的平方成反比,所以在工程设计中,降落伞减速后的速度不能规定得太低,否则降落伞系统的质量将大到不合理的程度。为确保返回器或着陆器安全着陆,在某些返回器或着陆器上还必须设置着陆缓冲装置,以部分地吸收返回器或着陆器在着陆时的能量。因此,一般将航天器减速至规定的下降或着陆速度的降落伞减速装置及其相关的附属机构,包括控制装置、执行机构等,称为降落伞减速系统,相关的研究技术称为降落伞减速技术;将负责着陆器安全着陆的着陆缓冲装置及其相关附属装置称为着陆缓冲系统,相关的研究技术称为着陆缓冲技术;同时,由于降落伞减速系统和着陆缓冲系统在技术指标和系统方案的确定等方面是相互关联的,所以一般将降落伞减速系统和着陆缓冲系统统称为航天器降落伞减速着陆系统,相关的研究技术也统称为航天器降落伞减速着陆技术。

综上所述,航天器降落伞减速着陆技术是指利用降落伞气动减速装置和着陆缓冲装置,通过特定的控制手段,使需要返回或着陆的航天器或有效载荷实现位置、姿态、速度等运动状态的转变,直至按预定的程序和目的安全着陆和收回的技术。其主要任务是使航天器的全部或局部减速到规定的速度并安全着陆于地球或其他星球表面[5]。

历史上曾经将探空火箭、返回式卫星的降落伞减速系统称为回收系统(recovery system),将载人飞船、月球返回器的降落伞减速着陆系统称为着陆系统(landing system),将金星、火星探测器的降落伞减速系统称为减速系统(deceleration system)。无论是探空火箭、返回式卫星,还是载人飞船、行星探测器,从系统组成上来说,负责在地球或其他行星大气层内利用降落伞进行减速的部分均可称为降落伞减速系统,利用着陆缓冲装置进行缓冲着陆的部分均可称为着陆缓冲系统,或两者统称为减速着陆系统。由于习惯的原因,对于探空火箭、返回式卫星、运载火箭等航天器,其中为了回收而负责减速的部分也可称为降落伞回收系统;如果该着陆器还有着陆缓冲系统,降落伞回收系统和着陆缓冲系统又可统称为回收着陆系统。因此,对于载人飞船而言,负责飞船返回舱减速着陆的系统则仍可称为回收着陆系统。而对于在地球以外的星球表面着陆或在其大气层内利用减速装置进行减速的系统,应称为降落伞减速系统或降落伞减速着陆系统[4,5]。

1.2.2　航天器降落伞减速着陆技术的发展

航天器降落伞减速着陆技术是随着火箭、导弹、航天(空间)技术发展而发展起来,并得到广泛应用的一门综合性应用技术。

1. 国外航天器降落伞减速着陆技术的发展

20世纪30年代至50年代前半期是国外降落伞减速着陆技术的发展初期。在此期间发展了多种小型火箭的回收系统。1937年,美国火箭之父戈达德就开始在小型试验火箭上采用了降落伞系统。40年代至50年代前半期,降落伞减速着陆技术开始并广泛用于回收高空地球物理火箭和探空火箭的仪器舱和生物火箭的生物舱,以获得大气结构参数、地球物理参数和生物试验品等。

20世纪50年代后半期至60年代初期,降落伞减速着陆技术进一步发展,直接用于军事目的,服务于导弹技术的发展。这期间美国发展了回收中远程导弹数据舱和低弹道系数弹头的技术,以获取各系统的工作参数,了解弹头烧蚀情况,弥补在再入黑障区遥测中断的不足。

20世纪60年代是美苏降落伞减速着陆技术竞相大发展时期。在此期间,降落伞减速着陆技术重点应用于航天技术领域的发展,美苏首先发展了返回式卫星回收技术。1960年8月10日,美国成功地回收了"发现者13号"("锁眼-1")侦察卫星,回收舱质量为54~136 kg,接着,成功回收了生物卫星,质量为127~143 kg。1960年8月19日,苏联成功回收了"斯普特尼克5号"试验飞船,该试验飞船动物舱中有两条狗及其他生命。动物舱从试验飞船中弹出,单独着陆,试验飞船本身利用降落伞系统减速着陆。在此基础上,美苏都各自为载人飞船研制了回收着陆系统。苏联在1961年4月12日成功实现了"东方号"载人飞船的安全着陆,其返回舱直径为2.3 m,质量为2.4 t,返回舱内安装了弹射座椅应急救生系统。苏联接着又相继成功实现了"上升号"和"联盟号"飞船的安全着陆,为两者研制了着陆缓冲火箭系统,为"联盟号"研制了"救生塔"应急救生系统。苏联的三代飞船都是陆上回收着陆的。美国也相继研制成功了"水星号""双子星座号""阿波罗号"三代飞船,它们全部是水上回收着陆,其中"阿波罗号"飞船完成了登月飞行。由于水上溅落方式着陆比陆地着陆冲击小得多,所以美国飞船都没有采用反推火箭系统。

　　20 世纪 70 年代,美苏先后为火星和金星探测器研制了降落伞减速系统,并且成功地完成了预定任务,例如,美国"海盗 1 号"和"海盗 2 号"火星探测器分别于 1976 年 7 月 20 日和 9 月 3 日在火星表面软着陆成功。美国 NASA 在"海盗号"火星任务期间,启动了 3 项减速器测试计划,分别是行星进入降落伞计划(Planetary Entry Parachute Program,PEPP)、超声速行星进入减速器计划(Supersonic Planetary Entry Decelerator Program,SPED)和超声速高空降落伞试验(Supersonic High Altitude Parachute Experiment,SHAPE),通过大量试验和分析确定了"盘-缝-带"伞作为火星减速降落伞,后续火星着陆任务基本沿袭了此阶段的技术路线。在此期间,美国还对高弹道系数弹头的回收做了很多试验,回收质量范围在 18~53 kg。

　　20 世纪 80 年代,美苏开始研究大型火箭的回收问题。美国为航天飞机固体火箭助推器设计了降落伞回收系统,并于 1981 年在海上回收成功,回收质量为 79.4 t。苏联于 1987 年 5 月 15 日发射了大型火箭"能源号",火箭设计规定所有重要部件都要回收。

　　20 世纪 90 年代,美国提出了"更快、更好、更省"的太空政策,世界各国掀起了一股深空探测的热潮,航天器减速着陆技术也随着深空探测特别是火星探测着陆器的研制而得到较大的发展。美国于 1996 年 12 月发射了"火星探路者号",并于 1997 年 7 月成功软着陆于火星表面。"火星探路者号"进入器总质量为 584 kg,其中着陆器质量为 360 kg。进入器主要包括防热罩、降落伞、反推发动机、缓冲气囊和着陆器。"火星探路者号"所用降落伞是在"海盗号"降落伞的基础上改进而成的,降落伞的名义直径为 13 m。降落伞的开伞控制采用了以动压为控制目标的自适应开伞控制方法,着陆采用了反推发动机制动减速加气囊缓冲着陆的方式。其后又相继发射了"火星极地着陆者号""勇气号""机遇号"和"凤凰号",且除"火星极地着陆者号"外,"勇气号""机遇号"和"凤凰号"均成功着陆于火星表面。2011 年 11 月 26 日美国成功发射了火星探测器火星科学实验室(Mars Science Laboratory,MSL),经历 8 个半月的飞行,其携带的"好奇号"巡视器于 2012 年 8 月 6 日成功着陆火星。与以往火星探测任务相比,MSL 的质量和体积、防热罩直径、升阻比、降落伞直径、着陆点高度、着陆精度要求等参数都比之前的火星探测着陆任务高。通过采用基于马赫数的开伞控制、"空中吊车"动力下降和着陆缓冲、"空中吊车"飞离控制、安全避障和精确着陆等技术,成功地将质量达 900 kg 的"好奇号"火星巡视器着陆在高度为火星海平面高度+2.0 km 的着陆点,且着陆点圆概率半径小于 20 km。2018 年 5 月 5 日,美国于加州范登堡空军基地成功发射"洞察号"火星探测器,并于 11 月 26 日在火星成功着陆,"洞察号"的减速着陆方式与"凤凰号"的设计类似。2020 年 7 月 30 日,美国"毅力号"火星探测器从佛罗里达州卡纳维拉尔角空军基地发射,并于 2021 年 2 月 19 日在火星杰泽罗陨石坑安全着陆。"毅力号"的减速着陆方式与"好奇号"几乎一样,改进之处在于"毅力号"采用智能辨别系统选择着陆点之后分离降落伞,而不再像"好奇号"采用机械定时、被动分离降落伞,从而让"毅力号"自主性软着陆变得更安全、更智能。

为了降低航天任务成本,提高工程效益,发展多次重复使用的运载器和航天器是未来人类对空间深度开发和利用的必然发展趋势,世界各航天大国均在积极开展新型可重复使用飞船的研究和研制。例如,美国 NASA 的"猎户座"飞船、SpaceX "载人龙"飞船、波音公司的"星际线"飞船,中国和俄罗斯的新一代可重复使用载人飞船。这些新型可重复使用载人飞船的研制和使用,对航天器减速着陆技术提出了新的要求,必将进一步推动减速着陆理论和技术发展。多次重复使用的运载器和航天器,除了它所有的结构和设备都能多次使用外,还必须能够多次无损定点着陆,因此无损定点着陆技术也是航天器减速着陆技术发展的一个重要方向。

2. 国内航天器降落伞减速着陆技术的发展

我国的航天器降落伞减速着陆技术也是从探空火箭的研制需要开始的,经过战略、战术武器的回收应用,返回式卫星回收系统以及载人飞船回收着陆系统的研制而不断发展。据不完全统计,从 1958 年开始至今,60 多年来先后完成了 13 种型号 23 种状态探空火箭有效载荷以及部分箭体回收着陆;完成了 7 种型号 18 种状态火箭箭头数据舱回收装置研制;完成了 12 种型号空防和海防武器整体的回收着陆;完成了 6 种返回式卫星回收着陆系统的研制;完成了 15 艘载人飞船的回收着陆系统的研制。在参加百余次飞行试验中,回收成功率达到 90% 左右。目前,我国的航天器降落伞减速着陆技术已经处于世界先进水平,主要发展历程如表 1.1 所示。

表 1.1　我国航天器减速着陆技术里程碑工作

时间/年	标 志 性 事 件
1960	第一枚探空火箭回收着陆成功
1970	第一颗东方红观测裙成功解决看得见问题
1975	第一颗返回式卫星回收成功
1980	第一枚远程导弹数据舱回收成功
1999	第一艘无人飞船回收着陆成功
2003	第一艘载人飞船回收着陆成功
2014	第一个月球探测返回器回收着陆成功
2020	第一个月球探测取样返回器回收着陆成功
2021	第一个火星探测器减速着陆成功

1960 年 4 月,T7M-003 火箭在南汇火箭发射场升空,在弹道顶点附近火箭头、体分离,降落伞张开,箭体乘降落伞降落在东海之滨,这是我国探空火箭回收历史

上首次成功回收,也是我国航天器降落伞减速着陆技术首次取得成功。尽管回收质量只有 22 kg,技术上也很原始,但它的成功为进一步探索其他领域的应用增添了信心。通过对试验火箭、气象火箭、生物火箭、核取样火箭回收着陆系统的研制,降落伞减速着陆技术逐步走向了专业配套。20 世纪 60 年代中期,随着我国第一代火箭箭头数据舱回收装置研制的开始,我国降落伞减速着陆技术在战略武器数据舱的回收、战术武器的局部或整体回收中又进一步得到了应用和发展,其中数据舱回收弹射时的最大再入速度约 22Ma,海上着陆时,质量可达到 8 500 kg,最低开伞高度约 40 m。1980 年 5 月 18 日,我国首次远程火箭全程试验中,在南太平洋成功回收到的数据舱就是降落伞减速着陆技术全面应用的一个范例。

1968 年开始了返回式卫星的回收着陆系统研制工作,至 1975 年第一颗返回式卫星成功回收,标志着我国成为世界上第三个实现卫星回收的国家。其后又先后完成了 6 个型号回收系统研制,参加了 24 次发射飞行试验,除了 3 次非回收着陆系统本身原因,卫星没有正常返回,回收着陆系统没有得到考验外,其余 21 次都取得圆满的回收,成功率达到了 100%。

1992 年"神舟号"飞船正式立项开始研制,在降落伞减速着陆技术方面,经过多年的研制攻关,先后攻克了特大型降落伞、着陆缓冲、静压开伞高度控制、多模式回收程序控制、非电传爆弹盖开伞等关键技术,研制成了国内回收质量最大、着陆速度最低、可靠性安全性最高、系统最复杂的一套航天器回收着陆系统。在国内航天器回收领域首次采用了降落伞减速和反推发动机制动相结合的技术,使返回舱接近零速度着陆,确保了返回舱的完好回收和航天员的生命安全;研制成功了国内面积最大、相对质量最小,开伞程序控制、加工和包装工艺最复杂、最难、开伞动压包络范围最大的降落伞;具备自动判别返回舱所处状态(包括正常返回、应急返回、零高度逃逸救生、低空救生、中空救生和高空救生多种回收初始状态)和自行选择相应的回收着陆程序的功能;具有自行检测故障并自动进行主、备切换的功能;采用了高度控制方法控制开伞,避免了对返回弹道的依赖,系统适应性强,控制精度也大为提高。同时,在研制过程中,开创性地建立了航天器回收着陆辅助设计及半实物仿真验证系统,实现了回收着陆系统设计预示和分析验证,解决了极限工况下空投试验难以模拟的难题。回收理论方面运用多体动力学理论和分层建模方法,综合分析伞衣伞绳材料柔性特征,建立了完整的降落伞回收过程动力学理论模型,解决了柔性体的非线性和大变形的建模难题;系统研究了伞舱盖分离及拉伞包过程的动力学特性,建立了完整的伞舱盖分离及拉伞包过程动力学模型,提出了自适应平衡弹盖拉伞方案,提高了伞舱盖拉伞过程中的稳定性和可靠性;在考虑材料非线性特性的条件下,建立了大型伞拉直开伞过程三维、多阶段、多节点的抽打现象理论模型,深入研究了抽打现象的形成机理,提出了牵顶伞与剥离带结合等抑制大型降落伞顶部抽打现象的技术措施,达到了避免伞衣抽打和提高特大型降落伞拉直过程可靠性的目的。工程设计研制与理论技术研究的突破,使得我国航天器回收着陆技术得到了极大的提升。1999 年第一艘无人飞船回收着陆成功,2003 年第一艘载人飞船回收着陆成功,实现了中华民族的千年飞天梦。

在深空探测领域,我国在月球探测方面开展的嫦娥工程进展顺利。2014 年 11 月"嫦娥五号"飞行试验器首次实现地月返回,并突破了以第二宇宙速度返回的减速着陆技术。2020 年 11 月 24 日,"长征五号"遥五运载火箭搭载"嫦娥五号"探测器成功发射,12 月 17 日凌晨,"嫦娥五号"返回器携带月球样品着陆地球。"嫦娥五号"任务是我国实现了首次月球无人采样返回着陆。在火星探测方面,我国"天问一号"火星探测器于 2020 年 7 月 23 日在文昌航天发射场发射,于 2021 年 5 月 15 日 7 时 18 分成功减速着陆于火星乌托邦平原南部预选着陆区,首次火星探测任务着陆火星取得圆满成功。

近年来,我国航天器降落伞减速着陆技术在不断突破中发展。在载人航天领域,新一代多用途飞船采用群伞和缓冲气囊组合的减速着陆方式。在运载火箭领域,运载火箭助推器和一子级回收着陆采用减速伞和翼伞组合的精确回收方式。这些技术的研究和应用为我国载人月球探测、运载火箭回收以及重型装备空投等重大任务提供了技术基础和保障,主要技术和性能指标均已达到国际先进水平。

1.2.3　航天器降落伞减速着陆过程

航天器的减速着陆过程会因一些任务的需求不同而不同,一些典型航天器的降落伞减速着陆工作过程如下。

1. 探空火箭的减速着陆过程

用于环境参数测量(如大气参数测量)的探空火箭,大多采用接近垂直于地面的发射方式,在探空火箭到达飞行弹道的最高点附近开伞,在箭头分离时拉出引导伞,然后由引导伞拉出主伞,箭头乘主伞缓慢下降,进行环境参数测量。这种火箭减速着陆系统的降落伞开伞动压不高,开伞后火箭随风飘移的水平位移很大。而对于用作失重试验的探空火箭,由于火箭需要进行一段时间自由落体运动后再开伞,降落伞开伞时的动压较大,需要使用两级降落伞减速。到达预定的高度或时间后,先是弹射减速伞,减速伞根据需要可以进行收口,减速伞工作一定时间后,再将减速伞分离拉出主伞,主伞也可以根据需要进行收口,最后火箭乘主伞降落到地面,其工作过程示意如图 1.4 所示。

2. 飞航式导弹的减速着陆过程

飞航式导弹的飞行状态一般为水平飞行,且飞行速度较快、飞行高度低,同时其减速系统一般布置在弹体前端,因此只能采用迎风开伞,或垂直于气流方向开伞,这不仅增加工作的环节,还增加弹射分离力,对开伞的可靠性也不利。为了确保其具有一定的工作高度,在减速系统启动后,使飞行器进行一定爬升,当飞行器

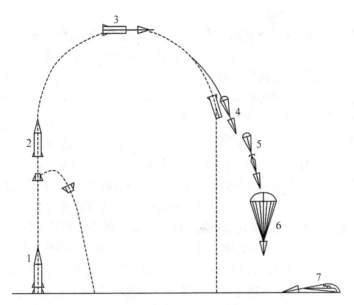

图 1.4　亚轨道飞行的飞行器回收着陆程序示意图

1. 起飞;2. 助推器分离;3. 头体分离;4. 头部开减速伞;5. 减速伞分离开主伞;6. 主伞全开;7. 弹头着地

爬升到预定高度后,首先打开减速伞,减速伞工作一定时间后分离并拉出主伞,利用主伞实现第二级减速,使其达到最终要求的安全着陆速度,如图 1.5 所示。

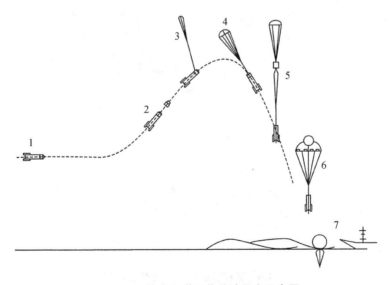

图 1.5　飞航式导弹回收着陆程序示意图

1. 启动回收程序;2. 抛罩;3. 弹减速伞;4. 减速伞开;5. 减速伞分离拉主伞;
6. 主伞开伞,气囊充气;7. 着水

3. 数据舱减速着陆过程

数据舱一般是指从导弹在高速飞行中被弹射出的可回收的特殊数据容器。在战略武器的研制中,为了摸清弹头再入大气层的烧蚀情况。需要对再入过程中的弹头温度以及防热层烧蚀的厚度等参数进行测量。由于弹头高速进入大气层后,与周围空气摩擦所产生的气动热可以使温度达到几千摄氏度,致使空气分子发生电离,从而在弹头周围形成一个离子壳,将其屏蔽,使无线电通信中断,形成黑障。黑障区是弹头烧蚀最严重的区间,也是弹头设计者关注的环节,搞清楚该区域内烧蚀时的温度和烧蚀厚度不仅是设计需要,也是分析弹头落点精度及提高战斗力的需要。为了获取弹头在黑障区的温度和烧蚀等情况,将弹头飞行中的相关测量数据先存入可以回收的数据舱内,当弹头飞行到接近地面时,将其弹出,然后开降落伞使其安全着陆并回收,飞行数据资料通过数据回放而获取。由于一般数据舱分离时,弹头的飞行速度高达 $2.2Ma \sim 2.5Ma$,所以数据舱被弹出后,先要利用自身的气动外形进行减速。

数据舱基本的回收着陆过程为:当导弹弹头与弹体分离后,安装在弹头上的外电路开始接通,使其处于待命工作状态。当弹头再入制动过载达到预定值时,其过载开关闭合,接通点火电路,数据舱从弹头弹出,同时内电路行程开关接通,内电路时控器开始工作,延时一定时间后,数据舱靠自身的外形减速到一定高度,时控器发弹盖指令,减速伞拉出并展开,使数据舱进一步减速到预定安全速度着地,同时信标机也开机工作,发出载频信号供地面设备跟踪,如图 1.6 所示。

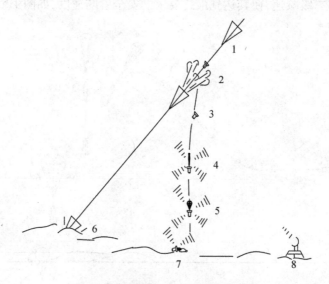

图 1.6　数据舱回收工作程序示意图

1. 再入弹头发回收指令;2. 数据舱从弹头弹出;3. 数据舱自身减速再入;
4. 数据舱开伞,信标机开始工作;5. 降落伞带着数据舱减速下降;
6. 弹头落地;7. 数据舱安全落地;8. 信标机地面接收装置

4. 固体火箭减速着陆过程

由于固体火箭的飞行高度一般比较高,回收质量也比较大,如美国航天飞机固体助推器的回收,其直径 3.5 m,长度 35 m,回收质量达到 80 t,目的就是考虑助推器的重复使用,为航天飞机的发射减少成本、缩短研制周期。其回收着陆过程为:当助推器工作完毕后,大约在 42 km 高度与航天飞机分离,并靠其惯性飞行到弹道的顶点;然后以大攻角再入到稠密大气层,靠自身的阻力使其减速;大约在 6 km 高度,达到稳定速度后,为了改变弹体的大攻角降落的姿态,并为主伞开伞创造条件,在 5 km 左右弹头罩并拉出引导伞,然后靠引导伞的阻力拉出一顶直径为 18.5 m 的锥形带条型稳定伞,将弹体扶正,当弹体降到 3 km 左右时,稳定伞与弹体分离并拉出 3 顶直径为 35 m 的锥形带条型主伞,直到最后以约 30 m/s 的速度溅水,如图 1.7所示。

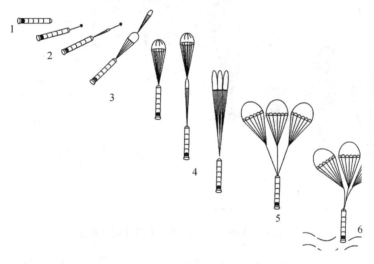

图 1.7　航天飞机助推器回收程序示意图

1. 大攻角降落;2. 弹头罩开引导伞;3. 引导伞分离拉稳定伞;
4. 稳定伞分离拉主伞;5. 主伞稳定下降;6. 助推器溅水

5. 卫星及飞船的回收着陆过程

返回式卫星与飞船的回收着陆过程有些相似,但飞船的可靠性、安全性要求更高,着陆速度要求更小,工作环节更复杂,所以本节主要以飞船的回收着陆过程为例进行介绍。

“神舟号”飞船回收着陆过程如图 1.8 所示。返回舱进入大气层下降到约 20 km 高度后,升力控制结束、倾侧角归零,保持以配平姿态继续下降。当返回舱下降到约 10 km 高度时回收着陆系统开始工作,首先将伞舱盖以一定的分离速度弹射出去,同时将两具串联的引导伞从伞舱拉出并打开。引导伞的牵引力又将减速

13

伞从伞舱中拉出,减速伞先呈收口状充满,经8 s后解除收口完全张满。减速伞工作持续一定时间后,返回舱将下降到约8 km高度。此时,减速伞与返回舱分离同时拉出主伞。同样,主伞先呈收口状充满,经8 s后解除收口完全张满。返回舱乘主伞稳定下降至约5 km高度时抛掉防热大底,接着又转换吊挂方式,由单点倾斜吊挂转换到双点垂直吊挂,为着陆反推装置工作创造必要条件。当返回舱下降到距地面1 m的高度时,着陆反推发动机点火工作,使返回舱再次制动减速后安全着陆,着陆后航天员根据需要通过手控使主伞与返回舱脱离。

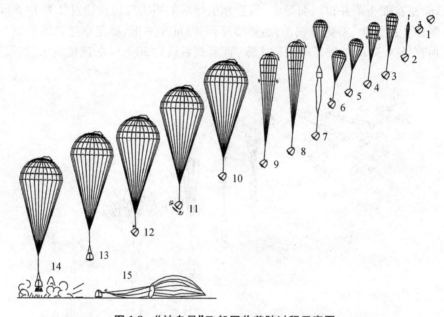

图1.8 "神舟号"飞船回收着陆过程示意图

1. 弹伞舱盖,拉出引导伞;2. 拉出减速伞,引导伞分离;3. 减速伞呈收口状充满;
4. 减速伞解除收口;5. 减速伞完全充满;6. 减速伞脱伞器工作;7. 减速伞分离,拉出主伞;
8. 主伞呈收口状充满;9. 主伞解除收口;10. 主伞完全充满;11. 抛防热大底;
12. 垂挂释放器工作;13. 转换成垂直吊挂;14. 着陆反推发动机工作;15. 着陆,脱主伞

6. 火星探测器减速着陆过程

由于火星大气非常稀薄,火星探测器要在火星表面实现软着陆,必须通过自身的气动外形、降落伞和着陆制动等综合减速和缓冲手段来完成,像地球卫星那样,单靠气动力减速方法来实现软着陆是不现实的,也是不经济的。不同的缓冲方案,其减速着陆过程略有不同。

图1.9是"火星探路者号"的减速着陆过程,进入器以弹道式方式进入火星大气层。进入器在进入火星大气层前30 min与巡航级分离,进入器进入火星大气层82 s后其气动加热和过载达到最大,172 s后降落伞展开,192 s后防热罩分离,然后

着陆器沿长 20 m 的吊带展开。当着陆器下降到离火星表面 1.5 km 高度时雷达高度计开始工作,然后气囊充气,在离火星表面约 90 m 高时反推发动机工作,约 21 m 高时吊带被切断,着陆器在气囊的保护下直接坠向火星表面。着陆后气囊放气,着陆器展开,同时扶正其姿态,露出各种探测装置和火星车,然后开始工作。

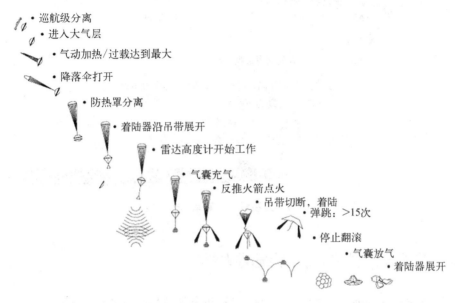

图 1.9　"火星探路者号"EDL 过程

图 1.10 是火星科学实验室的减速着陆过程。进入器在进入火星大气层前首先完成最后一次 EDL 导航数据的更新,在进入前 10 min,探测器的进入器与巡航级分离。然后,进入器进入火星大气层,此时的轨道半径为 3 522.2 km。进入后 85 s,进入器达到气动加热的峰值($<210 \text{ W/cm}^2$)。进入后 95 s,进入器达到过载的峰值($<15g$)。进入后 245 s 时,降落伞展开,此时速度为 $2.0Ma$,高度约为 8 km。进入后 271 s,抛掉防热大底,此时的速度为 $0.7Ma$,高度约为 5.2 km。进入后 279 s,雷达高度计开始获得高度信息,此时高度约为 3.7 km。进入后 314 s,后体与下降段分离,此时速度为 90 m/s,高度约为 1.5 km。然后动力下降段开始工作,"空中吊车"在高度 18 m 处,保持 0.75 m/s 的速度,选择合适的着陆点。最后在进入后 356 s,吊带切断,动力下降段飞离摆脱,着陆器着陆,巡视车开始工作。

航天器减速着陆是工作在其飞行过程的最后一个阶段,在非常有限的工作行程内,需要将拥有巨大动能和势能的航天器安全着陆在星球表面,其位置、速度和姿态均要发生很大的变化,工作状态关系到飞行任务的最终成败,并且航天器减速着陆过程的动作时序具有高可靠性、自主性、不可逆性等特点[5],因此,必须对航天器减速着陆系统的工作过程进行动力学分析,为减速着陆任务的实施提供科学评估。

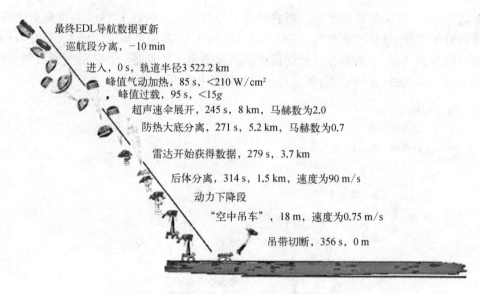

图 1.10　火星科学实验室 EDL 过程

1.3　航天器降落伞减速系统动力学

降落伞的工作程序一般分为拉直、充气和全张满状态下的稳定下降三个阶段，与降落伞系统动力学相关的研究也基本上是围绕这三个方面的问题展开。

1.3.1　降落伞拉直动力学

降落伞的拉直是其工作程序的第一个动作，拉直过程是否顺利直接关系到能否进行正常充气。降落伞的拉直过程分为先拉伞衣的顺拉法和先拉伞绳的倒拉法，一般而言倒拉法的最大拉直力要小于顺拉法，故大多数降落伞采用倒拉法[1-3]。通常情况下降落伞的拉直过程时间都很短，但是这段时间内系统需要完成一系列动作。因此，针对降落伞拉直过程的动力学研究就显得十分重要。

1. 基于直线拉出假设的模型

20 世纪 60~70 年代，降落伞拉直过程动力学模型基本上都是基于直线拉出的假设，即认为在拉直过程中已经拉出的伞衣和伞绳始终处于直线状态。通常是在已知拉直方向且假设拉直方向不变的情况下，将引导伞、伞包以及未拉出的伞衣和伞绳看作一个变质量质点，将载荷以及已经拉出的伞绳和伞衣作为一个变质量质点，构建一维运动模型，利用这一模型可以分析拉直过程中伞包与载荷的相对运动情况[6]；或者将伞绳看作考虑弹性的一维连续体，建立一维应力波方程来预测拉直力[7]。直线拉出假设模型的缺点是没有考虑伞绳和伞衣的弯曲，但由于建模和计算比较简单,且可以比较准确地分析拉直过程中各部件的相对运动以及拉直力等参数,目前还常用于降落伞系统的初步设计与动力学分析中。

2. 拉直过程中的绳帆现象

绳帆现象是指在降落伞拉直过程形成的一种伞绳或伞衣偏离拉直方向,出现部分弯曲的现象,如图 1.11 所示。绳帆现象对降落伞的拉直开伞过程较为不利,易引起故障和异常的发生。20 世纪 70 年代开始,为了研究降落伞拉直过程中的绳帆现象,人们建立了不同复杂程度的有限元模型。最初是将降落伞的伞绳和伞衣利用质量阻尼弹簧模型简化为三个质量节点,通过计算各节点的运动获得伞绳和伞衣的位形,该模型在一定程度上能够模拟伞绳和伞衣的运动和反映绳帆现象的特点,但由于质量节点数目划分过少,难以精确模拟绳帆现象[8]。后来发展到将伞绳和伞衣划分为有限段,绳段采用质量阻尼弹簧模型模拟,引导伞和载荷采用简化的质点模型或平面运动刚体模型,可以较好地模拟绳帆现象[9, 10]。

图 1.11 空投试验中出现的绳帆现象

3. 拉直过程中的抽打现象

抽打现象是大型降落伞在拉直过程中,顶部伞衣发生剧烈甩动并可能抽打到下部伞衣的一种现象,如图 1.12 所示。由于应用于卫星、飞船等航天器回收领域多为大型降落伞,伞绳和伞衣的整体长度达数十米,且其拉直过程并不总是理想设计的均匀直线拉出,常常出现非连续、非匀速拉出的情况,这些因素将导致伞绳和伞衣在短时间内局部出现弯曲并可能出现抽打现象。抽打现象可能会造成伞绳与伞衣缠绕、充气时间延长、非正常充气、抽打到伞衣并使其破损等后果,严重时甚至可能造成降落伞完全失效而导致回收失败[11, 12]。

20 世纪 60 年代,美国加利福尼亚降落伞试验中心对一具直径为 127 ft① 的降

——————————

① 1 ft＝0.304 8 m。

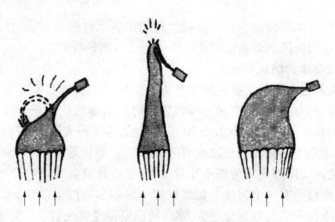

图 1.12　抽打现象及假顶时的伞衣形状示意图

落伞进行了五次空投试验,其中第四次出现抽打现象,主伞完全损坏,空投试验失败[13];80 年代,美国航天飞机固体火箭助推器回收过程中曾多次出现伞衣抽打现象[14];90 年代,美国针对一具直径为 67.2 ft 带锥形延伸部降落伞进行的两次开伞试验中,均出现了较严重的伞衣破损。事后分析认为,拉直充气过程中伞衣上部弯曲而形成的抽打现象是造成伞衣破损的主要原因[15];同时期,美国 X-38 大型翼伞的回收试验中也多次出现伞衣抽打现象,其中最严重的一次伞衣顶部出现明显的鱼钩形状,伞衣大面积翻转并被破坏[16]。2004 年,美国对新一代火星探测器降落伞回收系统进行了四次空投试验,主伞采用一具直径约 33.5 m 的环帆伞。四次空投试验中前两次均因为抽打现象而导致伞衣严重破损,导致回收试验失败[17],如图 1.13 所示。

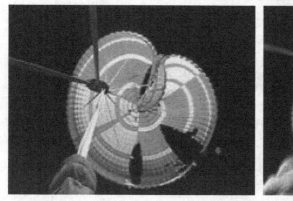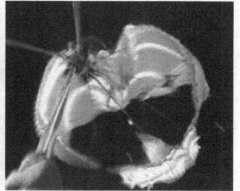

图 1.13　空投试验的伞衣破损现象

　　针对降落伞拉直过程中抽打现象的研究中,著者及研究团队分别从考虑伞绳和伞衣在伞包中叠放次序及捆绑带约束的大型降落伞分阶段、多节点、非连续的拉直过程三维精细动力学建模,抽打现象的特点、影响因素和产生原因,牵顶伞、剥离带等改进拉直设计对抽打现象的抑制作用,基于空间绳索连续动力学模型的抽打现象中应力波传播机理分析等方面进行了深入细致的研究,较好地分析和评估了抽打现象的产生过程、产生原因及抑制措施效果[18-20]。

虽然目前研究针对降落伞拉直过程动力学的研究已经比较深入,但是由于大型降落伞的拉直过程动力学包含了柔性大变形、瞬态冲击、流固耦合等多学科交叉因素,具有时间短、程序多、耦合强等特征,因此,通过降落伞拉直动力学研究改进和优化拉直过程的设计仍然具有非常重要的意义。

1.3.2　降落伞充气动力学

降落伞拉直完成后即进入充气阶段,在充气过程中降落伞伞衣经历几何非线性与材料非线性并存的瞬间结构大变形过程,而且伞衣内外的流场复杂,伞衣内部是显著的湍流状态,伞衣外部的流场则存在严重的分离现象,同时伞衣织物还有一定的透过性。因此,降落伞的充气过程是一个柔性结构动力学与空气动力学耦合的复杂动力学问题。

降落伞充气问题的复杂性使得研究人员采用了各种方法进行研究,研究方法大致分为三类:试验分析法、半理论半试验法及数值模拟法。试验分析法是指基于试验测量特征数据的方法分析充气过程的规律;半理论半试验法是指基于经典力学原理建立充气过程模型进行研究,但是模型中的一些参数需要通过试验确定;数值模拟法是指通过计算流固耦合力学方法建立较少依赖试验的数值充气模型。

1. 试验分析法

试验分析法是降落伞性能研究的主要方法,也是充气过程研究的重要手段,通过风洞、空投等试验方法获取的测量信息为降落伞理论研究和分析提供了重要的数据基础。早期试验研究积累了不同类型降落伞充气过程的开伞力、充气时间、充气距离、伞衣投影面积等方面的大量性能参数,并据此总结出多种可用于工程设计的经验模型,为降落伞型号的研制与性能分析积累了丰富的实践经验和数据。后来,研究人员继续通过风洞试验研究降落伞充气过程中伞衣内部压力分布、来流雷诺数的影响、缩比模型试验准则等一系列问题[21-25]。

降落伞的试验研究推动了试验测量技术的发展,针对降落伞试验开发的聚合物传感器能够精确测量充气过程伞绳伞衣的应变,采用七孔探针则可以准确测量充气过程中伞衣周围的流场变化情况。近年来,光学测量技术也在降落伞试验中得到广泛应用,与机械式测量及电测量相比,光学测量属于非接触式测量,测量时无需安装传感器,对目标的结构状态及工作情况均不会产生影响,并且能够准确记录降落伞工作时柔性体结构变形情况。光学测量技术被应用于测量降落伞充气过程中伞衣状态和流场变化、伞衣的空间形状、降落伞与飞行器之间的相对运动状态、群伞充气及稳定下降阶段的伞衣外形、投影面积、底部直径、降落伞摆角等参数[26-28]。

随着火星探测技术的发展,需要进行稀薄大气环境和超声速开伞条件下的降落伞试验。美国先后通过高空气球和探空火箭等试验技术进行了"海盗号""探路者"、火星科学实验室等火星探测器降落伞减速系统的性能评估。我国也利用探空火箭将降落伞送到 53.4 km 高空并在 2.5Ma 的超声速条件下开伞,成功测试了"天问一号"火星降落伞减速系统的各项性能。未来,针对极端环境下的降落伞开伞充气性能及其应用研究也必将进一步推动降落伞试验技术的发展。

2. 半理论半试验法

半理论半试验法是将经典力学理论与试验相结合研究降落伞充气过程的方法,也是降落伞设计与分析中经常采用的方法。早期半理论半试验法将物伞系统轴向航迹运动方程与伞衣径向动量方程联立起来研究降落伞充气,降落伞径向运动方程反映了伞衣充气对伞衣内部空气质量以及伞衣阻力的主动影响,伞衣充气速率不再依赖于充气时间或充气距离经验假设,但是仍然有一些计算参数例如航迹切线附加质量、法向附加质量等需要通过试验测定[29,30]。后期发展出来的半理论半试验法也基本上是基于以上方法的改进和完善,没有超出经典力学的范畴并且无法解决对试验的依赖[31-36]。

半理论半试验法具有较高的计算精度和效率,因此被广泛应用于各种型号降落伞的设计与分析。然而,半理论半试验法中充气模型在不同伞型、不同尺寸、不同开伞条件下的相关参数有一定差异,因此模型往往具有较强的针对性和局限性。

3. 数值模拟法

20 世纪 80 年代以后,基于计算机的数值计算方法推动了计算流体力学和计算结构动力学学科的发展,使用计算机模拟预测流场变化和结构变形过程可以实现对现实系统的仿真分析,为解决降落伞强非线性模拟问题提供了新方法。降落伞技术研究人员根据流体力学和结构动力学理论发展了多种降落伞数值模拟计算方法,根据这些方法的侧重点不同,可以大致分为两大类。一类侧重于模拟降落伞复杂流动问题,流场模拟采用涡动力方程、不可压缩 N - S 方程、大涡模拟等方法[37-39],代表了先进流体力学数值计算方法对降落伞漩涡流场模拟的研究发展水平,而降落伞结构则使用刚性壁面或者质量弹簧阻尼模型(mass-spring-damper,MSD)等简化结构模型[40];另一类侧重于使用有限元方法分析模拟降落伞结构的变形运动,代表了结构动力学数值计算理论对降落伞柔性系统进行仿真预测的能力,而流场则采用低速不可压方程进行计算[41-46],此方面以美国莱斯大学 Tezduyar 教授团队发展的变空间域/稳定时间-空间(deforming-spatial-domain/stabilized-space-time, DSD - SST)模拟方法为代表,他们发展的降落伞流固耦合方法在建模复杂程度、计算准确度、模拟范围等方面具有很大优势,已经被美国 NASA 和军方应用于翼伞、平面圆形伞、十字形伞、群伞等多种型号降落伞系统的设计和性能评估。

流固耦合数值模拟是降落伞技术研究的重要方法,未来对于复杂结构、复杂用途、复杂背景降落伞、初始折叠状态降落伞、降落伞充气大变形、超声速降落伞以及群伞流固耦合数值模拟等问题的研究,不断地推动着降落伞数值模拟技术的进一步发展。

1.3.3　降落伞稳定下降动力学

降落伞在稳定下降阶段的结构一般可视为由降落伞和载荷组成的多体系统,其动力学研究对于分析降落伞系统运动特征具有十分重要的意义。早期降落伞稳定下降动力学研究中将物伞系统看作一体,研究重点在于降落伞动力学方程的推导,系统的自由度数目较少,不能反映降落伞和载荷之间的相对运动,因而难以对系统的运动情况做出精确分析[47];后来研究降落伞和载荷之间通过单根吊索连接的单点物伞吊挂系统,建模中将降落伞和载荷视为两体,模型可以反映物伞之间的相对运动,不同模型之间的差异主要在于对吊挂约束的简化假设不同,通过将吊索简化为球铰、刚性索或弹性索,可建立不同自由度的动力学模型[48, 49];最后研究降落伞通过多根吊带与载荷连接的多点吊挂物伞系统,常见的多点吊挂形式有倒"Y"型两点吊挂、三点吊挂、四点吊挂等。多点吊挂物伞系统建模中关键的问题之一是吊带约束力的求解。一方面,多点吊挂形式很多,对模型的通用性要求很高;另一方面,在物伞系统的运动过程中各条吊索有可能会发生松弛,导致系统的结构发生变化。目前,用于解决多点吊挂物伞系统吊带约束力求解的通用方法主要有"小质点法"和"平衡点法"[50, 51]。

降落伞系统的多体动力学建模理论和方法已经比较成熟,国内外学者针对不同工程应用背景均建立了物伞多体动力学模型,用于仿真分析不同条件和随机因素干扰下的物伞多体系统运动规律。由于降落伞多体系统动力学模型中还包含了降落伞拉直、充气、气动等方面的模型,因此,建立精确的降落伞刚柔耦合多体系统动力学模型并不断地提高仿真预示精度,可以更好地应用于降落伞系统的设计分析与性能评估。

1.3.4　降落伞动力学参数辨识

降落伞动力学参数辨识的主要目的是根据风洞、空投等试验测量数据,确定降落伞动力学模型中的参数,使得降落伞系统的动力学仿真结果和飞行试验测量的运动参数之间的误差达到最小。飞机、导弹等飞行器的动力学参数辨识理论和方法发展得比较早也比较成熟,降落伞系统动力学参数辨识方法也基本采用飞行器动力学参数辨识领域的研究方法。早期研究人员利用最大似然法辨识翼伞系统质点动力学模型中的气动力参数[52-54];后来基于卡尔曼滤波和扩展卡尔曼滤波等方法研究了翼伞载荷系统八自由度动力学模型中气动参数和质量参数[55, 56];最后发展到采用 SPSA(simultaneous perturbation stochastic approximation)方法和遗传算法等进化算法研究传统降落伞载荷系统的气动力参数和附加质量参数辨识问题[57-59]。

由于降落伞具有柔性结构体特征,其工作过程的精确动力学建模和运动参数的精确测量均存在一定难度,具有非线性程度高、不确定因素多、随机扰动大等特点。因此,针对降落伞系统动力学参数辨识的研究仍存在较大的发展空间。

1.3.5　降落伞动力学仿真软件

在降落伞动力学仿真软件中,初期多是基于相关工程项目而开发的,后来经过不断的深入研究和补充,形成了比较通用的降落伞动力学仿真软件。

西班牙马德里理工大学研究人员开发了降落伞动力学仿真软件 CIMSA,其目的是为设计人员提供一种降落伞设计、测试以及优化的工具。该软件中建立了降落伞开伞过程动力学模型和充满后的物伞系统九自由度运动模型[60];欧洲航天局开发了降落伞设计和动力学仿真软件 PASDA(parachute system design and analysis tool),该软件主要包括降落伞设计模块、动力学分析模块和数据库模块。设计模块主要辅助用户进行包括类型选择在内的降落伞的设计。动力学分析模块中包含了各类的轨迹分析模块,可以对降落伞拉直开始直至着陆的各个阶段,进行从简单的质点模型到复杂的多体模型的动力学分析。数据库模块也包含了可以被分析模块直接调用的降落伞的材质、性能等数据信息[61];美国 Sandia 国家实验室研究人员开发了降落伞设计、分析和动力学仿真软件 SPARSYS(Sandia parachute system simulation)。SPARSYS 建立了比较完整降落伞拉直、充气、全充满以及绳帆现象仿真的动力学模型,其软件分为三个部分:独立的模型库、轨迹设计包和降落伞设计包。独立的模型经过组合,形成了轨迹设计包,在此基础上再加入材料和载荷,就构成了完整的降落伞设计系统模型。SPARSYS 软件的优点在于其所包含模型的广泛性,从物伞系统最初的轨迹仿真到拉直、充气、着陆,软件中都提供了相应的模块[62];美国 NASA Langley 研究中心在轨迹优化仿真软件 POST Ⅱ(program to optimize simulated trajectories Ⅱ)中加入了降落伞减速系统仿真模块,主要用于分析火星探测器的减速着陆过程。在其动力学模型中,降落伞、载荷均为六自由度刚体模型,中间自由体采用三自由度质点模型[63];美国 NASA JPL(Jet Propulsion Laboratory)和 NASA JSC(Johnson Space Center)基于各自的研究背景分别开发了降落伞工作过程仿真软件 DSENDS(dynamics simulator for entry, descent and surface landing)、DSS(decelerator system simulation)和 FAST(flight analysis and simulation tool),其中 DSENDS 软件具有半实物仿真的功能[64-66],而 FAST 软件具有群伞系统动力学仿真能力;美国 Irvin Aerospace 公司在 Apollo 工程降落伞计算软件的基础上,通过设计和添加模块开发了降落伞轨迹和充气分析软件 DCLDYN(decelerator dynamics)。该软件动力学模型较为简单,降落伞和载荷均为三自由度模型,其动力学相关模块较为全面,如考虑了附加质量、随机风场、大气密度场等[67]。

国防科技大学著者所在团队自 20 世纪 90 年代以来一直从事航天器降落伞减速着陆技术的研究,取得了一系列研究成果。2004 年,成功开发了应用于"神舟号"载人飞船回收着陆系统的动力学仿真软件。2008 年,著者及团队将"神舟号"载人飞船回收程控装置接入仿真系统,并研制了返回舱环境压力模拟装置,成功研制"神舟号"载人飞船回收着陆分系统半实物仿真系统及软件。2010 年,针对"神舟号"载人飞船回收着陆系统技术状态参数的变化,成功研制适用于后续"神舟号"载人飞船回收着陆分系统的半实物仿真系统及软件。2014 年,针对"嫦娥五号"月球取样返回器回收任务研制出航天器回收着陆辅助设计及仿真验证软件,为月球取样返回任务中降落伞减速着陆任务的实施提供了重要的分析工具。2016 年,针对我国"天问一号"火星探测器建立了降落伞减速全过程和关键阶段的高保真动力学模型并开发了仿真软件,为"天问一号"火星探测器伞降减速阶段的动力学分析与评估提供了重要支持。

综上所述,航天器降落伞减速系统动力学的研究包含了飞行动力学、多体动力学、流固耦合动力学、冲击动力学等学科知识体系,内容丰富、耦合性强、难度较大。基于航天器降落伞减速系统研究中涉及的复杂系统动力学研究方法,发展充气式变体飞行器、空间充气结构、空间飞网系统、太阳帆系统等空间柔性结构技术,是航天器减速着陆技术扩展应用的重要方向。

第 2 章

降落伞气动减速装置

航天器减速着陆系统的重要功能是利用气动减速装置减小进入器的下降速度,从而为着陆器在星球表面安全着陆创造首要条件。因此,气动减速装置是航天器减速着陆系统最核心的部件。气动减速装置的效能通常是以单位面积的重量或包装体积来衡量。由于降落伞装置主要是由织物材料缝制而成,质地柔软,包装体积小,展开后可获得比原包装状态大数以百倍的阻力面积,具有结构简单、减速高效、工作可靠、成本低廉的特点,所以降落伞装置被广泛应用于各类飞行器的气动减速和稳定。

本章将主要论述降落伞的组成及主要设计参数、常用降落伞的伞型及结构、降落伞的开伞过程、降落伞的充气性能等内容。

2.1 降落伞的组成及主要设计参数

2.1.1 降落伞的组成

降落伞一般由伞衣、伞绳、连接带、旋转接头和吊带等组成,如图 2.1 所示。其中,伞衣是可充气至一定形状并产生气动力的织物面,它是在空气中下落或被运动物体拖曳时产生气动阻力的主要部件。伞绳、连接带和吊带主要是将伞衣产生的气动阻力传递给回收载荷。旋转接头主要是起承力和消旋的作用,一方面是通过伞绳、连接带和吊带将伞衣产生的气动阻力传递给回收载荷,另一方面则是当伞衣部分或回收载荷存在旋转运动时起隔离作用,以消除它们间的相互干扰。一般当伞衣面积较大时,伞绳的数量也较多,此时一般需要将伞绳分成几组,分别集合到几根连接带上,然后再由连接带汇交到旋转接头,最后通过吊带连接到回收载荷上。

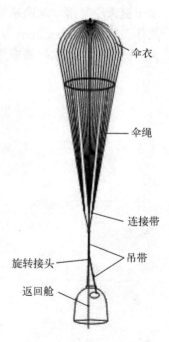

图 2.1 降落伞主要部件
示意图(收口状)

伞衣

伞绳

连接带

吊带

旋转接头

返回舱

　　降落伞伞衣一般是由一定数量(偶数)的相同伞衣幅缝合而成的。典型降落伞伞衣结构部分如图 2.2 所示。伞衣上部中间所开的圆孔称为顶孔,顶孔通常小于伞衣面积的 1%,它的作用是便于制造、减轻充气时伞衣顶部的气流冲击和增加降落伞的运动稳定性。顶孔绳是固定在顶孔边缘对应点上的短绳或伞绳的延伸部分,它们保证了每根伞绳通过伞衣的结构延续性。伞顶是指充满伞衣的最高点,通常指顶孔绳的交点。伞衣幅是锥形或三角形的伞衣织物面,伞衣幅是指顶孔边缘(上边)到伞衣底边(下边)那部分,也就是说,伞衣幅高度 h_g 是伞衣顶端到底边边缘的中心线距离 h_s 减去顶孔高度 h_v。

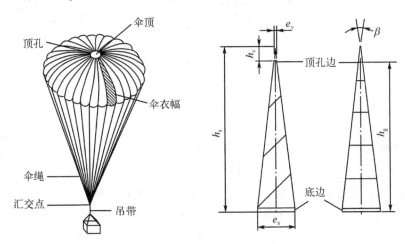

图 2.2　典型降落伞伞衣结构示意图

e_v. 伞衣幅顶孔宽度;e_s. 伞衣幅底边宽度;β. 伞衣幅锥角

2.1.2　降落伞的主要设计参数

1. 阻力面积和阻力系数

降落伞的阻力面积 $(CA)_0$ 是降落伞设计中的最基本的,也是最重要的一个参数。降落伞的阻力面积是其阻力系数与其特征面积的乘积。它是根据将进入器减速至稳降速度的要求,按下式计算:

$$(CA)_0 = 2m_0g/(\rho_H V_{zz}^2) - (CA)_H \tag{2.1}$$

式中,m_0 为进入器质量;g 为重力加速度;ρ_H 为稳定下降高度的大气密度;V_{zz} 为稳定下降时的速度;$(CA)_H$ 为进入器阻力面积。

　　由于降落伞的阻力面积是阻力系数与其特征面积的乘积,因此,降落伞特征面积的选取方法不同,其阻力系数也会相应地变化。在目前的应用中,选取降落伞的特征面积的方法有两种:一是选取降落伞的名义面积 A_0 作为特征面积,其相应的

阻力系数以 C_D 表示,这是最常用的一种方法;另一种方法是以降落伞充满后的最大投影面积 A_t 为特征面积,其相应的阻力系数以 C_t 表示。

降落伞的阻力面积也常称为降落伞的阻力特征,这是降落伞的计算分析中所采用的一个专门术语,原因是在某些特殊情况下(如收口伞衣的"灯泡"状态)不易选用特征面积[1, 2]。

2. 名义面积 A_0

降落伞的名义面积为伞衣幅面积的总和,其中包括顶孔面积、开缝面积和另外一些在伞衣幅轮廓内的面积,还包括肋片、围幅,或者为改善伞衣充满性能而增设的附件表面积等。降落伞的名义面积通常用来衡量一具降落伞的大小。

3. 名义直径 D_0

名义直径 D_0 是以伞衣名义面积 A_0 计算的圆的直径。

$$D_0 = 2\sqrt{\frac{A_0}{\pi}} \tag{2.2}$$

4. 结构直径 D_C

通常降落伞的结构直径 D_C 不同于降落伞的名义直径 D_0。对于圆形降落伞伞衣的结构直径,等于两相对伞衣幅的最大宽度两点间(贯穿辐射缝合部)的距离。因此,结构直径是沿辐射缝合部测得的,而不是沿伞衣幅的中心线测量的。平面型伞衣的结构直径 D_C 和顶孔直径 D_V 如图 2.3 所示,虚线表示伞绳的有效长度 L_e。图 2.4 是一具锥形伞衣的结构示意图,锥角 μ 是伞衣幅辐射缝合部的中心线和相应的平面投影之间的夹角。

5. 伞顶孔直径 D_V

伞顶孔直径就是伞衣顶孔的直径,顶孔直径 D_V 示于图 2.3 结构示意图中。

6. 投影面积 A_t

降落伞的投影面积 A_t 是指降落伞充满后的最大投影面积。

7. 投影直径 D_t

投影直径 D_t 是由投影面积 A_t 换算而来,它等于面积为 A_t 的圆的直径,通常用伞衣最大的投影宽度,即伞衣幅中心线的投影距离来表示:

$$D_t = 2\sqrt{\frac{A_t}{\pi}} \tag{2.3}$$

8. 伞衣幅数 N

伞衣幅是指两相邻主缝合部中心线之间所包容的部分,伞衣幅数就是指伞衣幅的数量。

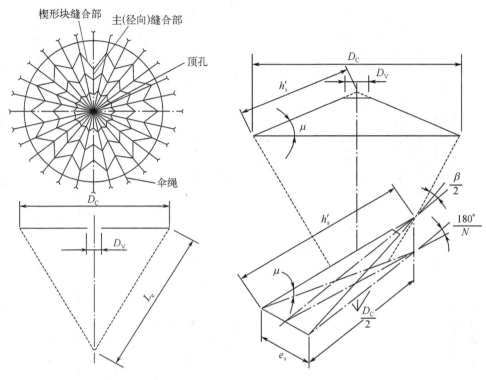

图 2.3　平面圆形伞的平面图和结构示意图　　　**图 2.4　锥形伞衣结构示意图**

9. 伞绳有效长度 L_e

伞绳有效长度是指从伞衣底边至伞绳汇交点的长度,冲压式翼伞为下翼面至伞绳汇交点的距离。

2.2　常用降落伞的结构

降落伞通常按伞衣的剖面形状、平面形状或其他特性来分类。不同类型的降落伞可分为两大类:密实伞和开缝伞。这两大类降落伞大部分是从平面圆形伞衣发展而来,另一些则通过其独特的结构特性获得了较好的稳定性、经济性或滑翔性能。

降落伞品种繁多,约有 10 多种常用类型。按其伞衣不同的结构形式进行分类,可分为:平面圆形伞、截锥形伞、带条伞、环缝伞、无肋导向面伞、环帆伞、盘缝带伞、方形伞、十字形伞和冲压式翼伞等。表 2.1~表 2.4 列出了一些降落伞结构类型和基本性能,其中降落伞的充气性能一般基于"无限质量"和"有限质量"两种条件定义[3]。无限质量充气是指降落伞充气过程中气流相对降落伞的速度不变或变

表 2.1 密实织物降落伞

序号	类型	结构形状 俯视图	结构形状 侧面图	D_i/D_0	充满形状 D_t/D_j	阻力系数 C_D 范围	开伞动载系数 K_d(无限质量)	平均摆动角	一般应用
1	平面圆形			1.00	0.67~0.70	0.75~0.80	约为 1.8	±(10°~40°)	下降
2	圆锥形			0.93~0.95	0.70	0.75~0.90	约为 1.8	±(10°~30°)	下降
3	双锥形			0.90~0.95	0.70	0.75~0.92	约为 1.8	±(10°~30°)	下降
4	三锥形			0.90~0.95	0.70	0.80~0.96	约为 1.8	±(10°~20°)	下降
5	10%平面底边延伸			0.86	0.66~0.70	0.78~0.80	约为 1.4	±(10°~15°)	下降

续表

序号	类型	结构形状		D_t/D_0	充满形状 D_t/D_j	阻力系数 C_D 范围	开伞动载系数 K_d (无限质量)	平均摆动角	一般应用
		俯视图	侧面图						
6	14.3 充满底边延伸			0.81	0.66~0.70	0.75~0.90	约为 1.4	±(10°~15°)	下降
7	半球形			0.71	0.66	0.62~0.77	约为 1.6	±(10°~15°)	下降
8	导向面（有肋）			0.63	0.62	0.28~0.42	约为 1.1	0°~±2°	稳定减速
9	导向面（无肋）			0.66	0.63	0.30~0.34	约为 1.4	0°~±3°	引导，减速
10	环形			1.04	0.94	0.95~1.00	约为 1.4	<±6°	下降

续　表

序号	类型	结构形状			充满形状 D_t/D_j	阻力系数 C_D 范围	开伞动载系数 K_d（无限质量）	平均摆动角	一般应用
		俯视图	侧面图	D_t/D_0					
11	方形	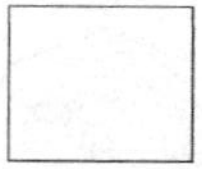 ▢	—	1.00	—	0.80~1.00	约为 1.8	<±20°	下降
12	十字形	 ✚	—	1.15~1.19	0.66~0.72	0.60~0.78	约为 1.2	0°~±3°	下降、减速

表 2.2　开缝织物降落伞

序号	类型	结构形状			充满形状 D_t/D_j	阻力系数 C_D 范围	开伞载荷系数 K_d（无限质量）	平均摆动角	一般应用
		俯视图	侧面图	D_j/D_0					
1	平面带条	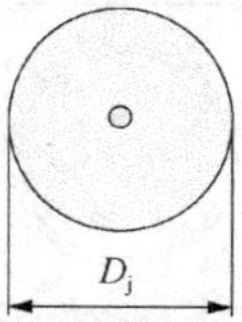 ◯ D_j	—	1.00	0.67	0.45~0.50	约为 1.05	0°~±3°	下降、减速
2	锥形带条	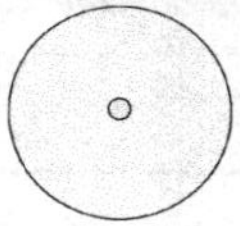 ◯	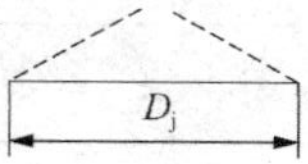 D_j	0.95~0.97	0.70	0.50~0.55	约为 1.05	0°~±3°	下降、减速

续表

序号	类型	结构形状			充满形状 D_t/D_j	阻力系数 C_D 范围	开伞载荷系数 K_d（无限质量）	平均摆动角	一般应用
		俯视图	侧面图	D_j/D_0					
3	锥形带条（变透气量）			0.97	0.70	0.55~0.65	1.05~1.30	0°~±3°	下降、减速
4	带条（半流型）			0.62	0.62	0.30*~0.46	1.00~1.30	±2°	超声速减速
5	环缝			1.00	0.67~0.70	0.56~0.65	约为 1.05	0°~±5°	牵引、减速
6	环帆			1.16	0.69	0.75~0.90	约为 1.10	±(5°~10°)	下降
7	盘缝带			0.73	0.65	0.52~0.58	约为 1.30	±(10°~15°)	下降

* 超声速情况。

表 2.3　旋 转 伞

序号	类型	结构形状		充满形状		阻力系数 C_D 范围	开伞载荷系数 K_d(无限质量)	平均摆动角	一般应用
		俯视图	侧面图	D_j/D_0	D_t/D_j				
1	旋片伞	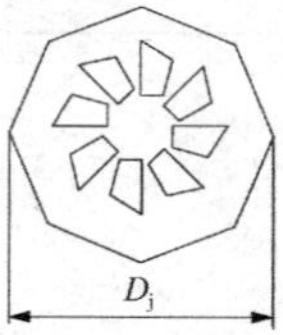	—	1.05	0.90	0.85~0.99	1.05	0°~±2°	减速
2	涡环形	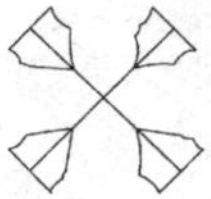	—	1.90	—	1.50~1.80	1.10~1.20	0°~±2°	下降

表 2.4　滑 翔 伞

序号	类型	结构形状		面积比 S_W/S_0	气动力系数 C_R 范围	滑翔比 $(L/D)_{max}$	一般应用
		俯视图	侧面图				
1	Tojo, TU 缝	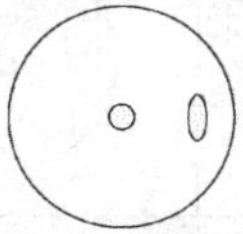	—	1.00	0.85~0.90	0.5~0.7	下降
2	勒穆瓦涅伞 (Le Moigne)	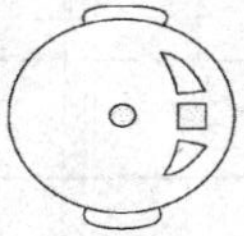	 —	1.00	0.90~1.00	1.1	下降

续　表

序号	类型	结构形状		面积比 S_W/S_0	气动力系数 C_R范围	滑翔比 $(L/D)_{max}$	一般应用
		俯视图	侧面图				
3	单龙骨翼伞			1.00	0.90~1.10	2.0~2.5	下降
4	双龙骨翼伞			1.00	1.00~1.10	2.8~3.2*	下降
5	冲压式翼伞			0.27	0.75~0.85	2.3~3.5*	下降
6	帆式翼伞			0.80~0.90	—	2.5~3.5*	下降
7	半冲压式翼伞			0.60	—	2.0~3.0*	下降

* 滑翔比受纵横比和伞衣载荷的影响;S_W 表示投影面积;S_0 表示名义面积;C 表示弦长;b 表示展长。

化不明显的情况;有限质量充气是指降落伞充气过程中气流相对降落伞有明显的变小的情况。表 2.1~表 2.4 中开伞动载系数 K_d 是在恒定气流速度和"无限质量"条件下开伞时,最大开伞力和稳态阻力之比。以下列出几种常用的降落伞,并作简要介绍。

2.2.1　平面圆形伞

平面圆形伞是最简单的一种伞型,它是由伞衣幅顶角之和为 360° 等腰梯形组成的多边形,相邻伞衣幅的两侧相互缝合,形成沿径向的辐射状缝合部。径向缝合部通常采用加强带加强,有时也采用伞绳沿径向穿过缝合部间隙一直延伸到伞顶。在伞衣顶孔边和伞衣底边处均用加强带加强。伞衣幅的楔形块分为直裁和 45° 斜裁两种。直裁工艺简单,斜裁能耐受更大的冲击载荷。伞顶孔直径通常为伞衣直径的 5%~15%。

平面圆形伞的伞衣阻力系数为 0.75~0.80,初始设计可选取 0.78。该种伞形稳定性差,摆动角为 ±20°~±40°。在无限质量充气条件下,开伞动载系数 K_d 接近于 2.0。

平面圆形伞结构简单、形状对称、受力均匀、工作可靠、使用方便、造价低廉,但开伞动载大,稳定性差。在降落伞研制和发展过程中,大多数是以平面圆形伞为基础,通过不断改进和革新,逐渐演变成结构形式比较复杂的伞型。该型降落伞在人用、空投及无特殊要求的飞行器回收方面获得广泛应用。

2.2.2　截锥形伞

截锥形伞又称充满底边延伸型伞,其结构形式是在平面圆形伞的底边圆周上附加一圈倒截锥形延伸部。延伸部长度按顶部平面圆直径的百分比计算,称为延伸率。延伸率一般取 10%~15%。

截锥形伞的伞衣阻力系数为 0.75~0.9,初始设计可选取 0.8。截锥形伞稳定性比平面圆形伞好,伞衣摆动角一般为 ±10°~±20°,它取决于结构、尺寸和下降速度。由于底边的延伸,使伞衣进气口面积减小,充气时间增加,开伞动载系数减小,开伞动载系数 K_d 大约为 1.4。

截锥形伞结构简单、形状对称、受力均匀、工作可靠、使用方便、造价低廉,但与平面圆形伞比较,其设计和样板制作稍复杂。材料利用率稍低。该型降落伞通常用作投物伞、减速伞和飞行器回收降落伞。

2.2.3　锥形带条伞

锥形带条伞的伞衣侧剖面为等腰三角形,底边夹角 20°~30°,伞衣幅由平行于底边的水平带和垂直于底边的垂直带组成,水平带之间有一定缝隙。为制作方便,通常采用等宽度水平带条和等缝隙的结构,在伞衣顶孔边和伞衣底边处均用加强带加强。

锥形带条伞的伞衣阻力系数取决于结构透气量、几何尺寸和使用要求,在 0.45~0.55 范围,初始设计可取为 0.50。伞衣的缝隙面积及顶孔面积之和与伞衣表面积之比,称为结构透气量。一般锥形带条伞的结构透气量为 15%~30%。该种伞型稳定性很好,最大摆动角为 ±3°。在无限质量充气条件下,开伞动载系数 K_d 为 1.05。

锥形带条伞稳定性好、承载能力大、开伞动载小,但工艺复杂、造价高。该型降落伞通常用作飞行器稳定减速伞和飞机阻力伞。它能承受高开伞动压,适用于 $3Ma$ 以下的开伞速度范围。

2.2.4　环缝伞

环缝伞即宽带条伞,水平带条宽度一般在 100 mm 以上称为“环缝伞”。环缝伞结构形式与带条伞基本相似。为制作方便,与带条伞一样,通常采用等宽度水平带条和等缝隙的结构,在伞衣顶孔边和伞衣底边处均用加强带加强。

由于环缝伞结构透气量大而阻力系数较小,其伞衣阻力系数为 0.45~0.65。初始设计时,伞衣阻力系数可取为 0.55。环缝伞的结构透气量一般为 10%~20%,该种伞型稳定性较好,最大摆动角小于 ±10°。在无限质量充气条件下,开伞动载系数 K_d 为 1.05。

环缝伞工艺性比带条伞好,故成本低,但承载能力和稳定性方面不如带条伞。环缝伞通常用作返回器的减速伞和回收降落伞,以及空投货物的牵引伞,适用于亚声速条件下开伞。

2.2.5　无肋导向面伞

无肋导向面伞由钟形顶幅和导向面幅组成。在顶幅和导向面幅的缝接处留有小缝,以便在下降时产生向外喷射的气流。无肋导向面伞顶幅和导向面幅的尺寸取决于伞衣直径和伞衣幅数。

无肋导向面伞伞衣阻力系数为 0.75~0.85,初始设计可选取 0.78。该伞的稳定性非常好,摆动角小于 ±3°。在无限质量充气条件下,开伞动载系数 K_d 为 1.1~1.4。

无肋导向面伞衣具有成形幅伞衣的优点,使织物应力减小,因而在同样条件下,可用较轻的材料制成。该伞型开伞性能优越、稳定性好。其缺点是比较费料、费时、成本高。无肋导向面伞通常作为飞行器稳定、减速或牵引用,还用于要求极其稳定、快速开伞和高可靠性的场合。

2.2.6　环帆伞

环帆伞伞衣的典型结构形式是球台加圆锥顶,顶角为 140°~150°,底边夹角为 50°~60°。伞衣上部采用环缝形结构,与环缝伞结构相似。下部采用环帆形结构,即上、下环片接合处采用非等长设计,上环片的底边比下环片上边缘长,形成月牙状。在伞衣充气初期,气流可以从月牙缝进入,有助于快速开伞。伞衣充气后,则气流从月牙缝向下排出,可增加伞衣阻力。

环帆伞伞衣幅设有中间垂直带的伞衣上部开缝结构透气量,一般为 2.0%~3.5%。环帆伞的伞衣阻力系数取决于伞衣结构透气量、几何尺寸和使用要求,在 0.70~0.95 范围,初始设计可取为 0.78。环帆伞稳定性比较好,平均摆动角小于 ±10°。在无限质量充气条件下,开伞动载系数 K_d 为 1.05。

该型降落伞具有开伞性能优越、抗破坏能力强、工作可靠、阻力系数大和稳定性好的特点。但大面积的环帆伞包装工艺十分复杂,使用不太方便。环帆伞通常用作稳定性和可靠性要求比较高的飞行器减速伞与主伞。

2.2.7　盘缝带伞

盘缝带伞是在平面圆形伞的基础上改进设计而来的。它的顶幅如同平面圆形伞,中间开有顶孔,侧边是一个圆柱形围幅,在顶幅与侧幅之间留有较宽的缝隙。常规盘缝带伞的盘、缝、带面积分别占总面积的 53%、12% 和 35%。

盘缝带伞的伞衣阻力系数与结构性透气量和下降速度等参数有关,在 0.53~0.70 范围,初始设计可选取 0.62。盘缝带伞稳定性比较好,摆动角为 ±5°~±10°。盘缝带伞的结构透气量一般为 12.5%~15.0%。

该型降落伞结构简单、形状对称、受力均匀、稳定性好、造价低廉,但伞衣阻力系数偏低。该型伞主要用于高空或星际飞行器的减速伞,适用于空气稀薄的环境条件。

2.2.8　方形伞

方形伞伞衣结构为切去四角的平面方形,伞衣一般由数幅织物锁缝而成,伞衣上缝有平行和垂直于锁缝的加强带,以加强伞衣的强度及限制织物可能撕破的范围。为提高危险截面的强度,在伞衣顶部缝合部有加密的加强带,有时还采用斜向加强带加强。伞衣底边由加强带及几层织物卷叠而成。在底边上缝有由加强带延伸而成的绳扣带,用以连接伞绳。

方形伞的伞衣阻力系数为 0.8~1.0,初始设计可选取 0.9。该型伞稳定性较差,摆动角变化范围约 ±20°。在无限质量充气条件下,开伞动载系数 K_d 小于 1.8。

该型降落伞结构简单、加工和使用方便、造价低廉、阻力系数比较大,稳定性比平面圆形伞稍好,但伞衣和伞绳受力不均匀,结构布置不太合理。伞衣四角底边向内收缩,容易造成伞衣被伞绳抽打灼伤。该型降落伞在人用、空投及无特殊要求的飞行器回收方面获得广泛应用。

2.2.9　十字形伞

十字形伞由两个相同矩形织物面组成,这两个矩形织物面彼此成直角相交连接,形成一个有四个相同侧幅的平表面。伞绳连接在四个侧幅的外边缘,有些伞在相邻侧幅的角幅之间用扎绳连接。

十字形伞伞衣阻力系数为 0.60~0.78。该型伞具有很好的稳定性,摆动角变化范围为 0°~±3°。影响十字伞的敏感参数是臂长比,即组成十字形伞的矩形幅长宽比。十字形伞用于大质量比的回收系统,臂长比应大于 3,小质量比可以小于 3。该型伞开伞动载系数 K_d 约为 1.2。

该型降落伞稳定性好、结构简单、加工方便、材料利用率高、造价低廉,但该型伞容易旋转,制造过程应特别注意控制其对称性。十字形伞用途广泛,通常用于飞机阻力伞、投物伞、航弹伞和各种飞行器的回收伞等。

2.2.10　可控翼伞

滑翔式可控翼伞分为冲压式翼伞和龙骨式翼伞两大类,常用的是冲压式翼伞。冲压式翼伞伞衣是由不透气的涂层织物制成,呈矩形翼。翼的上、下表面用内肋隔开固定,形成盒式翼形气室。开伞时,这些气室由通过前缘开口的冲压空气充满。伞绳通过三角形垂幅与下翼面相连,将伞衣气动力传递到吊带上。

冲压式翼伞滑翔比一般为 0.8~3.0。目前,高性能冲压式翼伞滑翔比可达 7 以上,非人用的冲压式翼伞落点精度能控制降落到离中心目标大约 100 m。

冲压式翼伞具有滑翔能力,通过控制可缩小落区散布范围。而且,它具有"雀降"性能,通过控制可以使着陆速度降低到最小限度。但翼伞伞衣结构复杂,开伞冲击力大,受力不均匀,大部分材料不能直接起升力面作用。如果用作回收伞,则控制系统比较复杂,造价较高。冲压式翼伞主要用作运动伞、伞兵伞以及投物伞。

2.3　降落伞的开伞过程

2.3.1　开伞过程概述

降落伞的开伞过程是指开始拉伞到物伞系统达到稳定下降为止的整个过程。降落伞开伞是个复杂的工作过程,在很短的时间内,降落伞载荷系统的外形、质量及各部分的相对位置都发生急剧的变化。降落伞的开伞过程包括拉直、充气和主减速三个阶段。

1. 拉直阶段

降落伞的拉直过程是指从拉动或弹射降落伞开始,至伞绳和伞衣全部拉直为止。拉直过程是降落伞工作过程的第一个动作程序。降落伞的拉直一般采用开伞拉绳、引导伞或弹伞筒等来启动。降落伞的拉直过程是其主要的工作阶段之一,为确保其工作的可靠性,必须保证在极短的时间内要按序完成一系列预先设定好的动作,其过程非常复杂。

根据拉直的程序不同,拉伞的方法分为顺拉法和倒拉法两种,如图 2.5 所示。顺拉法是由引导伞(或弹伞机构)先拉出伞衣,然后再循序拉直伞绳;倒拉法是由引导伞(或弹伞机构)先拉直伞绳,然后从伞袋中逐次拉出伞衣。

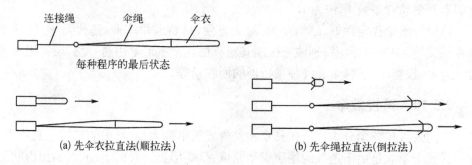

图 2.5　两种拉伞程序

在顺拉法的拉伞过程中,降落伞的速度依次从进入器速度减低到引导伞的速度,而在伞绳被拉直瞬间,降落伞又被迅速地加速到进入器降落伞组合体的速度;在倒拉法的拉伞过程中,降落伞是逐步地由引导伞的速度迅速加速到进入器的速度。因此,在拉直过程中,降落伞的动量产生剧烈的变化,在伞绳内相应地产生了相当大的拉直力。相对而言,倒拉法产生的拉直力比顺拉法小。

拉直力的分析是属于两个变质量体相对运动的理论问题,不过在通常情况下,拉直力的峰值和持续时间都比开伞冲击力小,并不构成一种危险的载荷。当出现过大的拉直力时,往往是设计不合理所致,需要对降落伞设计加以修改。

2. 充气阶段

降落伞的充气过程是指从降落伞拉直后起,经气流从伞衣底部迅速进入伞衣内,至降落伞第一次完全张满(伞衣投影直径第一次达到稳定下降时的伞衣投影直径)为止的整个工作过程。

图 2.6 简略地说明了降落伞充气阶段几个典型的充气过程。伞衣脱离伞包全部拉直后,空气通过伞衣底边的进气口进入伞衣[图 2.6(a)],原本折叠的伞衣被

气流冲开,一个大的空气团进入由伞衣
织物围成的柔软的管道中[图2.6(b)]直
到顶端[图2.6(c)],这个阶段通常被称
为初始充气阶段。在此阶段,空气由伞
衣底边向顶部充气,伞衣由折叠状态充
气成近似圆柱形,其投影面积为伞衣初
始进气口面积。进入的空气有一部分从
伞顶孔和伞衣结构缝隙中流出,一部分
透过伞衣织物孔流出,剩余部分则滞留
在伞衣中。被俘获的空气使伞衣的内部
压力增加,超过了伞衣的外部压力,由压
差产生的径向力分量使伞衣快速向外扩
张,使得伞衣顶部像气球一样继续充气
[图2.6(d)],由于结构的惯性和张力阻
碍了伞衣顶部进一步扩张[图2.6(e)],
同时顶部张力又扩大了进气口,引起伞
衣迅速张满[图2.6(f)]。当伞衣投影直
径第一次达到稳降时的伞衣投影直径
时,就算完成了全部充气。从初始充气

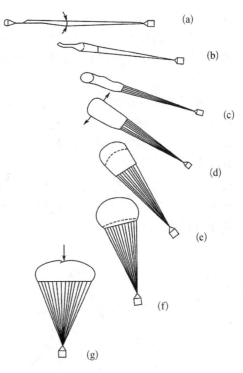

图 2.6　降落伞充气的几个过程

完成瞬间[图2.6(c)]到伞衣张满为止称为主充气阶段。当降落伞第一次完全张
满后,随着空气的继续流进,伞衣的底边直径增大,伞衣的充气过程继续进行,会使
得降落伞伞衣产生过度充气[图2.6(g)],直到轴向和径向的流体作用力及伞衣惯
性力与伞绳和伞衣的结构张力达到平衡为止。

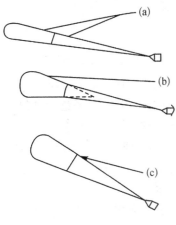

图 2.7　底边收口伞衣充气过程

对于有底边收口控制的降落伞,充气过程增加
了收口阶段,如图2.7所示。在收口绳第一次绷紧
时[图2.7(a)]时伞衣底边和伞绳相切,伞衣斜角
与伞绳斜角相等。通常此时出现开伞动载第一个
峰值。经过短暂时间,伞衣因径向动量而膨胀,收
口绳张力达到它的最大值[图2.7(b)],伞衣斜角
大于伞绳斜角。在收口时间内,大多数伞衣结构保
持充气形状不变。但是环帆伞和低透气量的伞继
续缓慢地充气。在解除收口时,伞衣底边内的张力
(收口时由收口绳张力平衡)使伞衣底边快速拉
开,伞衣底边进气口迅速增大[图2.7(c)]直至
充满。

3. 主减速阶段

主减速阶段是指从降落伞完全张满后起,由于进入器-降落伞组合体的阻力面积骤然增加,下降速度迅速降低,直至进入器-降落伞组合体的下降速度趋于稳定下降速度为止。

降落伞的拉直和充气两个阶段是在很短时间内完成的,总共只有几秒钟时间,这是一个复杂的物理过程,在这个过程中降落伞由贮存状态转变成工作状态,进入器-降落伞组合体的外形、质量分布,气动力、运动速度以及各部分的相对位置都要发生急剧的变化,因而产生了作用在进入器和降落伞之间的作用力,例如在拉直阶段要产生较大的拉直力,而在充气阶段产生较大的开伞冲击力,如图 2.8 所示,分析和计算开伞过程中进入器和降落伞运动参数的变化和相互之间的作用力,是降落伞设计的重要依据。

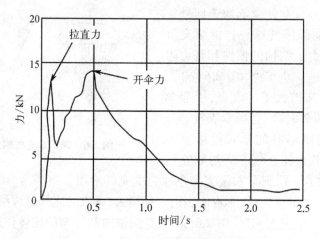

图 2.8　典型的降落伞开伞过程的受力情况

2.3.2　航天器降落伞开伞过程

降落伞工作的成功与否,开伞和拉直程序的设计至关重要。航天器降落伞常用的开伞方式有弹射开伞方式和牵引开伞方式两种,普遍采用倒拉法开伞。一般对于质量较大的降落伞装置,宜采用牵引开伞方式,即采用由引导伞将整个伞包牵引出舱,进而将伞绳和伞衣顺序拉出,如"神舟号"飞船的减速伞和主伞的开伞方式均是采用牵引开伞方式,其主伞是利用减速伞作为引导伞来牵引主伞包出舱和开伞的,减速伞则是增加一具引导伞来牵引出舱和开伞,而引导伞的开伞则利用伞舱盖的弹射分离来完成,即利用伞舱盖弹射分离的动能将引导伞包拉出伞舱,并使引导伞伞包迅速穿越返回舱的尾流影响区,依次拉出引导伞的连接带、伞绳和伞衣,确保引导伞的正常充气。图 2.9 为"神舟号"飞船主伞开伞过程。

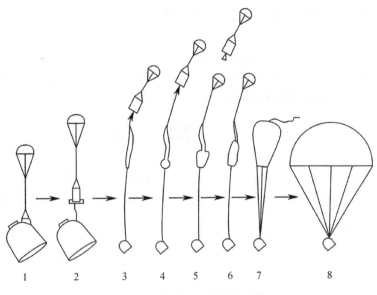

图 2.9　主伞开伞过程示意图

1. 减速伞将主伞包从伞舱中拉出；2. 主伞系从伞包中拉出；3. 主伞顶拉出伞包后，牵顶伞从主伞包中拉出；4. 牵顶伞连接带与牵顶伞包逐渐剥离，主伞底部开始充气；5. 减速伞拖曳主伞包及牵顶伞包分离，牵顶伞充气；6. 主伞底部继续充气；7. 主伞呈收口状下降，牵顶伞失效；8. 主伞解除收口，全展开下降

2.4　降落伞的充气性能

充气阶段是降落伞工作过程中最为重要，也是物理过程最为复杂的一个阶段。在充气过程中，伞衣阻力面积突然增大使伞衣、伞绳及吊带承受最大开伞力。在这个过程中有可能发生伞衣破损、伞绳断裂等现象，从而影响伞系统的工作性能。因此，降落伞的充气性能往往是降落伞设计的基础。

一般描述和表征降落伞充气性能的主要参数有：充气时间、伞衣阻力面积变化和开伞动载。

2.4.1　充气时间

降落伞充气时间是指从伞衣开始充气到完全充满所需要的时间，它表征伞衣充气的快慢，是充气过程中的一个重要性能参数。由于一般在计算降落伞最大开伞动载时需要确定降落伞的充气时间；在确定降落伞充气过程中的伞衣阻力特征变化时也需要确定降落伞的充气时间；在对物伞系统进行回收过程的动力学仿真时同样需要确定降落伞的充气时间。因此，从开始研究降落伞的充气过程起，充气时间就一直是其研究的重点之一。然而到目前为止，还没有一个精确完善的解析方法来计算充气时间,仍主要是通过经验公式来估算。

1. 一般经验公式

降落伞的充气时间一般与拉直速度 v_L 成反比,同时,降落伞越大,充气时间越长。根据直径为 35 ft 的底边延伸伞在接近海平面至 38 000 ft 的高度范围内的试验结果,得出了降落伞充气时间的一般经验公式[2, 3]:

$$t_f = \frac{KD_0}{v_L^n} \tag{2.4}$$

式中,D_0 为降落伞名义直径;K、n 均是由测量数据推算所得的系数。对于平面圆形带条伞,$K = 8$、$n = 0.9$;对于 T - 10 型伞兵伞,$K = 8$、$n = 1$;对于 T - 10H 型伞,$K = 10$、$n = 1$。

2. 无收口开缝伞经验公式

对于开缝伞,计算其充气时间采用的经验公式为[3]

$$t_f = \frac{0.65\lambda_g D_0}{v_L} \tag{2.5}$$

式中,λ_g 为伞衣几何透气量。这个关系式是根据各种实验性的带条伞在亚声速和超声速下的一些试验测量结果得到的。尽管计算结果与实测值比较一致,但数据还是比较分散,而且,后来的一些研究工作发现数据有偏移,超声速情况下的充气时间较之用公式(2.5)计算的充气时间长。

由于在超声速开伞情况下,伞衣的充气是在入口的正激波以后进行的。因此,在高速情况下,考虑到空气的压缩性,充气时间的计算公式修正为[3]

$$t_f = \frac{0.65\lambda_g D_0}{v_L} \times \frac{\rho}{\rho_\infty} \tag{2.6}$$

式中,ρ 是伞衣进气口前正激波后的大气密度;ρ_∞ 为降落伞工作高度处的大气密度。

3. 收口伞衣的充满时间

对于收口伞衣充气时间的计算,有一些不同形式的计算公式。在文献[2]中,把一次收口伞衣的充气过程分为三个阶段。

(1) 自开始充气至收口绳绷紧为止。在这个阶段的充气时间为

$$t_{f1} = \lambda_m (CA)_{sk}^{1/2}/v_L \tag{2.7}$$

式中,$(CA)_{sk}$ 是伞衣收口时的阻力面积;λ_m 是伞衣充满常数,对于具体的伞型,其值由试验确定。据相关试验资料介绍:美国的标准环帆伞,$\lambda_m = 37.3$;美国的改型环帆伞,$\lambda_m = 26.0$;我国的某些环帆伞,$\lambda_m = 23.5$。

（2）收口保持阶段。这个阶段的时间 t_{f2} 通常在回收着陆时序中预先设置好。

（3）解除收口之后至完全充满。这个阶段的充气时间为

$$t_{f3} = \lambda_{m3} \left[(CA)_s^{1/2} - (CA)_2^{1/2} \right] / v \tag{2.8}$$

式中，v 是解除收口时物伞系统的速度；$(CA)_s$ 是伞衣充满时的阻力面积；$(CA)_2$ 是解除收口时伞衣的阻力面积；λ_{m3} 是伞衣充满常数，对于具体的伞型，其值由试验确定。据相关试验资料介绍：美国的标准环帆伞，$\lambda_{m3} = 4.42$；美国的改型环帆伞，$\lambda_{m3} = 6.80$；我国的某些环帆伞，$\lambda_{m3} = 4.3$。

在文献［3］中提供了另一种形式的经验公式，用伞衣的名义直径与充气时间的关系来表示充气时间。

（1）自开始充气至收口绳绷紧为止。在这个阶段的充气时间为

$$t_{f1} = \frac{KD_0}{v_L} \tag{2.9}$$

据相关试验资料介绍：对于带条伞，此阶段 $K = 10$；对于环帆伞，此阶段 $K = 6 \sim 8$。

（2）保持收口段。这个阶段的时间 t_{f2} 通常在回收着陆时序中预先设置好。

（3）解除收口至完全充满段。这个阶段的充气时间为

$$t_{f3} = \frac{KD_0}{v} \tag{2.10}$$

式中，v 为解除收口时物伞系统的速度。据相关试验资料介绍：对于带条伞，此阶段 $K = 6$；对于环帆伞，此阶段 $K = 2$。

2.4.2　伞衣阻力面积变化

目前，在降落伞充气过程的研究中，对于伞衣阻力面积变化规律大多是根据试验结果分析得出的。

1. 一次充满伞衣

降落伞充气过程通常分为两个阶段：初始充气阶段和主充气阶段。由于两个充气阶段的物理过程不同，充气过程中的伞衣形状变化也各有其独特的规律。

1）初始充气阶段

根据试验发现，对于一定构型的伞衣，在初始充气阶段参数 α 为常数：

$$\alpha = \frac{v_L t_{f1}}{D_0} = 常数 \tag{2.11}$$

式中，t_{f1} 为初始充气时间；v_L 为伞衣拉直时物伞系统的速度；常数 α 主要取决于伞

型,与高度和速度无关。大量试验数据表明:对于平面圆形密织物伞, $\alpha = 1.74 \pm 0.19$,可以取其平均值为 1.74。

对于一定形式的伞,其初始充气阶段末期,圆柱形伞衣外廓的几何尺寸大致是一定的。因此,若不计阻力系数的变化,则初始充气阶段末期伞衣阻力面积 $(CA)_1$ 与充满伞衣阻力面积 $(CA)_s$ 之比值,对于一定伞型来说是个常数。通过对大量试验数据的分析整理,得到如下公式:

$$\frac{(CA)_1}{(CA)_s} = \begin{cases} 0.04, & \text{密织物平面圆形伞} \\ 0.05, & 10\% \text{ 的底边延伸伞} \end{cases} \tag{2.12}$$

对于具有不同结构的同类型伞衣(如是否缝有鼓风袋,具有不同的底边延伸率),其具体比值会有所变化,但变化不太大。

在初始充气阶段,由于时间比较短,通常假设伞衣阻力面积随时间线性变化:

$$(CA) = \frac{(CA)_1}{t_{f1}}t, \quad 0 \leqslant t \leqslant t_{f1} \tag{2.13}$$

2) 主充气阶段

大量试验数据表明,在主充气阶段,伞衣投影面积随时间或充气行程的增加是非线性的。另外,在伞衣投影面积增加的同时伞衣阻力系数也增加,因为在充气过程中伞衣的非流线型特征越来越明显。通常将 (CA) 表示为时间 t 的幂函数:

$$(CA) = (CA)_1 + \left[(CA)_s - (CA)_1 \right] \left(\frac{t - t_{f1}}{t_f - t_{f1}} \right)^n, \quad t_{f1} < t \leqslant t_f \tag{2.14}$$

其中,指数 n 一般由试验确定,通常在 2 和 3 之间。

2. 收口伞衣

对于收口伞衣,整个充气过程可分为三段:第一段,从开始充气至收口绳绷紧,这时伞衣通常是"灯泡"形状;第二段,收口绳绷紧状态持续一段时间,至收口绳切断解除收口;第三段,从收口绳切断至伞衣完全充满。

在第一段,伞衣阻力面积大致随时间线性变化:

$$(CA) = \frac{(CA)_{sk}}{t_{f1}}t, \quad 0 \leqslant t \leqslant t_{f1} \tag{2.15}$$

在第二段,有的伞衣保持阻力面积不变,有的伞衣阻力面积随时间线性增加。因此,根据伞型不同,可表示为

$$(CA) = (CA)_{sk}, \quad t_{f1} < t \leqslant t_2 \tag{2.16}$$

或者

$$(CA) = (CA)_{sk} + \frac{(CA)_2 - (CA)_{sk}}{t_2 - t_{f1}}(t - t_{f1}), \quad t_{f1} < t \leqslant t_2 \qquad (2.17)$$

其中, t_2 为收口时间; $(CA)_2$ 为解除收口时伞衣阻力面积。

在第三段,伞衣阻力面积随时间非线性增加,表示为

$$(CA) = (CA)_{sk} + \left[(CA)_s - (CA)_{sk}\right]\left(\frac{t - t_2}{t_{f3}}\right)^n \qquad (2.18)$$

或者

$$(CA) = (CA)_2 + \left[(CA)_s - (CA)_2\right]\left(\frac{t - t_2}{t_{f3}}\right)^n \qquad (2.19)$$

式(2.18)是对应式(2.16)的情况;式(2.19)是对应式(2.17)的情况。指数 n 通常在 1 和 2 之间取值。

2.4.3　开伞动载

开伞动载是指在伞衣充气过程中,降落伞作用在载荷上的力,它是随充气时间变化的,通常在伞衣充满前达到最大值。对收口伞衣,在一级收口充满时也会出现开伞载荷峰值。最大开伞载荷是降落伞充气性能的一个重要参数。

开伞动载主要是由降落伞的气动阻力导致的,因此它对系统的速度和伞衣阻力面积很敏感。对"有限质量"充气,在充气过程中系统速度和伞形都有明显变化,因此,要计算开伞动载必须求解充气过程中系统的速度和伞衣阻力面积变化。

目前对于开伞动载的计算方法主要有:经验法、充气时间法、动量法。

1. 经验法

1)无限质量情况下开伞动载计算方法

当物伞系统的单位面积载荷大到一定数值后,近似地认为充气过程中系统的速度将保持不变,亦即意味着系统的质量为"无限"大。在实用中,大多数减速伞、稳定伞以及飞机着陆刹车用的阻力伞,均可按"无限质量"处理。由于在"无限质量"时,充气过程中系统速度变化很小,因而,最大开伞动载可按如下经验公式计算:

$$F_{k\max} = \frac{1}{2}\rho v_L^2 (CA)_s K_d \qquad (2.20)$$

式中, K_d 称为动载系数(无因次),对于一定型式的伞衣, K_d 是常值。在亚声速范围,一些典型伞衣的 K_d 值为:

密织物平面圆形伞 $K_d \geqslant 1.8$;

密织物底边延伸伞 $K_d \geqslant 1.8$；

有肋导向面伞 $K_d \geqslant 1.1$；

无肋导向面伞 $K_d \geqslant 1.4$；

人用导向面伞 $K_d \geqslant 1.6$；

平面带条伞 $K_d \geqslant 1.05$；

环帆伞 $K_d \geqslant 1.1$；

环缝伞 $K_d \geqslant 1.05$。

2）有限质量情况下开伞动载计算方法

由于在有限质量下的开伞过程中速度变化较大，故最大开伞动载要比无限质量条件减小很多。如果用开伞动载系数法来考虑，则最大开伞动载也可按如下经验公式计算：

$$F_{k\max} = k_{dy} \frac{1}{2} \rho v_L^2 (CA)_s \tag{2.21}$$

式中，k_{dy} 为最大开伞动载系数，一般在给定的起始条件下，基本上是系统质量比 R_m 的函数，即

$$R_m = \frac{m_{xt}}{\rho \pi D_0^3} \tag{2.22}$$

一些降落伞试验的最大开伞动载系数与质量比的关系如图 2.10 所示。

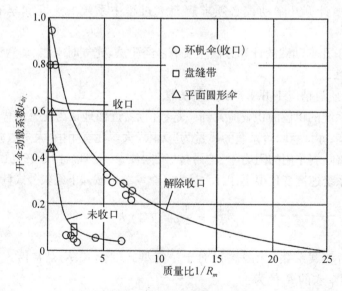

图 2.10　开伞动载系数与质量比的关系

式（2.21）适用于收口和非收口伞衣。收口伞衣计算解除收口后的峰值时，公式中的 v_L 用解除收口时的物伞系统的速度。

2. 充气时间法

充气时间法是一种以充气时间为变量的计算开伞动载的方法，同时也可以计算整个充气过程中物伞系统的运动轨迹等。

在充气时间法中，需要作以下基本假设：

（1）载荷和降落伞的运动为双质点运动。载荷的质量集中在载荷的重心处，伞的质量集中在伞衣底边中心。在伞衣充气过程中，伞的质心相对底边的位置保持不变；

（2）在充气过程中，物伞系统的运动保持在垂直平面内，作用在物伞系统上的力如图 2.11 所示；

（3）充气过程中，物伞二者的轴线始终重合；

（4）忽略伞系统的弹性影响，物伞二者的相对位置保持不变；

（5）充气过程中，伞衣阻力面积变化规律已知。

根据以上假设，物伞系统的运动方程为

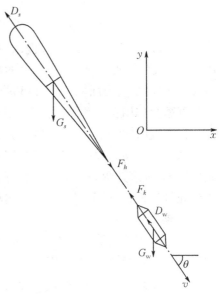

图 2.11　物伞系统受力图

D_s. 伞的飞行距离；G_s. 伞的重力；F_h. 载荷作用在降落伞上的力；F_k. 降落伞作用在载荷上的力；D_w. 载荷的飞行距离；G_w. 载荷重力；θ. 轨迹角；v. 物伞系统运动速度

$$\frac{\mathrm{d}\theta}{\mathrm{d}t} = -g\cos\theta/v \tag{2.23}$$

$$\frac{\mathrm{d}x}{\mathrm{d}t} = v\cos\theta \tag{2.24}$$

$$\frac{\mathrm{d}y}{\mathrm{d}t} = v\sin\theta \tag{2.25}$$

$$\frac{\mathrm{d}S}{\mathrm{d}t} = v \tag{2.26}$$

$$\frac{\mathrm{d}v}{\mathrm{d}t} = -\frac{m_w + m_p}{m_w + m_p + m_f}g\sin\theta - \frac{1}{2}\rho v^2 \frac{(CA)_w + (CA)}{m_w + m_p + m_f} - \frac{v}{m_w + m_p + m_f}\frac{\mathrm{d}m_f}{\mathrm{d}t} \tag{2.27}$$

$$F_k = (m_p + m_f)\frac{\mathrm{d}v}{\mathrm{d}t} + \frac{1}{2}\rho v^2(CA) + v\frac{\mathrm{d}m_f}{\mathrm{d}t} + m_p g\sin\theta \tag{2.28}$$

$$m_f = \rho k_f (CA)^{\frac{3}{2}} \qquad (2.29)$$

式中,θ 为轨迹角;S 为充气行程;g 为重力加速度;v 为物伞系统运动速度;t 为时间;m_w 为载荷的质量;m_p 为降落伞的质量;ρ 为大气密度;$(CA)_w$ 为载荷阻力面积;(CA) 为降落伞阻力面积,不收口和收口降落伞不同阶段的阻力面积参见 2.4.2 节;F_k 为降落伞作用在载荷上的力;k_f 为附加质量系统。

在充气时间法中有一个基本的假设是充气过程中伞衣阻力面积的变化规律已知。从上述运动方程中可以知道,降落伞的开伞动载对伞衣阻力面积的变化是比较敏感的,很多开伞条件都将对它有影响。因此,后来又发展了动量法来分析降落伞的充气过程,通过采用伞衣径向运动的动量方程来考虑伞衣形状的变化。

3. 动量法

动量法主要是采用动量守恒原理来分析降落伞的充气过程。根据 Wolf 提出的轴向-径向动量守恒充气模型[29],在充气模型的建立过程中,做如下基本假设:

(1) 在充气过程中,物体和降落伞的飞行弹道相同;

(2) 在充气过程中,伞衣阻力系数不变;

(3) 在充气过程中,空气密度不变;

(4) 完全充满后,伞衣为半球形;

(5) 充气期间,伞衣形状如图 2.12 所示,由一个半径为 R 的半球和一个上底直径为 $2R$、下底直径为 $2r$ 的倒截锥所组成。

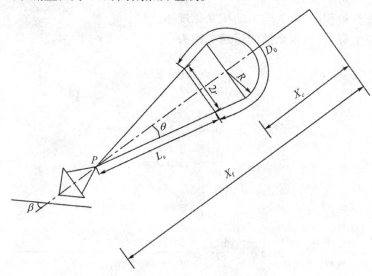

图 2.12 伞衣几何形状及弹道坐标

X_c. 降落伞的飞行距离;X_f. 载荷的飞行距离;L_s. 伞绳长度;θ. 伞绳与伞轴线的夹角;P. 伞绳汇交点;β. 弹道倾角

根据变质量动量方程,在飞行弹道的切向,物体和降落伞的运动方程为

$$(m_f + m_p - m_{ci}) \frac{dV_f}{dt} = (m_f + m_p - m_{ci}) g\sin\beta - F \tag{2.30}$$

$$(m_{ci} + m_a) \frac{dV_c}{dt} = m_{ci} g\sin\beta + F - C_D q_c S_c + \frac{dm_{ci}}{dt}(V_f - V_c) - \frac{dm_a}{dt} \cdot V_c \tag{2.31}$$

式中,m_f 为物体的质量;m_p 为降落伞的质量;m_{ci} 为已充气部分的伞衣质量;V_f 为物体的瞬时轴向速度;β 为弹道倾角;F 为轴向力;m_a 为降落伞的轴向附加质量;V_c 为降落伞的瞬时轴向速度;q_c 为动压;C_D 为以充气伞衣的投影面积为参考面积的阻力系数;S_c 为伞衣的投影面积。

由飞行弹道的法向动量守恒可得到弹道倾角变化率的表达式为

$$(m_f + m_p + m_a) V_f \cdot \frac{d\beta}{dt} = (m_f + m_p) g\cos\beta \tag{2.32}$$

根据充气伞衣的径向运动方程有

$$(m_{ci} + m_r) \frac{dV_r}{dt} = 2C_R q_c S_c \sin\theta - F \cdot \tan\theta - \left(\frac{dm_{ci}}{dt} + \frac{dm_r}{dt}\right) V_r \tag{2.33}$$

式中,m_r 为径向附加质量;V_r 为伞衣径向速度;C_R 为径向力系数。

同时假设伞绳是非弹性的,则从伞绳汇交点到伞衣充气最大圆周的距离可根据几何关系表示为

$$(X_f - X_c)^2 + R^2 = \left(L_s + R_0 - \frac{\pi R}{2}\right)^2 \tag{2.34}$$

式中,$R_0 = D_0/2$。

通过式(2.34)两边对 t 进行两次求导后,再与式(2.30)~式(2.33)组成微分方程组并进行求解即可分析开伞速度、大气密度和伞衣直径对降落伞充气时间、充气过程中伞衣面积变化的影响等。

4. 群伞系统开伞动载的计算

假设多伞系统各个单伞的大小和形式均相同,且相互之间没有气动力干扰,各个单伞保证同时张满,则多伞系统的开伞总动载可表示为 n 个单伞开伞动载之和,即

$$F_{k_{max}} = nF_{k_{maxi}} \tag{2.35}$$

这样计算的结果显然和实际情况不符,因为伞之间有气动力干扰,且伞不会同

时打开。因此,实际作用在各个单伞连接绳交汇点上的总动载必定小于式(2.35),其误差大小与多伞系统同时开伞的程度有关。同时开伞性能越好,则理论最大总动载与实测值越接近;反之,则相差越大。对于总面积相同的多伞系统,伞衣数量越多,开伞总动载越大。这是因为在总面积相同的情况下,单伞数目越多,每具伞的面积便越小,其充气时间也越短,所以最大动载也越大。

对于最大分动载的计算,目前尚无精确的计算方法,常根据试验来统计单伞开伞动载的不均匀系数 β(实际单伞的最大分动载与理论分动载的比值)。一般情况,两伞系统 β 取 1.45,三伞系统 β 取 1.8,如对多伞系统采取一些控制方法,使伞衣尽快同时开伞,则不均匀性可控制在 1.3 以下[3]。

第 3 章

物伞系统动力学基础

物伞系统动力学模型的复杂性主要源于降落伞的附加质量特性、气动特性、拉直充气特性、材料特性、载荷尾流、伞和载荷之间的连接方式等因素。降落伞系统的每一个设计阶段不同的需求可应用不同复杂度的物伞系统模型。在初始设计阶段可使用简单的质点模型，初步分析降落伞回收系统的设计参数，例如伞衣面积、收口参数、开伞高度和速度、伞工作时间、开伞载荷、着地或溅水速度等；在详细设计阶段需要使用精细的多体模型，全面评估所选择的伞系统是否满足更多的技术指标要求，如载荷的姿态角、角速度、摆动恢复时间、着地或溅水姿态角等，同时在这个阶段一般已经做了一些试验，可以利用试验数据来校核动力学模型参数；在综合验证阶段一般应用蒙特卡罗方法完成物伞系统的偏差仿真，目的是确定系统参数的统计特征和散布情况，检查是否存在超越所设定的安全界限的情况。因此，物伞系统动力学是降落伞减速系统设计分析、评估和优化的重要学科基础。

本章首先从一般刚体动力学建模理论出发，推导适用于降落伞的动力学方程，然后基于牛顿欧拉建模方法和多体系统动力学建模方法建立各种不同自由度的物伞系统动力学模型。

3.1 刚体动力学模型

3.1.1 一般刚体动力学模型

假定刚体 B 在真空中作任意运动，如图 3.1 所示。C 为刚体 B 的质心，O 为刚体上任意一点，在 O 点建立体坐标系 $OXYZ$。V、ω 为 O 点的速度及刚体的角速度矢量，i 为刚体上任意一个质点，r_C、r_O、r_i 分别为质心 C、坐标原点 O、任意点 i 在惯性坐标系 $O_E X_E Y_E Z_E$ 下的坐标，ρ_C、ρ_i 为质心 C、任意点 i 在体坐标系 $OXYZ$ 下的坐标。约定 $\mathrm{d}a/\mathrm{d}t$ 表示矢量 a 在惯性坐标系下对时间 t 的绝对导数，$\delta a/\delta t$ 表示矢量 a 在本地坐标系下对时间 t 的相对导数，矢量和标量上方的"·"符号表示对当前变量在本地坐标系下对时间 t 的相对导数。

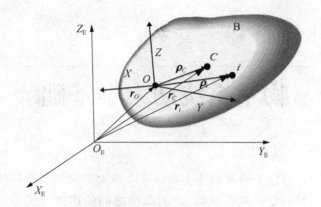

图 3.1 刚体相关坐标系定义

刚体 B 的动能为 T_B，动量为 Q_B，关于点 O 动量矩 H_B 分别为

$$T_B = \frac{1}{2} \sum_i m_i \left(\frac{\mathrm{d}r_i}{\mathrm{d}t} \right)^2 \tag{3.1}$$

$$Q_B = \sum_i m_i \frac{\mathrm{d}r_i}{\mathrm{d}t} = m \frac{\mathrm{d}r_C}{\mathrm{d}t} \tag{3.2}$$

$$H_B = \sum_i \rho_i \times m_i \frac{\mathrm{d}r_i}{\mathrm{d}t} \tag{3.3}$$

对于 r_O、r_i、$\dfrac{\mathrm{d}r_O}{\mathrm{d}t}$、$\dfrac{\mathrm{d}r_i}{\mathrm{d}t}$ 有关系式：

$$r_i = r_O + \rho_i \tag{3.4}$$

$$\frac{\mathrm{d}r_i}{\mathrm{d}t} = \frac{\mathrm{d}r_O}{\mathrm{d}t} + \omega \times \rho_i \tag{3.5}$$

将式(3.5)代入式(3.1)并展开可得

$$T_B = \frac{1}{2} m \left(\frac{\mathrm{d}r_O}{\mathrm{d}t} \right)^2 + m\omega \cdot \left(\rho_C \times \frac{\mathrm{d}r_O}{\mathrm{d}t} \right) + \frac{1}{2} \omega \cdot I_O \cdot \omega \tag{3.6}$$

式(3.5)、式(3.6)中，m 为刚体的总质量；I_O 为刚体相对点 O 的惯量张量；ω 为刚体的角速度。令 $\dfrac{\mathrm{d}r_O}{\mathrm{d}t} = V$，则 V、ω、I_O、ρ_C 在体坐标系 $OXYZ$ 下的坐标列阵分别为

$$V = \begin{bmatrix} V_x & V_y & V_z \end{bmatrix}^T \tag{3.7}$$

$$\boldsymbol{\omega} = \begin{bmatrix} \omega_x & \omega_y & \omega_z \end{bmatrix}^{\mathrm{T}} \tag{3.8}$$

$$\boldsymbol{\rho}_C = \begin{bmatrix} \rho_{CX} & \rho_{CY} & \rho_{CZ} \end{bmatrix}^{\mathrm{T}} \tag{3.9}$$

$$\boldsymbol{I}_O = \begin{bmatrix} I_{XX} & I_{XY} & I_{XZ} \\ I_{YX} & I_{YY} & I_{YZ} \\ I_{ZX} & I_{ZY} & I_{ZZ} \end{bmatrix} \tag{3.10}$$

式(3.7)中,上标 T 表示转置(下同)。设 $\boldsymbol{F}_B$、$\boldsymbol{M}_B$ 分别为作用在刚体 B 上的外力主矢和对 O 点的主矩,它们的坐标列阵分别为

$$\boldsymbol{F}_B = \begin{bmatrix} F_{BX} & F_{BY} & F_{BZ} \end{bmatrix}^{\mathrm{T}} \tag{3.11}$$

$$\boldsymbol{M}_B = \begin{bmatrix} M_{BX} & M_{BY} & M_{BZ} \end{bmatrix}^{\mathrm{T}} \tag{3.12}$$

定义刚体 B 的广义速度列阵 $\hat{\boldsymbol{V}}$, 广义力列阵 $\hat{\boldsymbol{F}}_B$, 广义动量矩阵 $\hat{\boldsymbol{Q}}_B$, 广义惯量矩阵 $\boldsymbol{\Phi}_B$ 为

$$\hat{\boldsymbol{V}} = \begin{bmatrix} \boldsymbol{V} \\ \boldsymbol{\omega} \end{bmatrix}_{6 \times 1} \tag{3.13}$$

$$\hat{\boldsymbol{F}}_B = \begin{bmatrix} \boldsymbol{F}_B \\ \boldsymbol{M}_B \end{bmatrix}_{6 \times 1} \tag{3.14}$$

$$\hat{\boldsymbol{Q}}_B = \begin{bmatrix} \boldsymbol{Q}_B \\ \boldsymbol{H}_B \end{bmatrix}_{6 \times 1} \tag{3.15}$$

$$\boldsymbol{\Phi}_B = \begin{bmatrix} m\boldsymbol{E} & m\boldsymbol{S}^{\mathrm{T}}(\boldsymbol{\rho}_C) \\ m\boldsymbol{S}(\boldsymbol{\rho}_C) & \boldsymbol{J}_O \end{bmatrix}_{6 \times 6} \tag{3.16}$$

式(3.13)~式(3.16)中,矩阵的下标 6×1、6×6 表示矩阵的行和列数;$\boldsymbol{E}$ 为 3 阶的单位矩阵;$\boldsymbol{S}(\cdot)$ 表示矢量叉乘的反对称矩阵,其表达式为

$$\boldsymbol{S}(x \quad y \quad z) = \begin{bmatrix} 0 & -z & y \\ z & 0 & -x \\ -y & x & 0 \end{bmatrix} \tag{3.17}$$

刚体 B 的动能可用广义速度列阵 $\hat{\boldsymbol{V}}$ 和广义惯量矩阵 $\boldsymbol{\Phi}_B$ 表示为

$$T_B = \frac{1}{2} \sum_{i=1}^{6} \sum_{j=1}^{6} \hat{\boldsymbol{V}}_i \boldsymbol{\Phi}_{Bij} \hat{\boldsymbol{V}}_j = \frac{1}{2} \hat{\boldsymbol{V}}^{\mathrm{T}} \boldsymbol{\Phi}_B \hat{\boldsymbol{V}} \tag{3.18}$$

刚体 B 的动力学方程为

$$F_{\mathrm{B}} = \frac{\delta Q_{\mathrm{B}}}{\delta t} + \omega \times Q_{\mathrm{B}} \tag{3.19}$$

$$M_{\mathrm{B}} = \frac{\delta H_{\mathrm{B}}}{\delta t} + V \times Q_{\mathrm{B}} + \omega \times H_{\mathrm{B}} \tag{3.20}$$

式(3.19)、式(3.20)是在体坐标系 $OXYZ$ 上建立的动力学方程,其坐标原点可以是刚体上任意一点。如果体坐标系 $OXYZ$ 建立在刚体质心 C 处,即 C 点与 O 点重合,系统的动力学方程式(3.19)保持不变,式(3.20)中没有 $V \times Q_{\mathrm{B}}$ 这一项。在式(3.19)、式(3.20)中 Q_{B}、H_{B} 可用刚体动能表示为

$$Q_{\mathrm{B}} = \frac{\partial T_{\mathrm{B}}}{\partial V} \tag{3.21}$$

$$H_{\mathrm{B}} = \frac{\partial T_{\mathrm{B}}}{\partial \omega} \tag{3.22}$$

于是,式(3.19)、式(3.20)可改写为

$$F_{\mathrm{B}} = \frac{\delta}{\delta t}\left(\frac{\partial T_{\mathrm{B}}}{\partial V}\right) + \omega \times \left(\frac{\partial T_{\mathrm{B}}}{\partial V}\right) \tag{3.23}$$

$$M_{\mathrm{B}} = \frac{\delta}{\delta t}\left(\frac{\partial T_{\mathrm{B}}}{\partial \omega}\right) + V \times \left(\frac{\partial T_{\mathrm{B}}}{\partial V}\right) + \omega \times \left(\frac{\partial T_{\mathrm{B}}}{\partial \omega}\right) \tag{3.24}$$

式(3.23)、式(3.24)称为矢量形式的克希霍夫(Kirchhoff)方程[68]。克希霍夫方程的主要特点包括:首先,方程坐标系原点是选在刚体上任意一点上;其次,动力学方程中包含了动能项。这些特点为动力学方程引入附加质量提供了方便。

3.1.2 考虑附加质量的刚体动力学方程

1. 附加质量矩阵

当物体在流体中作非定常运动时,会改变其周围流体的运动状态。因此,作用在物体上的外力和外力矩可以分为两部分,一部分改变物体的动量和动量矩,另一部分改变其周围流体的动量和动量矩。因周围流体运动状态的改变而引起的附加效应可由附加质量来描述,在流体力学中对这一概念有系统的描述[69]。

附加质量的表示形式很多,从流体能量的角度表示更为简便。考虑在无界流体区域 **R** 中作任意运动的刚体,其周围流体的动能可以表示成如下形式[68]:

$$T_{\mathrm{F}}(t) = \sum_{i,j=1}^{6} T_{\mathrm{F}ij}(u, \rho) = \frac{1}{2}\sum_{i,j=1}^{6} a_{ij}(u, \rho) u_i^0(t) u_j^0(t) \tag{3.25}$$

其中，$u_i^0(i=1,2,3)$ 表示物体的质心速度分量；$u_i^0(i=4,5,6)$ 表示物体绕质心转动的角速度分量。

$$a_{ij}(u,\rho)=[1/u_i^0(t)u_j^0(t)]\iiint_R \rho(x_1,x_2,x_3,t)u_i(x_1,x_2,x_3,t)u_j(x_1,x_2,x_3,t)\mathrm{d}R$$

$$(3.26)$$

式(3.26)中，$\rho(x_1,x_2,x_3,t)$ 表示流场中各处不同时刻的密度。附加质量分量 a_{ij} 共有 36 项，定义附加质量矩阵如下：

$$\boldsymbol{\Phi}_F=\begin{bmatrix} a_{11} & a_{12} & \cdots & a_{16} \\ a_{21} & a_{22} & \cdots & a_{26} \\ \vdots & \vdots & \ddots & \vdots \\ a_{61} & a_{62} & \cdots & a_{66} \end{bmatrix}_{6\times6}$$

$$(3.27)$$

式(3.27)中，$\boldsymbol{\Phi}_F$ 是一个 6×6 的二阶对称张量，$a_{ij}=a_{ji}$，包含了 21 个独立分量，其分量 a_{ij} 是具有质量、惯性一阶矩、二阶矩和惯性积的量纲。由式(3.26)可以看出，针对具体的物体，选择合适的计算坐标系，附加质量分量往往会具有较为简单的形式，可以减少计算的复杂程度。

严格地说，所有在流体中作非定常运动的物体在动力学建模中都需要考虑这一效应。但是试验研究表明，当物体的密度远大于周围流体密度时，附加质量对物体运动的影响可忽略不计；当物体密度与周围流体密度相当时，在动力学分析中必须要考虑附加质量的影响，例如降落伞、气球、水下航行器等。因此，在降落伞的动力学模型中必须考虑附加质量，而在载荷的动力学模型中则可以不必考虑。

2. 考虑附加质量的刚体动力学模型

当刚体 B 在流体中运动时，刚体 B 和由刚体 B 引起运动的流体组成的系统的动能 T 由两部分组成：

$$\begin{aligned} T &= T_B+T_F \\ &= \frac{1}{2}\hat{V}^T\boldsymbol{\Phi}_B\hat{V}+\frac{1}{2}\hat{V}^T\boldsymbol{\Phi}_F\hat{V} \\ &= \frac{1}{2}\hat{V}^T(\boldsymbol{\Phi}_B+\boldsymbol{\Phi}_F)\hat{V} \end{aligned}$$

$$(3.28)$$

引入系统的广义惯量矩阵 $\boldsymbol{\Phi}=\boldsymbol{\Phi}_B+\boldsymbol{\Phi}_F$，系统的动能为

$$T=\frac{1}{2}\hat{V}^T\boldsymbol{\Phi}\,\hat{V}$$

$$(3.29)$$

在流体是理想无旋不可压时,式(3.21)、式(3.22)同样成立,把式(3.29)代入式(3.23)、式(3.24)即得到刚体在流体中运动的动力学方程:

$$F = \frac{\delta}{\delta t}\left(\frac{\partial T}{\partial V}\right) + \boldsymbol{\omega} \times \left(\frac{\partial T}{\partial V}\right) \tag{3.30}$$

$$M = \frac{\delta}{\delta t}\left(\frac{\partial T}{\partial \boldsymbol{\omega}}\right) + V \times \left(\frac{\partial T}{\partial V}\right) + \boldsymbol{\omega} \times \left(\frac{\partial T}{\partial \boldsymbol{\omega}}\right) \tag{3.31}$$

类似式(3.14)、式(3.15)定义系统的广义力列阵 $\hat{\boldsymbol{F}}$、广义动量矩阵 $\hat{\boldsymbol{Q}}$,式(3.30)、式(3.31)可进一步简化表示。

$$\hat{\boldsymbol{Q}} = \begin{bmatrix} \boldsymbol{Q} \\ \boldsymbol{H} \end{bmatrix} = \begin{bmatrix} \dfrac{\partial T}{\partial V} \\ \dfrac{\partial T}{\partial \boldsymbol{\omega}} \end{bmatrix} = \frac{\partial T}{\partial \hat{V}} = \boldsymbol{\Phi}\,\hat{V} \tag{3.32}$$

式(3.32)中, $\boldsymbol{Q}$、$\boldsymbol{H}$ 为系统的动量和动量矩。式(3.30)、式(3.31)可改写为

$$\hat{\boldsymbol{F}} = \dot{\hat{\boldsymbol{Q}}} + \tilde{\boldsymbol{V}}\,\hat{\boldsymbol{Q}} \tag{3.33}$$

式(3.33)中, $\tilde{\boldsymbol{V}}$ 为 6×6 阶矩阵,其值为

$$\tilde{\boldsymbol{V}} = \begin{bmatrix} S(\boldsymbol{\omega}) & 0 \\ S(V) & S(\boldsymbol{\omega}) \end{bmatrix} \tag{3.34}$$

利用 $\hat{\boldsymbol{Q}} = \boldsymbol{\Phi}\,\hat{V}$,式(3.33)展开可得

$$\hat{\boldsymbol{F}} = \boldsymbol{\Phi}\,\dot{\hat{V}} + \dot{\boldsymbol{\Phi}}\,\hat{V} + \tilde{\boldsymbol{V}}\boldsymbol{\Phi}\,\hat{V} \tag{3.35}$$

微分形式为

$$\dot{\hat{V}} = \boldsymbol{\Phi}^{-1}(\hat{\boldsymbol{F}} - \dot{\boldsymbol{\Phi}}\,\hat{V} - \tilde{\boldsymbol{V}}\boldsymbol{\Phi}\,\hat{V}) \tag{3.36}$$

如果已知物体的质量特性、附加质量矩阵以及所受到外力和外力矩,即可利用式(3.36)建立物体在流体中运动的六自由度动力学方程。

3. 流体的附加作用力

流体对物体的附加作用力 $\boldsymbol{F}_F$ 和附加力矩 $\boldsymbol{M}_F$ 可采用以下公式计算:

$$\boldsymbol{F}_F = -\frac{\delta}{\delta t}\left(\frac{\partial T_F}{\partial V}\right) - \boldsymbol{\omega} \times \left(\frac{\partial T_F}{\partial V}\right) \tag{3.37}$$

$$M_{\mathrm{F}} = - \frac{\delta}{\delta t}\left(\frac{\partial T_{\mathrm{F}}}{\partial \boldsymbol{\omega}}\right) - \boldsymbol{V} \times \left(\frac{\partial T_{\mathrm{F}}}{\partial \boldsymbol{V}}\right) - \boldsymbol{\omega} \times \left(\frac{\partial T_{\mathrm{F}}}{\partial \boldsymbol{\omega}}\right) \tag{3.38}$$

则广义附加作用力 $\hat{\boldsymbol{F}}_{\mathrm{F}}$ 可以表示为

$$\hat{\boldsymbol{F}}_{\mathrm{F}} = \begin{bmatrix} \boldsymbol{F}_{\mathrm{F}} \\ \boldsymbol{M}_{\mathrm{F}} \end{bmatrix} = - \boldsymbol{\Phi}_{\mathrm{F}}\dot{\hat{\boldsymbol{V}}} - \dot{\boldsymbol{\Phi}}_{\mathrm{F}}\hat{\boldsymbol{V}} - \tilde{\hat{\boldsymbol{V}}}\boldsymbol{\Phi}_{\mathrm{F}}\hat{\boldsymbol{V}} \tag{3.39}$$

式(3.37)~式(3.39)可为物伞系统动力学模型提供简化的附加质量作用力计算方法。

3.1.3　刚体运动学方程

在本节的运动学建模过程中,采用平面大地假设,并取北天东坐标系 $O_{\mathrm{E}}X_{\mathrm{E}}Y_{\mathrm{E}}Z_{\mathrm{E}}$ 为地面惯性系。为建立刚体的运动学方程,采用四元数法来表示刚体的姿态。四元数是有四个元素的超复数,利用四元数表示刚体姿态可以避免采用欧拉角可能出现的奇异现象。

设 $q = [q_0, q_1, q_2, q_3]$ 为由惯性系到刚体体坐标系的姿态转换四元数,满足约束条件 $q_0^2 + q_1^2 + q_2^2 + q_3^2 = 1$, (x, y, z) 为刚体体坐标系原点在惯性系中的坐标,则惯性系到刚体体坐标系的转换矩阵 $\boldsymbol{B}_{\mathrm{E}}^{\mathrm{T}}$ 可列为

$$\boldsymbol{B}_{\mathrm{E}}^{\mathrm{T}} = \begin{bmatrix} q_0^2 + q_1^2 + q_2^2 + q_3^2 & 2(q_1q_2 - q_0q_3) & 2(q_1q_3 + q_0q_2) \\ 2(q_1q_2 + q_0q_3) & q_0^2 - q_1^2 + q_2^2 - q_3^2 & 2(q_2q_3 - q_0q_1) \\ 2(q_1q_3 - q_0q_2) & 2(q_2q_3 + q_0q_1) & q_0^2 - q_1^2 - q_2^2 + q_3^2 \end{bmatrix}$$

刚体的运动学方程可列为

$$\begin{bmatrix} \dot{x} \\ \dot{y} \\ \dot{z} \end{bmatrix} = [\boldsymbol{B}_{\mathrm{E}}^{\mathrm{T}}]^{\mathrm{T}}\boldsymbol{V}^{\mathrm{T}} \tag{3.40}$$

$$\begin{bmatrix} \dot{q}_0 \\ \dot{q}_1 \\ \dot{q}_2 \\ \dot{q}_3 \end{bmatrix} = \frac{1}{2}\begin{bmatrix} q_1 & q_2 & q_3 \\ -q_0 & -q_3 & q_2 \\ q_3 & -q_0 & -q_1 \\ -q_2 & q_1 & -q_0 \end{bmatrix}\boldsymbol{\omega}^{\mathrm{T}} \tag{3.41}$$

刚体的动力学方程(3.36)与刚体的运动学方程(3.40)、方程(3.41)联立,组成闭合形式的微分方程组,用龙格库塔等数值计算方法求解该微分代数方程组,即可

得到刚体的位置、速度、姿态四元数和角速度。

3.2 降落伞动力学模型

3.2.1 降落伞的几何参数

降落伞的主要部件包括伞衣、伞绳和吊带等。一般降落伞全充满后呈拱扇形，结构示意图如图 3.2 所示。

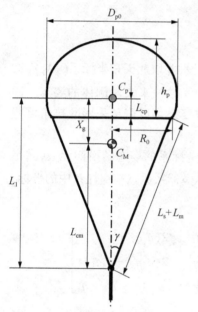

图 3.2 降落伞结构形状示意图

定义降落伞的主要参数有：

（1）名义面积 S_0，定义为整个伞衣展开后的表面积（包括顶孔的面积）。常作为计算降落伞阻力系数时的参考面积；

（2）名义直径 D_0，定义为 $D_0 = 2\sqrt{S_0/\pi}$；

（3）伞衣全充满投影面积 S_{p0}；

（4）伞衣全充满投影直径 D_{p0}，定义为 $D_{p0} = 2\sqrt{S_{p0}/\pi}$；

（5）投影高度 h_p；

（6）伞衣底边半径 R_0；

（7）伞绳长度 L_s，伞绳连接带长度 L_m；

（8）降落伞质心 C_M，伞衣质心 C_p，也就是伞衣的几何中心，C_M 与 C_p 的距离为 X_g，C_p 到汇交点的距离为 L_1，伞衣质心到伞衣底部的距离 L_{cp}，C_M 到汇交点的距离为 L_{cm}，γ 为伞绳与降落伞对称轴的夹角。

工程中常引用一些形状参数来描述降落伞的几何外形，即

$$\begin{cases} R_0 = cr \cdot D_0 \\ L_{cp} = cl \cdot D_0 \\ D_{p0} = cd \cdot D_0 \\ h_p = ch \cdot D_0 \end{cases} \tag{3.42}$$

其中，cr、cl、cd、ch 为完全充满伞衣的形状参数；D_0 是伞衣名义直径。

降落伞的一些特性参数与体坐标系的定义相关，建立降落伞的体坐标系 $OXYZ$，坐标原点 O 建立在降落伞伞衣的压心（即几何中心），OX 轴沿着伞的对称轴指向汇交点，OY、OZ 轴在垂直 OX 平面内，如图 3.3 所示。

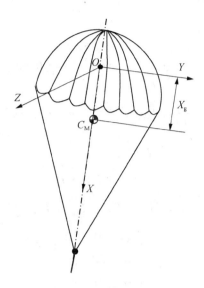

图 3.3　降落伞系统常用的体坐标系

3.2.2　降落伞的质量参数

1. 降落伞的质量惯量

如果将伞绳的质量记为 m_s，伞衣质量记为 m_c，连接带的质量记为 m_g，则降落伞的质心位置为

$$L_{cm} = \frac{m_s(0.5L_s\cos\gamma + L_m\cos\gamma) + m_cL_1 + 0.5m_gL_m\cos\gamma}{m_s + m_c + m_g} \tag{3.43}$$

降落伞的总质量为

$$m_p = m_s + m_c + m_g \tag{3.44}$$

降落伞的转动惯量包括伞衣、伞绳、连接带的转动惯量三部分。

伞衣的转动惯量为

$$I_{XXc} = \frac{2}{3}m_c(cr \cdot D_0)^2$$

$$I_{YYc} = I_{ZZc} = \frac{1}{3}m_c\left[(cr \cdot D_0)^2 + (ch \cdot D_0)^2\right] - m_c(cl \cdot D_0)^2 \tag{3.45}$$

伞绳的转动惯量为

$$I_{XXs} = \frac{1}{12}m_sL_s^2(\sin\gamma)^2 + m_s(L_m\sin\gamma + 0.5L_s\sin\gamma)^2$$

$$I_{YYs} = I_{ZZs} = \frac{1}{12}m_sL_s^2(\cos\gamma)^2 + m_s(L_{cp} + 0.5L_s\cos\gamma)^2 \tag{3.46}$$

连接带的转动惯量为

$$I_{XXm} = \frac{1}{12} m_g L_m^2 (\sin \gamma)^2 + m_g (L_s \sin \gamma)^2$$

$$I_{YYm} = I_{ZZm} = \frac{1}{12} m_g L_m^2 (\cos \gamma)^2 + m_g (L_1 - 0.5 L_m \cos \gamma)^2 \tag{3.47}$$

于是降落伞的转动惯量可以表示为

$$I_{XX} = I_{XXc} + I_{XXs} + I_{XXm} \tag{3.48}$$

$$I_{YY} = I_{ZZ} = I_{YYc} + I_{YYs} + I_{YYm} \tag{3.49}$$

$$I = \begin{bmatrix} I_{XX} & 0 & 0 \\ 0 & I_{ZZ} & 0 \\ 0 & 0 & I_{ZZ} \end{bmatrix} \tag{3.50}$$

2. 降落伞的附加质量

降落伞具有非流线型外形,且伞衣都是透气的柔性织物,这使得降落伞附加质量的确定非常困难,一般只能通过试验和工程估算的方法得到。在分析降落伞的附加质量时,一般认为降落伞系统为轴对称体。这样可以实现附加质量 $\boldsymbol{\Phi}_F = a_{ij}(i, j, \cdots, 6)$ 独立个数的缩减。

降落伞附加质量矩阵 $\boldsymbol{\Phi}_F$ 具有 36 个分量,由于其对称性,需要确定的独立附加质量分量数目为 21 个。对于具有轴对称形状的物体,根据其几何对称性,只有 4 个独立的附加质量分量需要确定,分别是 a_{11}、$a_{22} = a_{33}$、$a_{55} = a_{66}$、$a_{26} = -a_{35}$。实验表明[70],如果伞体坐标系的原点与伞衣的压心重合,附加质量分量 a_{26} 和 a_{35} 几乎为零,则附加质量矩阵可表示为

$$\boldsymbol{\Phi}_F = \begin{bmatrix} a_{11} & 0 & 0 & 0 & 0 & 0 \\ 0 & a_{22} & 0 & 0 & 0 & 0 \\ 0 & 0 & a_{22} & 0 & 0 & 0 \\ 0 & 0 & 0 & 0 & 0 & 0 \\ 0 & 0 & 0 & 0 & a_{55} & 0 \\ 0 & 0 & 0 & 0 & 0 & a_{55} \end{bmatrix} \tag{3.51}$$

对于降落伞这种通过流场分离而产生高阻力的非流线型物体,附加质量不仅与物体的外形、姿态有关,还与运动的雷诺数、马赫数、加速度和角加速度等有关,远比在理想流体中复杂。典型的伞衣都是透气有孔的,特别是伞衣具有柔性张力结构,这使降落伞的附加质量变得更难确定。这种情况下,一般还是用试验方法来

确定降落伞的附加质量。通常采用附加质量系数的形式来表示：

$$a_{ii} = k_{ii} \rho \, \forall, \quad i = 1, 2, 3 \tag{3.52}$$

$$a_{jj} = k_{jj} I_f, \quad j = 5, 6 \tag{3.53}$$

式(3.52)、式(3.53)中，$\forall = \pi D_p^3 / 12$，$I_f = \rho \forall D_p^2 / 16$，$D_p$ 为正在充气伞衣的投影直径；ρ 为大气密度；k_{ii}、k_{jj} 为附加质量系数，可通过试验测定。

因此，全张满降落伞的附加质量矩阵可表示为

$$
\boldsymbol{\Phi}_F =
\begin{bmatrix}
k_{11}\rho \forall & 0 & 0 & 0 & 0 & 0 \\
0 & k_{22}\rho \forall & 0 & 0 & 0 & 0 \\
0 & 0 & k_{22}\rho \forall & 0 & 0 & 0 \\
0 & 0 & 0 & 0 & 0 & 0 \\
0 & 0 & 0 & 0 & k_{55}I_f & 0 \\
0 & 0 & 0 & 0 & 0 & k_{55}I_f
\end{bmatrix}
\tag{3.54}
$$

3.2.3　降落伞动力学方程

建立降落伞动力学方程过程中，作如下简化假设：

（1）伞衣在完全充满后具有固定的形状，且伞衣保持轴对称；

（2）伞衣的压心与其几何中心重合；

（3）不稳定的流体对降落伞的影响用附加质量来表示；

（4）平面大地假设，地面惯性系采用北天东坐标系，原点为初始时刻的地面投影点。

应用式(3.35)，并利用附加质量的工程模型，忽略广义惯量矩阵的变化率，得到全充满条件下降落伞动力学方程：

$$\hat{\boldsymbol{F}} = \boldsymbol{\Phi}\dot{\hat{\boldsymbol{V}}} + \tilde{\hat{\boldsymbol{V}}}\boldsymbol{\Phi}\hat{\boldsymbol{V}} \tag{3.55}$$

其中，降落伞的广义惯量矩阵 $\boldsymbol{\Phi}$ 为

$$
\boldsymbol{\Phi} = \boldsymbol{\Phi}_B + \boldsymbol{\Phi}_F =
\begin{bmatrix}
m_p + a_{11} & 0 & 0 & 0 & 0 & 0 \\
0 & m_p + a_{22} & 0 & 0 & 0 & m_p X_g \\
0 & 0 & m_p + a_{22} & 0 & -m_p X_g & 0 \\
0 & 0 & 0 & I_{XX} & 0 & 0 \\
0 & 0 & -m_p X_g & 0 & I_{ZZ} + a_{55} & 0 \\
0 & m_p X_g & 0 & 0 & 0 & I_{ZZ} + a_{55}
\end{bmatrix}
$$

$$\tag{3.56}$$

式(3.56)中，X_g 为降落伞系统质心与体坐标系原点的距离，如图 3.3 所示；m_p 为降落伞系统质量；I_{XX}、I_{YY}、I_{ZZ} 分别为降落伞的惯性矩。式(3.55)展开得到全充满条件下降落伞动力学方程的分量形式：

$$
\begin{cases}
F_x = (m_p + a_{11})\dot{V}_x - (m_p + a_{22})(V_y\omega_z - V_z\omega_y) - m_pX_g(\omega_y^2 + \omega_z^2) \\
F_y = (m_p + a_{22})(\dot{V}_y - \omega_xV_z) + (m_p + a_{11})V_x\omega_z + m_pX_g(\dot{\omega}_z + \omega_y\omega_x) \\
F_z = (m_p + a_{22})(\dot{V}_z + \omega_xV_y) - (m_p + a_{11})V_x\omega_y - m_pX_g(\dot{\omega}_y - \omega_x\omega_z) \\
M_x = I_{XX}\dot{\omega}_x \\
M_y = (I_{ZZ} + a_{55})\dot{\omega}_y + (I_{XX} - I_{ZZ} - a_{55})\omega_z\omega_x \\
\qquad - m_pX_g(\dot{V}_z - V_x\omega_y + V_y\omega_x) + (a_{11} - a_{22})V_zV_x \\
M_z = (I_{ZZ} + a_{55})\dot{\omega}_z - (I_{XX} - I_{ZZ} - a_{55})\omega_y\omega_z \\
\qquad + m_pX_g(\dot{V}_y + V_x\omega_z - V_z\omega_x) - (a_{11} - a_{22})V_yV_x
\end{cases}
$$

$$(3.57)$$

3.2.4　降落伞的气动力

降落伞受到的作用力中有重力、气动力和伞绳拉力等，其中伞绳拉力可通过约束方程进行计算。在降落伞工作过程中，假定降落伞的压心位置与伞衣几何中心重合，在轴对称降落伞定常气动力的表述上，通常有两种气动系数和气动力方式表达，如图 3.4 所示。

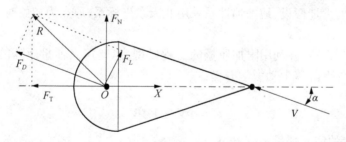

图 3.4　轴对称降落伞气动力

降落伞气动力的表达方式：C_D 为降落伞阻力系数；F_D 为降落伞气动阻力，方向同来流方向；C_L 为降落伞升力系数；F_L 为降落伞升力，方向与 F_D 垂直，指向来流上方。

以降落伞体坐标系下表达方式：C_T 为降落伞轴向力系数；F_T 为降落伞轴向力，指向 OX 轴反向；C_N 为降落伞法向力系数；F_N 为降落伞法向力，方向与 F_T 垂直，指向来流上方。

图 3.4 中，α 为来流总攻角，当来流位于 OX 轴的顺时针方向为正时，α 为正。

降落伞的气动力 $\boldsymbol{F}_a$ 在体坐标系下可表示为

$$F_a = \begin{bmatrix} F_{ax} \\ F_{ay} \\ F_{az} \end{bmatrix} = \begin{bmatrix} -C_T q S \\ C_N q S \sin\beta \\ C_N q S \cos\beta \end{bmatrix} \tag{3.58}$$

其中,β 为侧滑角;q 为动压;S 为伞衣的特征面积,一般采用伞衣的名义面积 S_0;气动力系数 C_T 和 C_N 一般通过试验确定。

3.3　物伞系统动力学模型

物伞系统可视为多体系统,采用多体动力学理论进行建模。多体系统动力学的研究起源于 20 世纪 60 年代,早期学者弗勒彻(H. J. Fletcher)、胡克尔(W. Hooker)和马格里斯(G. Margulies)等提出的建模方法均是牛顿欧拉法的直接发展。以席勒恩(W. Schiehlen)和克罗彻(E. Kreuzer)为代表的学者致力于用程式化方法自动消除牛顿欧拉方程中的铰约束力。罗伯森(R. E. Roberson)和威藤堡(J. Wittenburg)利用虚功原理建立动力学方程以避免铰的约束力出现,创造性地将图论方法引入多体系统,利用拓扑结构概念描述系统内各物体之间的联系状况,借助图论的数学工具将系统的结构引入运动学和动力学计算公式。罗伯森和威藤堡以铰的相对坐标为独立变量,发展了多体系统建模的相对坐标方法(也称 R－W 方法),但是相对坐标法建模与系统结构密切相关,一旦结构改变,必须重新建模。绝对坐标法则将系统内的刚体设想为不受约束的自由状态,以质心的笛卡儿坐标和绕质心转动的角度坐标或欧拉参数为变量建立动力学方程,系统内实际存在的各种约束以约束方程形式与之联立,利用拉格朗日乘子法求解。绝对坐标方法的未知变量个数远超相对坐标法,但是数值计算过程极为程式化,系统结构的改变仅涉及约束条件,对动力学方程无影响,在适应数值计算方面具有优势。后期发展的应用于多体系统动力学建模的方法还有变分法、凯恩法、自然坐标法以及针对多柔体系统建模的浮动坐标法、有限元法、绝对节点坐标法、递推法等。

当降落伞和载荷分开考虑时,如何处理降落伞与载荷之间的约束力是物伞多体系统动力学建模的一个关键。大多数研究人员采用牛顿欧拉方法建立降落伞和载荷的动力学方程,通过各种方法求解或避免求解约束力,也有部分研究人员采用 Kane 方法和 R－W 等多体系统动力学方法进行研究。通过不同形式的简化,针对物伞系统组合体可以建立多种自由度模型。由于降落伞动力学方程的特殊性,以及考虑各种物伞系统之间的连接方式,本节将基于多体动力学理论建立各种自由度的物伞系统动力学模型[49]。

3.3.1　一般物伞系统多体动力学模型

设系统中有 n 个刚体,记为 B_1, B_2, $\cdots$, B_n。 根据式(3.35),可以写出刚体 B_i

的牛顿欧拉方程为

$$\boldsymbol{\Phi}_i \dot{\hat{\boldsymbol{V}}}_i + \tilde{\hat{\boldsymbol{V}}}_i \boldsymbol{\Phi}_i \hat{\boldsymbol{V}}_i = \hat{\boldsymbol{F}}_i, \quad i = 1, 2, \cdots, n \tag{3.59}$$

引入如下分块矩阵、列阵：

$$\boldsymbol{M} = \begin{bmatrix} \boldsymbol{\Phi}_1 & & & \\ & \boldsymbol{\Phi}_2 & & \\ & & \ddots & \\ & & & \boldsymbol{\Phi}_n \end{bmatrix}, \quad \boldsymbol{v} = \begin{bmatrix} \boldsymbol{V}_1 \\ \boldsymbol{V}_2 \\ \vdots \\ \boldsymbol{V}_n \end{bmatrix}, \quad \boldsymbol{h}^* = \begin{bmatrix} \tilde{\hat{\boldsymbol{V}}}_1 \boldsymbol{\Phi}_1 \hat{\boldsymbol{V}}_1 \\ \tilde{\hat{\boldsymbol{V}}}_2 \boldsymbol{\Phi}_2 \hat{\boldsymbol{V}}_2 \\ \vdots \\ \tilde{\hat{\boldsymbol{V}}}_n \boldsymbol{\Phi}_n \hat{\boldsymbol{V}}_n \end{bmatrix}, \quad \boldsymbol{H} = \begin{bmatrix} \hat{\boldsymbol{F}}_1 \\ \hat{\boldsymbol{F}}_2 \\ \vdots \\ \hat{\boldsymbol{F}}_n \end{bmatrix}$$

将各个刚体的牛顿欧拉方程组合起来得到系统的动力学方程：

$$\boldsymbol{M}\dot{\boldsymbol{v}} + \boldsymbol{h}^* = \boldsymbol{H} \tag{3.60}$$

其中，$\boldsymbol{M}$ 为对称正定的广义质量阵；$\boldsymbol{H}$ 描述了系统的受力状况，可以用作用在每个刚体上的重力、气动力等主动力和铰链约束反力组合表示：

$$\boldsymbol{H} = \boldsymbol{h}^a + \boldsymbol{h}^c \tag{3.61}$$

$$\boldsymbol{h}^a = \boldsymbol{f}_g + \boldsymbol{f}_a \tag{3.62}$$

其中，$\boldsymbol{h}^a$ 为主动力；$\boldsymbol{h}^c$ 为铰链约束反力；$\boldsymbol{f}_g$ 为重力；$\boldsymbol{f}_a$ 为气动力。

式(3.61)、式(3.62)代入式(3.60)，得

$$\boldsymbol{M}\dot{\boldsymbol{v}} = \boldsymbol{h} + \boldsymbol{h}^c \tag{3.63}$$

其中，

$$\boldsymbol{h} = \boldsymbol{h}^a - \boldsymbol{h}^* = \boldsymbol{f}_g + \boldsymbol{f}_a - \boldsymbol{h}^* \tag{3.64}$$

设系统受到 m 个独立的阶线性约束，并且约束是理想的，可用广义速度 $\boldsymbol{v}$ 表示为

$$\boldsymbol{B}\boldsymbol{v} + \boldsymbol{b} = 0 \tag{3.65}$$

其中，$\boldsymbol{B}$ 为 $m \times n$ 矩阵，$\boldsymbol{b}$ 为 $m \times 1$ 列阵，$\mathrm{rank}(\boldsymbol{B}) = m$（矩阵 $\boldsymbol{B}$ 的秩），$m < n$，$n = 6\pi$。上式对完整系统和大量的非完整系统都适用。

根据理想约束的性质，有

$$\boldsymbol{h}^c = \boldsymbol{B}^{\mathrm{T}}\boldsymbol{\lambda} \tag{3.66}$$

其中，$\boldsymbol{\lambda} = \begin{bmatrix} \lambda_1 & \lambda_2 & \cdots & \lambda_m \end{bmatrix}^{\mathrm{T}}$ 是 $m \times 1$ 的乘子列阵。

式(3.66)代入式(3.63),可得约束系统的动力学方程:

$$M\dot{v} = h + B^{\mathrm{T}}\lambda \tag{3.67}$$

式(3.67)称为带约束的牛顿欧拉方程,或者更一般地称为第一类拉格朗日方程。

为了完整地描述系统的运动,还需要确定系统位形的广义坐标 $x = [x_1 \quad x_2 \quad \cdots \quad x_n]^{\mathrm{T}}$。

$$\dot{x} = Av + a \tag{3.68}$$

其中, A 为 $n \times n$ 的可逆矩阵; a 为 $n \times 1$ 列阵。当然, x 和 v 的维数也可以不相同,此时 A 不再是方阵。

3.3.2　不同自由度的物伞系统动力学模型

载荷从自由飞行,经过减速降落伞的拉直充气直到稳定下降,动力学分析对于系统性能预测是十分重要的。迄今为止已经建立了大量的物伞系统动力学模型,在这些模型中存在着不同水平的近似、自由度和独立物体数目。

由于物伞系统包含的刚体个数不是很多,且降落伞系统具有附加质量等特性,因此,下面采用经典力学方法推导常用的各种自由度物伞系统动力学方程,模型描述如表 3.1 所示。

表 3.1　各种自由度物伞系统模型的描述

模 型 假 设	自 由 度 数	模 型 描 述
质点	2	物伞系统简化成一个质点,做平面运动
物伞固连	6	物伞系统视为一个刚体
	5	在刚体模型基础上忽略绕降落伞轴线转动
	3	物伞系统刚体模型的平面运动
物伞铰接	9	载荷与降落伞都是独立体,通过球铰链连接
	4	物伞系统在同一平面内做平面运动
物伞通过吊带连接	11	物伞系统通过刚性杆连接,杆两端为球铰链
	12	物伞系统通过吊带连接,吊带为柔索模型

表 3.1 中的物伞固连五、三自由度模型和物伞铰接四自由度模型,均可以分别通过物伞固连六自由度,物伞铰接九自由度模型简化得到,因此本节只推导二、六、九、十一和十二自由度物伞系统动力学模型。

1. 二自由度模型

在物伞系统的二自由度模型中,考虑了降落伞的附加质量。该模型将物伞系统视为一个质点,并假定质点做平面运动。物伞系统所受的气动阻力为降落伞的气动阻力,在不考虑风场的条件下,其方向为系统速度反向,如图 3.5 所示。在质点处建立航迹坐标系 $OX_2Y_2Z_2$,ϑ 为轨迹角,坐标系的旋转速度为 $[0 \quad 0 \quad -\dot{\vartheta}]^T$。在运动初始点建立惯性平面坐标系 ox_2y_2。

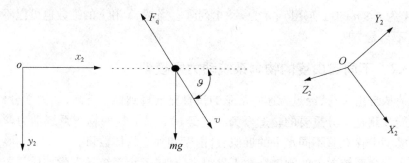

图 3.5 二自由度物伞系统模型

在航迹坐标系 $OX_2Y_2Z_2$ 建立动力学方程:

$$m\left(\frac{\mathrm{d}}{\mathrm{d}t}\begin{bmatrix} v \\ 0 \\ 0 \end{bmatrix} + \begin{bmatrix} 0 \\ 0 \\ -\dot{\vartheta} \end{bmatrix} \times \begin{bmatrix} v \\ 0 \\ 0 \end{bmatrix}\right) = mg\begin{bmatrix} \sin\vartheta \\ -\cos\vartheta \\ 0 \end{bmatrix} + \begin{bmatrix} -F_q \\ 0 \\ 0 \end{bmatrix} + \boldsymbol{F}_f \tag{3.69}$$

式中,m 为物伞系统总质量;v 为物伞系统速度大小;F_q 为降落伞气动阻力;$\boldsymbol{F}_f$ 为流体对物伞系统的附加作用力。通过式(3.39)可知:

$$\boldsymbol{F}_f = \begin{bmatrix} a_{11}\dot{v} + \dot{a}_{11}v & 0 & 0 \end{bmatrix}^T \tag{3.70}$$

式(3.70)中 a_{11} 定义同式(3.51)。

沿运动轨迹切线方向有

$$\frac{\mathrm{d}}{\mathrm{d}t}\big[(m + a_{11})v\big] = mg\sin\vartheta - F_q \tag{3.71}$$

沿轨迹法线方向有

$$\frac{\mathrm{d}\vartheta}{\mathrm{d}t} = \frac{g}{v}\cos\vartheta \tag{3.72}$$

在水平 ox_2 方向有运动方程：

$$\frac{\delta x}{\delta t} = v_X = v\cos\vartheta \tag{3.73}$$

在垂直 oy_2 方向有运动方程：

$$\frac{\delta y}{\delta t} = v_Y = v\sin\vartheta \tag{3.74}$$

式(3.71)中不能忽略降落伞的附加质量项,否则在降落伞的减速计算过程中会出现较大的误差;而计算物伞系统的平衡速度时,由于 $\dfrac{\delta v}{\delta t}=0$,$\dot{a}_{11}\approx 0$,式(3.71)中左边等于零,因此可不计算降落伞的附加质量,而利用式(3.71)右边直接求解。

2. 六自由度模型

在六自由度模型中,降落伞和载荷固连成一个整体,物伞系统体坐标系 $OX_6Y_6Z_6$ 与降落伞常用体坐标系相同,如图 3.6 所示。

图 3.6 中 O 为降落伞压心,C 为物伞系统质心,不考虑载荷的气动力,定义物伞系统质心 C 到 O 点的距离为 X_{g6},O 点到载荷的距离为 L_6。

在物伞系统六自由度模型中,可直接应用降落伞动力学方程(3.55),不过此时的广义惯量矩阵需加上载荷对坐标原点 O 的广义惯量项,且质心位置需要重新计算。

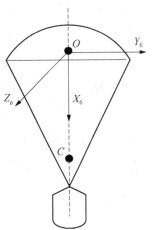

图 3.6　六自由度物伞系统模型

六自由度模型中物伞系统的广义惯量矩阵 $\boldsymbol{\Phi}_6$ 的表达式为

$$\boldsymbol{\Phi}_6 = \begin{bmatrix} m+a_{11} & 0 & 0 & 0 & 0 & 0 \\ 0 & m+a_{22} & 0 & 0 & 0 & mX_{g6} \\ 0 & 0 & m+a_{22} & 0 & -mX_{g6} & 0 \\ 0 & 0 & 0 & I_{XX6} & 0 & 0 \\ 0 & 0 & -mX_{g6} & 0 & I_{ZZ6}+a_{55} & 0 \\ 0 & mX_{g6} & 0 & 0 & 0 & I_{ZZ6}+a_{55} \end{bmatrix} \tag{3.75}$$

式(3.75)中,m 为物伞系统总质量;a_{11}、a_{22}、a_{55} 定义和大小同式(3.52)和式(3.53);I_{XX6} 和 I_{ZZ6} 需在原来降落伞的转动惯量基础上加上载荷对坐标原点的转动惯量。

六自由度物伞系统动力学方程为

$$\hat{\boldsymbol{F}}_6 = \boldsymbol{\Phi}_6 \dot{\hat{\boldsymbol{V}}} + \dot{\boldsymbol{\Phi}}_6 \hat{\boldsymbol{V}} + \tilde{\hat{\boldsymbol{V}}} \boldsymbol{\Phi}_6 \hat{\boldsymbol{V}} \tag{3.76}$$

式(3.76)中,广义外力 $\hat{\boldsymbol{F}}_6$ 主要由物伞系统重力 $\boldsymbol{F}_{g6}$ 和降落伞气动力 $\boldsymbol{F}_{q6}$ 组成,$\boldsymbol{F}_{q6}$ 与式(3.58)中的 $\boldsymbol{F}_q$ 相等。设坐标系 $O_d X_d Y_d Z_d$ 转换到坐标系 $O X_6 Y_6 Z_6$ 的转换矩阵为 $\boldsymbol{B}^{d6}$,本节中转换矩阵采用 $\boldsymbol{B}^{ab}$ 的形式表示坐标系 $O_a X_a Y_a Z_a$ 转换到 $O_b X_b Y_b Z_b$,而 $B_{ij}^{ab}(i, j = 1, 2, 3)$ 为其中元素。根据定义广义外力 $\hat{\boldsymbol{F}}_6 = [\boldsymbol{F}_6 \quad \boldsymbol{M}_6]^T$,$\boldsymbol{F}_6$、$\boldsymbol{M}_6$ 分别为物伞系统六自由度外力主矢和对点 O 的主矩。

$$\boldsymbol{F}_6 = \boldsymbol{B}^{d6} \begin{bmatrix} 0 \\ -mg \\ 0 \end{bmatrix} + \begin{bmatrix} F_{q6x} \\ F_{q6y} \\ F_{q6z} \end{bmatrix} = \begin{bmatrix} -B_{12}^{d6} mg + F_{q6x} \\ -B_{22}^{d6} mg + F_{q6y} \\ -B_{32}^{d6} mg + F_{q6z} \end{bmatrix} \tag{3.77}$$

$$\boldsymbol{M}_6 = \begin{bmatrix} X_{g6} \\ 0 \\ 0 \end{bmatrix} \times \left(\boldsymbol{B}^{d6} \begin{bmatrix} 0 \\ -mg \\ 0 \end{bmatrix} \right) + \begin{bmatrix} M_{px} \\ M_{py} \\ M_{pz} \end{bmatrix} = \begin{bmatrix} M_{px} \\ B_{32}^{d6} mg X_{g6} + M_{py} \\ -B_{22}^{d6} mg X_{g6} + M_{pz} \end{bmatrix} \tag{3.78}$$

式(3.78)中,M_{px}、M_{py}、M_{pz} 为降落伞气动阻尼力矩。

式(3.76)展开得到下式:

$$\begin{cases} -B_{12}^{d6} mg + F_{q6x} = (m + a_{11}) \dot{V}_x - (m + a_{22})(V_y \omega_z - V_z \omega_y) \\ \qquad\qquad - m X_{g6}(\omega_y^2 + \omega_z^2) + \dot{a}_{11} V_x \\ -B_{22}^{d6} mg + F_{q6y} = (m + a_{22})(\dot{V}_y - \omega_x V_z) + (m + a_{11}) V_x \omega_z \\ \qquad\qquad + m X_{g6}(\dot{\omega}_z + \omega_y \omega_x) + \dot{a}_{22} V_y \\ -B_{32}^{d6} mg + F_{q6z} = (m + a_{22})(\dot{V}_z + \omega_x V_y) - (m + a_{11}) V_x \omega_y \\ \qquad\qquad - m X_{g6}(\dot{\omega}_y - \omega_x \omega_z) + \dot{a}_{22} V_z \\ M_{px} = I_{XX} \dot{\omega}_x \\ M_{py} + B_{32}^{d6} mg X_{g6} = (I_{ZZ} + a_{55}) \dot{\omega}_y + (I_{XX} - I_{ZZ} - a_{55}) \omega_z \omega_x \\ \qquad\qquad - m_p X_{g6}(\dot{V}_z - V_x \omega_y + V_y \omega_x) + (a_{11} - a_{22}) V_z V_x + \dot{a}_{55} w_y \\ M_{pz} - B_{22}^{d6} mg X_{g6} = (I_{ZZ} + a_{55}) \dot{\omega}_z - (I_{XX} - I_{ZZ} - a_{55}) \omega_y \omega_z \\ \qquad\qquad + m_p X_{g6}(\dot{V}_y + V_x \omega_z - V_z \omega_x) - (a_{11} - a_{22}) V_y V_x + \dot{a}_{55} w_z \end{cases} \tag{3.79}$$

六自由度物伞系统运动方程可采用飞行器运动方程和四元数法进行建模,这里不再叙述。

通过式(3.79)可以发现,在物伞系统六自由度模型中,降落伞轴线的转动方程为 $M_{px} = I_{XX}\dot{\omega}_x$,不难得知,既定的假设和模型下,考虑到物伞系统的转动阻尼,物伞系统的绕轴线转动速度 ω_x 会逐渐衰减到零,因此通常在物伞系统六自由度的基础上忽略绕系统轴线转动建立物伞系统五自由度模型,其公式是在式(3.79)基础上去掉 $M_{px} = I_{XX}\dot{\omega}_x$,并在其他式中令 $\omega_x = 0$。

在分析轴对称降落伞气动力时,可以发现,在轴对称线与来流速度形成的坐标平面内,降落伞气动力中并不存在侧向力。因此,也可建立只考虑物伞系统平面运动的三自由度模型,其公式为

$$\begin{cases} -B_{12}^{d6}mg + F_{q6x} = (m + a_{11})\dot{V}_x - (m + a_{22})V_y\omega_z - mX_{g6}\omega_z^2 + \dot{a}_{11}V_x \\ -B_{22}^{d6}mg + F_{q6y} = (m + a_{22})\dot{V}_y + (m + a_{11})V_x\omega_z + mX_{g6}\dot{\omega}_z + \dot{a}_{22}V_y \quad (3.80) \\ M_{pz} - B_{22}^{d6}mgX_{g6} = (I_{ZZ} + a_{55})\dot{\omega}_z + m_pX_{g6}(\dot{V}_y + V_x\omega_z) + \dot{a}_{55}w_z \end{cases}$$

物伞系统的五自由度模型和三自由度模型较简单,经常被用于物伞系统稳定性的解析分析。由于降落伞的附加质量对物伞系统的稳定性有很大的影响,因此如何选择合适的附加质量加载方式,也是建立分析物伞系统稳定性模型的关键因素之一。

3. 九自由度模型

在九自由度模型中,降落伞和载荷连接方式为球铰接,如图 3.7 所示。在物伞系统九自由度模型中,需要建立载荷与降落伞各自的体坐标系,在载荷体上任意一点建立载荷体坐标系 $O_2X_2Y_2Z_2$,在降落伞压心处建立降落伞常用体坐标系 $O_1X_1Y_1Z_1$,下标 1 代表降落伞,2 代表载荷。图 3.7 中 a、b 分别为降落伞和载荷上的铰接点,九自由度物伞系统铰接模型中,两者重合。

1)九自由度模型显式约束法求解

由式(3.35)出发,分别对降落伞和载荷建立动力学方程:

$$\hat{F}_i = \boldsymbol{\Phi}_i\dot{\hat{V}}_i + \dot{\boldsymbol{\Phi}}_i\hat{V}_i + \tilde{\hat{V}}_i\boldsymbol{\Phi}_i\hat{V}_i, \quad i = 1, 2 \quad (3.81)$$

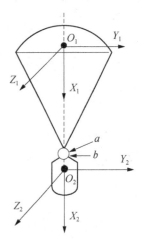

图 3.7 九自由度物伞系统铰接模型

引入分块矩阵、列阵和考虑降落伞耦合项:

$$M = \begin{bmatrix} \boldsymbol{\Phi}_1 & \mathbf{0}_{6\times6} \\ \mathbf{0}_{6\times6} & \boldsymbol{\Phi}_2 \end{bmatrix}_{12\times12}, \quad v = \begin{bmatrix} \hat{V}_1 \\ \hat{V}_2 \end{bmatrix}_{12\times1}, \quad h^* = \begin{bmatrix} \dot{\boldsymbol{\Phi}}_1\hat{V}_1 + \tilde{\hat{V}}_1\boldsymbol{\Phi}_1\hat{V}_1 \\ \dot{\boldsymbol{\Phi}}_2\hat{V}_2 + \tilde{\hat{V}}_2\boldsymbol{\Phi}_2\hat{V}_2 \end{bmatrix}_{12\times1}, \quad H = \begin{bmatrix} \hat{F}_1 \\ \hat{F}_2 \end{bmatrix}_{12\times1}$$

$$(3.82)$$

将两个刚体的方程组合起来,得到系统的动力学方程:

$$M\dot{v} + h^* = H \tag{3.83}$$

式(3.83)中,H 描述了系统的受力状况,由主动力 h_a 和铰链约束反力 h_c 组成。

$$H = h_a + h_c \tag{3.84}$$

物伞系统的约束方程为

$$V_{ab} = -V_1 - \omega_1 \times R_{1a} + V_2 + \omega_2 \times R_{2b} = 0 \tag{3.85}$$

式(3.85)中,R_{1a} 是指降落伞坐标系原点 O_1 到 a 点的位置矢量,其余类同。为了消除约束力的影响,本节采用显式约束法求解。式(3.82)中物伞系统的速度 $v = \begin{bmatrix} V_1^{(1)} & \omega_1^{(1)} & V_2^{(2)} & \omega_2^{(2)} \end{bmatrix}^T$,其中选取独立广义速度 $u = \begin{bmatrix} V_1^{(1)} & \omega_1^{(1)} & \omega_2^{(2)} \end{bmatrix}^T$,再引进广义速度 $w = \begin{bmatrix} u & V_{ab}^{(2)} \end{bmatrix}^T$,$V_1^{(1)}$、$V_{ab}^{(2)}$ 等符号的上标,指矢量的列阵形式的所在坐标系。由式(3.85)得到 $V_{ab}^{(2)}$,w 与 v 的关系式。

$$V_{ab}^{(2)} = Kv = 0, \quad K = \begin{bmatrix} -B^{12} & B^{12}S(R_{1a}^{(1)}) & E_{3\times 3} & -S(R_{2b}^{(2)}) \end{bmatrix} \tag{3.86}$$

$$v = \begin{bmatrix} V_1^{(1)} \\ \omega_1^{(1)} \\ V_2^{(2)} \\ \omega_2^{(2)} \end{bmatrix} = Lw = \begin{bmatrix} E & 0 & 0 & 0 \\ 0 & E & 0 & 0 \\ B^{12} & L_{32} & L_{33} & E \\ 0 & 0 & E & 0 \end{bmatrix} \begin{bmatrix} V_1^{(1)} \\ \omega_1^{(1)} \\ \omega_2^{(2)} \\ V_{ab}^{(2)} \end{bmatrix} \tag{3.87}$$

式(3.87)中,B^{12} 为坐标系 $O_1X_1Y_1Z_1$ 到 $O_2X_2Y_2Z_2$ 的转换矩阵;$L_{32} = -B^{12}S(R_{1a}^{(1)})$,$L_{33} = S(R_{2b}^{(2)})$。把式(3.87)代入式(3.83)得到系统的动力学方程:

$$\dot{w} = L^{-1}M^{-1}(h_0 + h_c) \tag{3.88}$$

其中,

$$h_0 = h_a - h^* - M\dot{L}w \tag{3.89}$$

求解(3.86)的关键点是 h_c 和 $\dot{L}$ 的表达式。由于物伞系统九自由度模型中约束是理想的,根据理想约束的性质,有

$$h_c = K^T\lambda \tag{3.90}$$

其中,$\lambda = \begin{bmatrix} \lambda_1 & \lambda_2 & \cdots & \lambda_m \end{bmatrix}^T$ 是 $m \times 1$ 乘子列阵,m 为系统独立的一阶线性约束个数,在物伞系统九自由度模型中,$m = 3$。

式(3.87)也可以表达成:

$$
w = \begin{bmatrix} V_1^{(1)} \\ \boldsymbol{\omega}_1^{(1)} \\ V_2^{(2)} \\ V_{ab}^{(2)} \end{bmatrix} = L^{-1}v = \begin{bmatrix} K' \\ K \end{bmatrix} \begin{bmatrix} E & 0 & 0 & 0 \\ 0 & E & 0 & 0 \\ 0 & 0 & 0 & E \\ -B^{12} & -L_{32} & E & -L_{33} \end{bmatrix} \begin{bmatrix} V_1^{(1)} \\ \boldsymbol{\omega}_1^{(1)} \\ \boldsymbol{\omega}_2^{(2)} \\ \boldsymbol{\omega}_2^{(2)} \end{bmatrix} \tag{3.91}
$$

把式(3.90)、式(3.91)代入式(3.88)得

$$
\dot{w} = \begin{bmatrix} K' \\ K \end{bmatrix} M^{-1}(h_0 + K^{\mathrm{T}}\lambda) \tag{3.92}
$$

考虑到 $V_{ab}^{(2)} = 0$ 可得

$$
0 = KM^{-1}(h_0 + K^{\mathrm{T}}\lambda) \tag{3.93}
$$

从而得到:

$$
\lambda = -\left[KM^{-1}K^{\mathrm{T}} \right]^{-1} KM^{-1}h_0 \tag{3.94}
$$

式(3.90)可展开为

$$
h_c = K^{\mathrm{T}}\lambda = -K^{\mathrm{T}}\left[KM^{-1}K^{\mathrm{T}} \right]^{-1} KM^{-1}h_0 \tag{3.95}
$$

计算 $\dot{L}$ 的关键在于坐标系转换矩阵的求导。

$$
\dot{L} = \begin{bmatrix} 0 & 0 & 0 & 0 \\ 0 & 0 & 0 & 0 \\ \dot{B}^{12} & \dot{L}_{32} & \dot{L}_{33} & 0 \\ 0 & 0 & 0 & 0 \end{bmatrix} \tag{3.96}
$$

式(3.96)中, $\dot{B}^{12} = S(B^{12}\boldsymbol{\omega}_1^{(1)} - \boldsymbol{\omega}_2^{(2)})B^{12}$; $\dot{L}_{32} = S(B^{12}\boldsymbol{\omega}_1^{(1)} - \boldsymbol{\omega}_2^{(2)})L_{32}$; $\dot{L}_{33} = 0$ 。

式(3.88)即为九自由度动力学方程,该方程仅需要进行 3×3 阶矩阵的求逆计算,相对于常用的约束多体动力学方法需要进行 9×9 阶矩阵的求逆计算而言,计算效率大大提高,而且约束力的计算是同步进行的。

在解算时,式(3.88)中只需要计算 $K'M^{-1}(h_0 + K^{\mathrm{T}}\lambda)$,而 $KM^{-1}(h_0 + K^{\mathrm{T}}\lambda)$ 在理论上应等于 $\boldsymbol{0}_{3\times 1}$ 。

2）在铰接点建立九自由度动力学方程

应用式(3.20),在铰接点 a 分别对载荷和降落伞建立转动方程,此时图 3.7 中坐标系 $O_1X_1Y_1Z_1$ 和 $O_2X_2Y_2Z_2$ 的坐标原点平移到 a 点,转动方程为

$$
M_1 = \frac{\delta H_1}{\delta t} + V_1 \times Q_1 + \boldsymbol{\omega}_1 \times H_1 \tag{3.97}
$$

$$M_2 = \frac{\delta H_2}{\delta t} + V_2 \times Q_2 + \omega_2 \times H_2 \tag{3.98}$$

式(3.97)、式(3.98)中，V_1、V_2 为铰接点 a 分别在坐标系 $O_1X_1Y_1Z_1$ 和 $O_2X_2Y_2Z_2$ 下的速度；H_1、H_2、ω_1、ω_2 定义同式(3.20)；M_2、M_1 分别为载荷和降落伞所受的力矩，力矩中心均在铰接点 a 处。M_2 由载荷重力和气动力，以及阻尼力矩产生，而 M_1 不仅由降落伞重力、气动力、阻尼力矩产生，而且还由流体对降落伞产生的附加作用力和力矩产生。

在铰接点 a 处应用式(3.19)得到：

$$F_1 = \frac{\delta Q_1}{\delta t} + \omega_1 \times Q_1 = F_{a1} + F_{j1}^1 \tag{3.99}$$

$$F_2 = \frac{\delta Q_2}{\delta t} + \omega_2 \times Q_2 = F_{a2} + F_{j2}^2 \tag{3.100}$$

式(3.99)、式(3.100)中，F_1、F_2 的定义类似式(3.19)；F_{a1}、F_{a2} 分别为降落伞和载荷除铰接力以外的外力；F_{j1}^1、F_{j2}^2 分别为降落伞和载荷的所受铰接力在各自体坐标系下的值。因此有关系式：

$$F_{j1}^1 = -B^{21} F_{j2}^2 \tag{3.101}$$

式(3.101)中，B^{21} 为坐标系 $O_2X_2Y_2Z_2$ 到 $O_1X_1Y_1Z_1$ 的转换矩阵，把式(3.101)代入式(3.99)消除 F_{j2}^2 得到：

$$F_1 = \frac{\delta Q_1}{\delta t} + \omega_1 \times Q_1 + B^{21}\left(\frac{\delta Q_2}{\delta t} + \omega_2 \times Q_2\right) = F_{a1} + B^{21}F_{a2} \tag{3.102}$$

需要注意 F_{a1}、F_{a2} 为各自坐标系下的坐标列阵。

在九自由度铰接模型中，如果假定载荷和降落伞都在同一个平面内做平面运动，系统共计四个自由度，常被用来分析物伞系统的稳定性。

4. 十一、十二自由度模型

考虑到降落伞和载荷通过吊带连接，如图 3.8 所示。不考虑吊带的弹性时物伞系统为十一个自由度，考虑吊带弹性时物伞系统为十二个自由度。与九自由度模型类似，先建立降落伞体坐标系 $O_1X_1Y_1Z_1$ 和载荷体坐标系 $O_2X_2Y_2Z_2$，同时还需要建立吊带坐标系 $O_cX_cY_cZ_c$，点 O_c 与点 a 重合，X_c 方向为点 a 指向点 b，在选择 O_cY_c 和 O_cZ_c 方向时，采用相对降落伞体坐标系 $O_1X_1Y_1Z_1$ 进行处理，使每一时刻 O_cZ_c 在 $O_1X_1Z_1$ 的平面内，也就是说 $O_cX_cY_cZ_c$ 是相对降落伞体坐标系而建立的。

由于 O_cZ_c 在 $O_1X_1Z_1$ 的平面内，体坐标系 $O_1X_1Y_1Z_1$ 转换到 $O_cX_cY_cZ_c$ 只有两个欧拉角，如图 3.9 所示，其转动顺序如下：先使 O_1Z_1 在 $O_1X_1Z_1$ 的平面内旋转到

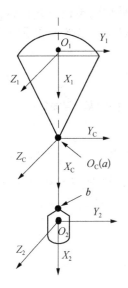

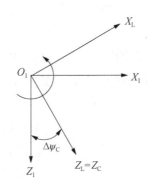

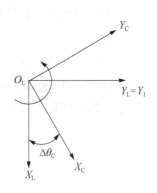

图 3.8 十一和十二自由度物伞系统模型

图 3.9 吊带坐标系转换到降落伞坐标系

与 $O_C Z_C$ 重合,旋转轴为 $O_1 Y_1$,旋转角度为 $\Delta \psi_C$,旋转后为临时坐标系 $O_L X_L Y_L Z_L$;由于坐标系 $O_L X_L Y_L Z_L$ 中的 $O_L Z_L$ 与坐标系 $O_C X_C Y_C Z_C$ 中的 $O_C Z_C$ 重合,$O_L X_L Y_L Z_L$ 绕 $O_L Z_L$ 旋转到与 $O_C X_C Y_C Z_C$ 重合,旋转角为 $\Delta \theta_C$。

$$\Delta \boldsymbol{\omega}_C^{(C)} = [\Delta \dot{\psi}_C \sin \Delta \theta_C \quad \Delta \dot{\psi}_C \cos \Delta \theta_C \quad \Delta \dot{\theta}_C]^T \tag{3.103}$$

坐标系 $O_C X_C Y_C Z_C$ 相对坐标系 $O_1 X_1 Y_1 Z_1$ 的转动速度为 $\Delta \boldsymbol{\omega}_C^{(C)}$,上标 C 表示在坐标系 $O_C X_C Y_C Z_C$ 中的坐标列阵。

在地面惯性坐标系中,降落伞和载荷的体坐标系原点的位置矢量分别为 $\boldsymbol{R}_1$、$\boldsymbol{R}_2$,降落伞体坐标系原点 O_1 到 a 点的位置矢量为 $\boldsymbol{R}_{1a}$,载荷体坐标系原点 O_2 到 b 点的位置矢量为 $\boldsymbol{R}_{2b}$,a 点到 b 点的距离为 $\boldsymbol{R}_{ab}$,有

$$\boldsymbol{R}_{ab} = -\boldsymbol{R}_1 - \boldsymbol{R}_{1a} + \boldsymbol{R}_2 + \boldsymbol{R}_{2b} \tag{3.104}$$

式(3.104)两边求导得

$$\boldsymbol{V}_{ab} = -\boldsymbol{V}_1 - \boldsymbol{\omega}_1 \times \boldsymbol{R}_{1a} + \boldsymbol{V}_2 + \boldsymbol{\omega}_2 \times \boldsymbol{R}_{2b} \tag{3.105}$$

$\boldsymbol{V}_1$、$\boldsymbol{\omega}_1$、$\boldsymbol{V}_2$、$\boldsymbol{\omega}_2$ 分别是降落伞和载荷坐标原点的速度和各自转动速度,而在吊带坐标系 $O_C X_C Y_C Z_C$ 中有

$$\boldsymbol{V}_{ab} = \dot{l} \boldsymbol{i}_C + l(\boldsymbol{\omega}_1 + \Delta \boldsymbol{\omega}_C) \times \boldsymbol{i}_C = \boldsymbol{\omega}_1 \times \boldsymbol{R}_{ab} + \Delta \boldsymbol{V}_{ab} \tag{3.106}$$

$$\Delta \boldsymbol{V}_{ab} = \dot{l} \boldsymbol{i}_C + l \Delta \boldsymbol{\omega}_C \times \boldsymbol{i}_C = \dot{l} \boldsymbol{i}_C + l \Delta \dot{\theta}_C \boldsymbol{j}_C + -l \Delta \dot{\psi}_C \cos \Delta \theta_C \boldsymbol{k}_C \tag{3.107}$$

式(3.106)中, l 为吊带的长度; $\boldsymbol{i}_C$、$\boldsymbol{j}_C$、$\boldsymbol{k}_C$ 为吊带坐标系三个轴的单位矢量; $\Delta \boldsymbol{V}_{ab}$ 为吊带相对坐标系 $O_1 X_1 Y_1 Z_1$ 的速度。式(3.106)整理得到 $\Delta \boldsymbol{V}_{ab}$ 在吊带坐标系中的坐标列阵:

$$\Delta \boldsymbol{V}_{ab}^{(C)} = \begin{bmatrix} \dot{l} & l\Delta \dot{\theta}_C & -l\Delta \dot{\psi}_C \cos \Delta \theta_C \end{bmatrix}^T \tag{3.108}$$

式(3.105)经过坐标转换,应该与式(3.106)相等,式(3.105)在吊带坐标系中表示为

$$\boldsymbol{V}_{ab}^{(C)} = -\boldsymbol{B}^{1C} \left[\boldsymbol{V}_1^{(1)} - \boldsymbol{S}(\boldsymbol{R}_{1a}^{(1)}) \boldsymbol{\omega}_1^{(1)} \right] + \boldsymbol{B}^{2C} \left[\boldsymbol{V}_2^{(2)} - \boldsymbol{S}(\boldsymbol{R}_{2b}^{(2)}) \boldsymbol{\omega}_2^{(2)} \right] \tag{3.109}$$

当物伞系统中的连接方式为刚性杆时,即系统为十一自由度时, $\dot{l} = 0$,通过式(3.109)可得到约束方程:

$$\begin{cases} \begin{bmatrix} -\boldsymbol{i}_C^{(1)} \\ -\boldsymbol{S}(\boldsymbol{R}_{1b}^{(1)})\boldsymbol{i}_C^{(1)} \\ \boldsymbol{i}_C^{(2)} \\ \boldsymbol{S}(\boldsymbol{R}_{2b}^{(2)})\boldsymbol{i}_C^{(2)} \end{bmatrix}^T \cdot \begin{bmatrix} \boldsymbol{V}_1^{(1)} \\ \boldsymbol{\omega}_1^{(1)} \\ \boldsymbol{V}_2^{(2)} \\ \boldsymbol{\omega}_2^{(2)} \end{bmatrix} = 0 \\ \\ \boldsymbol{K} = \begin{bmatrix} -\boldsymbol{i}_C^{(1)} \\ -\boldsymbol{S}(\boldsymbol{R}_{1b}^{(1)})\boldsymbol{i}_C^{(1)} \\ \boldsymbol{i}_C^{(2)} \\ \boldsymbol{S}(\boldsymbol{R}_{2b}^{(2)})\boldsymbol{i}_C^{(2)} \end{bmatrix}^T \end{cases} \tag{3.110}$$

选择一组广义速度坐标 $\boldsymbol{w} = \begin{bmatrix} \boldsymbol{V}_1^{(1)} & \boldsymbol{\omega}_1^{(1)} & \boldsymbol{\omega}_2^{(2)} & \Delta \boldsymbol{V}_{ab}^{(C)} \end{bmatrix}^T$,利用显示约束法建立动力学方程。在九自由度模型中得到的式(3.81)、式(3.82)、式(3.83)、式(3.84)、式(3.85)同样成立,只是 $\boldsymbol{K}$、$\boldsymbol{L}$ 矩阵表达方式不一样。$\boldsymbol{v} = \begin{bmatrix} \boldsymbol{V}_1^{(1)} & \boldsymbol{\omega}_1^{(1)} & \boldsymbol{V}_2^{(2)} & \boldsymbol{\omega}_2^{(2)} \end{bmatrix}^T$ 与 $\boldsymbol{w}$ 的关系为

$$\boldsymbol{v} = \begin{bmatrix} \boldsymbol{V}_1^{(1)} \\ \boldsymbol{\omega}_1^{(1)} \\ \boldsymbol{V}_2^{(2)} \\ \boldsymbol{\omega}_2^{(2)} \end{bmatrix} = \boldsymbol{Lw} = \begin{bmatrix} \boldsymbol{E} & 0 & 0 & 0 \\ 0 & \boldsymbol{E} & 0 & 0 \\ \boldsymbol{B}^{12} & \boldsymbol{L}_{32} & \boldsymbol{L}_{33} & \boldsymbol{B}^{C2} \\ 0 & 0 & \boldsymbol{E} & 0 \end{bmatrix} \begin{bmatrix} \boldsymbol{V}_1^{(1)} \\ \boldsymbol{\omega}_1^{(1)} \\ \boldsymbol{\omega}_2^{(2)} \\ \Delta \boldsymbol{V}_{ab}^{(C)} \end{bmatrix} \tag{3.111}$$

其中,

$$\begin{cases} \boldsymbol{L}_{32} = -\boldsymbol{B}^{12}\boldsymbol{S}(\boldsymbol{R}_{1b}^{(1)}) \\ \boldsymbol{L}_{33} = \boldsymbol{S}(\boldsymbol{R}_{2b}^{(2)}) \\ \boldsymbol{R}_{1b}^{(1)} = \boldsymbol{R}_{1a}^{(1)} + \boldsymbol{R}_{ab}^{(1)} = \boldsymbol{R}_{1a}^{(1)} + l\boldsymbol{i}_C^{(1)} \\ \boldsymbol{i}_C^{(1)} = \begin{bmatrix} \cos \Delta \theta_C \cos \Delta \psi_C & \sin \Delta \theta_C & -\cos \Delta \theta_C \sin \Delta \psi_C \end{bmatrix}^T \end{cases} \tag{3.112}$$

同样可以表示为

$$w = L^{-1}v = \begin{bmatrix} E & 0 & 0 & 0 \\ 0 & E & 0 & 0 \\ 0 & 0 & 0 & E \\ -B^{1C} & D_{42} & B^{2C} & D_{44} \end{bmatrix} \begin{bmatrix} V_1^{(1)} \\ \omega_1^{(1)} \\ V_2^{(2)} \\ \omega_2^{(2)} \end{bmatrix} \quad (3.113)$$

其中,

$$\begin{cases} D_{42} = B^{1C} S(R_{1b}^{(1)}) \\ D_{44} = -B^{2C} S(R_{2b}^{(2)}) \end{cases} \quad (3.114)$$

系统动力学方程为

$$\dot{w} = L^{-1}M^{-1}(h_a - h^* - M\dot{L}w + h_c) \quad (3.115)$$

同样求解式(3.115)的关键点在于求解 h_c 和 $\dot{L}$。

在十一自由度中有

$$\begin{cases} h_c = K^T\lambda \\ \lambda = -[K^TMK]^{-1}K^TM^{-1}h_0 \end{cases} \quad (3.116)$$

在十二自由度中,假定拉力大小等于 $T_C = k(l - l_0)$, l_0 为吊带原长, k 为吊带弹性系数,吊带对降落伞和载荷的力和力矩 F_{C1}、M_{C1}、F_{C2}、M_{C2} 分别为

$$\begin{cases} F_{C1} = T_C i_C, & M_{C1} = R_{1a} \times T_C i_C \\ F_{C2} = -T_C i_C, & M_{C2} = -R_{2b} \times T_C i_C \end{cases} \quad (3.117)$$

因此有

$$h_c = HT_C = \begin{bmatrix} i_C^{(1)} \\ S(R_{1b}^{(1)})i_C^{(1)} \\ -i_C^{(2)} \\ -S(R_{2b}^{(2)})i_C^{(2)} \end{bmatrix} T_C \quad (3.118)$$

从式(3.110)、式(3.116)、式(3.118)中可以发现 $H = -K^T$。十一、十二自由度可以用统一的公式来描述:

$$h_c = HT_C$$

$$T_C = \begin{cases} k(l - l_0), & 弹性 \\ -[H^TMH]^{-1}H^TM^{-1}h_0, & 刚性 \end{cases} \quad (3.119)$$

式(3.119)中,k 为吊带弹性系数。

物伞系统各种自由度模型动力学建模,从建模过程到计算结果都有所不同,结合方程推导过程和仿真结果,可以从五个方面来加以对比:建模过程、初始条件、能够得到的有效的计算结果、应用范围、适用阶段。不同自由度的物伞系统动力学模型特点如表 3.2 所示。

表 3.2   不同自由度模型的比较

特点 \ 自由度	二自由度模型	六自由度模型	九自由度模型	十一、十二自由度模型
建模过程	在航迹坐标系下建立方程,降落伞的气动力模型、动力学方程和运动学方程都比较简单	建立刚体动力学方程,同时也需要充分考虑降落伞附加质量,建模过程同一般刚体的六自由度动力学方程	在六自由度模型的基础上,增加载荷的三自由度动力学方程,需要求解约束力	降落伞和载荷各自建立起六自由度方程,采用一定的方法求解约束力
初始条件	降落伞气动阻力系数,物伞系统总质量,降落伞一个方向的附加质量,初始轨迹角,大气密度等	降落伞气动轴向力系数,法向力系数,气动阻尼系数;降落伞和载荷质量特性,降落伞全部附加质量特性,初始弹道参数,大气密度等	在物伞六自由度模型的基础上,增加载荷吊挂点的位置,以及降落伞的吊挂点位置	在物伞六自由度模型的基础上,增加载荷吊挂点的位置、降落伞的吊挂点位置、中间吊带的几何特征,在十二自由度模型中需要增加中间吊带的应力应变关系
计算结果	物伞系统的合速度变化以及过载变化,物伞系统的平衡速度	在物伞系统二自由度模型得到的结果基础上,还能得到物伞系统的状态参数	得到载荷和降落伞的位置、速度、姿态等信息,同时能够得到载荷与降落伞之间的约束力	得到载荷和降落伞的位置、速度、姿态等信息,同时能够得到载荷与降落伞之间的相对运动及约束力,以及中间吊带的变形
应用范围	仅能近似求出物伞系统速度变化和物伞系统的平衡速度	分析物伞系统总体的轨迹运动,物伞系统的状态参数,不能用来分析载荷的姿态变化及物、伞的相对运动	分析载荷和降落伞运动,用于降落伞和载荷采用近似铰接方式连接的情况	分析载荷和降落伞运动及相对状态,用于载荷与降落伞存在中间吊带连接的情况

续　表

特点 \ 自由度	二自由度模型	六自由度模型	九自由度模型	十一、十二自由度模型
适用阶段	适合物伞系统初步论证时,粗略估计降落伞的阻力面积、物伞系统合速度和过载	适合简单的物伞系统动力学计算以及物伞系统的稳定性分析,但无法分析物伞之间的相对运动	适合降落伞与载荷之间以铰接方式连接的情况,用来近似分析物伞系统相互间的作用力以及姿态	适合降落伞与载荷之间以吊带方式连接的情况,能给出位置、速度、姿态、过载等多种信息

第 4 章

航天器降落伞减速系统动力学建模

航天器降落伞减速系统是由航天器和降落伞组成的刚柔耦合多体系统,在减速过程中经历了单舱下降、降落伞拉直、充气和稳定下降等各个工作阶段,其状态和动力学特性发生着剧烈的变化,必须采用分阶段建模的方法建立整个工作过程的动力学模型。

本章首先介绍我国"神舟号"载人飞船返回舱降落伞减速系统的组成和一般工作流程,然后建立降落伞减速系统各个工作阶段的动力学模型。

4.1 航天器降落伞系统动力学模型

4.1.1 飞船降落伞减速系统

载人飞船返回舱在回收着陆阶段采用由大小引导伞、减速伞和主伞组成的降落伞系统进行减速,其系统组成如图 4.1 所示。大小引导伞保证减速伞在应急救生和正常返回情况下均能正常开伞;减速伞为降低开伞动载采用收口技术即分两级开伞,作为第一级减速手段,同时还起到稳定返回舱姿态的作用,为主伞创造良好的开伞条件;主伞也采用收口技术分两级开伞,实现返回舱最终的稳定下降速度。图 1.8 是"神舟号"载人飞船返回舱正常返回情况下的回收着陆过程示意图。

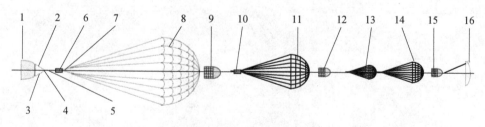

图 4.1 "神舟号"载人飞船降落伞系统示意图

1. 返回舱;2. 短吊索;3. 长吊索;4. 脱伞吊座;5. 吊带;6. 主伞旋转接头;7. 中间吊带;8. 主伞;9. 主伞伞包;10. 减速伞旋转接头;11. 减速伞;12. 减速伞伞包;13. 小引导伞;14. 大引导伞;15. 引导伞伞衣套;16. 伞舱盖

由于航天器降落伞系统的结构比较复杂且工作程序繁多,在其工作过程中降落伞的状态、动力学性能以及和载荷的相互作用关系都发生着剧烈的变化。为了准确地描述和模拟系统在整个工作过程中动力学状态参数的变化,一般对其进行分阶段建模。对于航天器降落伞而言,由于拉直和充气时间过程中,物伞系统的外形、质量特性及各部分的相对位置都发生急剧的变化,故一般将其工作过程分为拉直、充气和稳定下降三个阶段进行分阶段动力学建模。

4.1.2　简化假设与坐标系定义

在降落伞返回舱系统动力学模型中采用如下假定:

(1)伞衣在完全充满后具有固定的形状,且伞衣保持轴对称;

(2)伞衣的压心与其几何中心重合;

(3)不稳定的流体对降落伞的影响用附加质量来表示;

(4)返回舱和全充满的降落伞均视为六自由度刚体,通过伞绳、连接带及吊带连接;

(5)考虑伞绳和吊带的弹性,且只能承受张力,不能承受压力;

(6)不考虑返回舱尾流影响;

(7)平面大地。

基于以上假设,在载人飞船返回舱降落伞减速系统的建模分析中,降落伞返回舱系统的动力学分析需要建立三个坐标系,分别为伞体坐标系 $O_1X_1Y_1Z_1$、舱体坐标系 $O_3X_3Y_3Z_3$ 和大地坐标系 $O_EX_EY_EZ_E$,它们都是右手正交坐标系,如图 4.2 所示。

伞体坐标系 $O_1X_1Y_1Z_1$ 为任意关联坐标系。它的原点 O_1 在降落伞伞衣的几何中心,O_1X_1 轴沿着伞的对称轴,指向伞绳的汇交点,O_1Y_1 轴的指向由仿真初始时刻的速度方向和降落伞的轴线方向共同确定,O_1Z_1 轴的指向根据右手法则确定。

舱体坐标系 $O_3X_3Y_3Z_3$ 为任意关联坐标系。原点 O_3 是返回舱上的一定点,位于回收着陆系统启动之前返回舱的质心位置,O_3X_3 和 O_3Y_3 轴在纵向对称平面内,O_3X_3 轴平行于纵向对称轴,O_3Z_3 轴垂直于该平面,指向主伞舱一侧,O_3Y_3 根据右手法则确定。

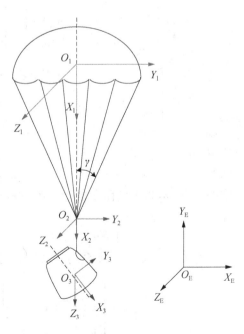

图 4.2　降落伞系统坐标系定义

大地坐标系 $O_E X_E Y_E Z_E$ 为北天东坐标系。它的原点 O_E 与计算初始时刻舱体坐标系的原点 O_3 在当地水平面上的投影点重合，$O_E Y_E$ 轴铅垂向上，$O_E X_E$ 和 $O_E Z_E$ 轴在当地水平面内，分别指向北方和东方。

4.1.3　返回舱动力学模型

针对返回舱此类刚体的动力学建模中，可以不考虑附加质量，即 $\boldsymbol{\Phi}_F = 0$。在飞船返回舱回收系统的工作过程中，随着弹伞舱盖、拉减速伞、拉主伞、抛防热大底等动作的发生，返回舱的质心位置和质量特性不断发生变化。但是，由于各动作之间有一定的时间间隔，且在此过程中返回舱的质量相对变化不大，可忽略返回舱广义惯量矩阵变化率的影响，即 $\dot{\boldsymbol{\Phi}} = 0$。在此条件下，利用一般刚体动力学方程式 (3.36) 可得返回舱的动力学方程为

$$\dot{\hat{\boldsymbol{V}}}_3 = \boldsymbol{\Phi}_{B3}^{-1}(\hat{\boldsymbol{F}}_3 - \tilde{\hat{\boldsymbol{V}}}_3 \boldsymbol{\Phi}_{B3} \hat{\boldsymbol{V}}_3) \tag{4.1}$$

式中，$\hat{\boldsymbol{F}}_3$ 为返回舱所受的广义力列阵；$\boldsymbol{\Phi}_{B3}$ 为返回舱的广义惯量矩阵；$\hat{\boldsymbol{V}}_3$ 为返回舱的广义速度列阵。在回收过程的各个阶段，返回舱的广义质量矩阵和所受作用力存在一定的差异，需要根据各阶段的实际情况具体分析。

返回舱轨迹运动动力学方程的分量形式为

$$m_3 \begin{bmatrix} \dot{V}_{x3} + \omega_{y3} V_{z3} - \omega_{z3} V_{y3} \\ \dot{V}_{y3} + V_{x3} \omega_{z3} - \omega_{x3} V_{z3} \\ \dot{V}_{z3} + \omega_{x3} V_{y3} - V_{x3} \omega_{y3} \end{bmatrix} - \begin{bmatrix} F_{x3} \\ F_{y3} \\ F_{z3} \end{bmatrix}$$

$$= m_3 \begin{bmatrix} X_{C3}(\omega_{y3}^2 + \omega_{z3}^2) + Y_{C3}(\dot{\omega}_{z3} - \omega_{x3}\omega_{y3}) - Z_{C3}(\dot{\omega}_{y3} + \omega_{x3}\omega_{z3}) \\ Y_{C3}(\omega_{z3}^2 + \omega_{x3}^2) + Z_{C3}(\dot{\omega}_{x3} - \omega_{y3}\omega_{z3}) - X_{C3}(\dot{\omega}_{z3} + \omega_{y3}\omega_{x3}) \\ Z_{C3}(\omega_{x3}^2 + \omega_{y3}^2) + X_{C3}(\dot{\omega}_{y3} - \omega_{z3}\omega_{x3}) - Y_{C3}(\dot{\omega}_{x3} + \omega_{y3}\omega_{z3}) \end{bmatrix} \tag{4.2}$$

式中，X_{C3}、Y_{C3}、Z_{C3} 为返回舱质心坐标在舱体坐标系中的分量；V_{x3}、V_{y3}、V_{z3} 为返回舱的速度在舱体坐标系中的分量；ω_{x3}、ω_{y3}、ω_{z3} 为返回舱角速度在舱体坐标系中的分量；m_3 为当前阶段的返回舱质量；F_{x3}、F_{y3}、F_{z3} 为返回舱所受的合外力在舱体坐标系中的分量。

作用于返回舱上的外力包括气动力、重力、吊带约束力（单舱下降阶段，该力为零），合外力在舱体坐标系的分量表达式为

$$\begin{bmatrix} F_{x3} \\ F_{y3} \\ F_{z3} \end{bmatrix} = \begin{bmatrix} F_{ax3} \\ F_{ay3} \\ F_{az3} \end{bmatrix} - \begin{bmatrix} B_{12}^3 \\ B_{22}^3 \\ B_{32}^3 \end{bmatrix} m_3 g - \begin{bmatrix} B_{S4}^3 \\ B_{S5}^3 \\ B_{S6}^3 \end{bmatrix} F_2 \tag{4.3}$$

式中，F_{ax3}、F_{ay3}、F_{az3} 是返回舱所受的空气动力在舱体坐标系中的分量，可基于公式(3.58)计算求解；B_{12}^3、B_{22}^3、B_{32}^3 为大地坐标系相对于舱体坐标系的转换矩阵 $\boldsymbol{B}_E^3$ 对应的第二列三个元素；g 为重力加速度；B_{S4}^3、B_{S5}^3、B_{S6}^3 为 $\boldsymbol{B}_E^3 \boldsymbol{B}_E^{2^T}$ 乘积矩阵对应的第一列三个元素，其中，$\boldsymbol{B}_E^2$ 为大地坐标系相对于吊带坐标系的转换矩阵；F_2 为吊带约束力，可根据当前阶段的具体约束形式采取不同的约束方程求解得到。

返回舱的姿态运动动力学方程分量形式为

$$
\begin{bmatrix} M_{x3} \\ M_{y3} \\ M_{z3} \end{bmatrix} - \begin{bmatrix} Y_{C3}F_{z3} - Z_{C3}F_{y3} \\ Z_{C3}F_{x3} - X_{C3}F_{z3} \\ X_{C3}F_{y3} - Y_{C3}F_{x3} \end{bmatrix} = \begin{bmatrix} I_{XXC}\,\dot{\omega}_{x3} - (I_{YYC} - I_{ZZC})\omega_{y3}\omega_{z3} - I_{YZC}(\omega_{y3}^2 - \omega_{z3}^2) \\ \quad - I_{ZXC}(\dot{\omega}_{z3} + \omega_{x3}\omega_{y3}) - I_{XYC}(\dot{\omega}_{y3} - \omega_{z3}\omega_{x3}) \\ I_{YYC}\,\dot{\omega}_{y3} - (I_{ZZC} - I_{XXC})\omega_{z3}\omega_{x3} - I_{ZXC}(\omega_{z3}^2 - \omega_{x3}^2) \\ \quad - I_{XYC}(\dot{\omega}_{x3} + \omega_{y3}\omega_{z3}) - I_{XZC}(\dot{\omega}_{z3} - \omega_{x3}\omega_{y3}) \\ I_{ZZC}\,\dot{\omega}_{z3} - (I_{XXC} - I_{YYC})\omega_{x3}\omega_{y3} - I_{XYC}(\omega_{x3}^2 - \omega_{y3}^2) \\ \quad - I_{YZC}(\dot{\omega}_{y3} + \omega_{z3}\omega_{x3}) - I_{ZXC}(\dot{\omega}_{x3} - \omega_{y3}\omega_{z3}) \end{bmatrix}
$$

$$(4.4)$$

式中，M_{x3}、M_{y3}、M_{z3} 是返回舱所受的合外力矩在舱体坐标系中的分量；ω_{x3}、ω_{y3}、ω_{z3} 为返回舱角速度在舱体坐标系中的分量；$I_{abC}(a,b=X,Y,Z)$ 为返回舱相对其质心 C_3 的惯量矩和惯性积。

作用在返回舱上的外力矩包括气动力矩、重力矩、吊带约束力矩(单舱下降阶段，该力矩为零)、返回舱气动阻尼力矩，其在舱体坐标系的分量表达式为

$$
\begin{bmatrix} M_{x3} \\ M_{y3} \\ M_{z3} \end{bmatrix} - \begin{bmatrix} M_{dx3} \\ M_{dy3} \\ M_{dz3} \end{bmatrix} = \begin{bmatrix} Y_{CP3}F_{az3} - Z_{CP3}F_{ay3} \\ Z_{CP3}F_{ax3} - X_{CP3}F_{az3} \\ X_{CP3}F_{ay3} - Y_{CP3}F_{ax3} \end{bmatrix}
$$

$$
- \begin{bmatrix} Y_{C3}B_{32}^3 - Z_{C3}B_{22}^3 \\ Z_{C3}B_{12}^3 - X_{C3}B_{32}^3 \\ X_{C3}B_{22}^3 - Y_{C3}B_{12}^3 \end{bmatrix} m_3 g - \begin{bmatrix} Y_{AP3}B_{S6} - Z_{AP3}B_{S5} \\ Z_{AP3}B_{S4} - X_{AP3}B_{S6} \\ X_{AP3}B_{S5} - Y_{AP3}B_{S4} \end{bmatrix} F_2 \quad (4.5)
$$

式中，M_{dx3}、M_{dy3}、M_{dz3} 为返回舱的气动阻尼力矩在舱体坐标系的分量，其表达式为

$$
M_{dx3} = - m_{dx3}^{\omega_{x3}} \frac{\omega_{x3}L_{30}}{2C_3} q_3 S_{30} L_{30}
$$

$$
M_{dy3} = - m_{dy3}^{\omega_{y3}} \frac{\omega_{y3}L_{30}}{2C_3} q_3 S_{30} L_{30} \qquad (4.6)
$$

$$
M_{dz3} = - m_{dz3}^{\omega_{z3}} \frac{\omega_{z3}L_{30}}{2C_3} q_3 S_{30} L_{30}
$$

式中，$m_{dx3}^{\omega_{x3}}$、$m_{dy3}^{\omega_{y3}}$、$m_{dz3}^{\omega_{z3}}$ 为返回舱体坐标系三个坐标轴方向的气动阻尼系数；L_{30}、S_{30} 分别为返回舱的特征长度和特征面积；C_3 为返回舱的质心速度；q_3 为动压。

以上建立了返回舱的动力学方程，它通过吊带约束力 F_2 和吊带约束力矩 M_2 与降落伞的动力学方程实现耦合。

4.1.4 降落伞动力学模型

1. 降落伞动力学方程

由于降落伞在充气过程中，随着伞衣向外膨胀，它所带动的流体区域也随之扩大。为了描述附加质量的这种变化，在降落伞的动力学中要包含附加质量的变化率项。因此，在载人飞船降落伞减速系统中所有的降落伞动力学方程均采用式（3.36），如下所示：

$$\dot{\hat{V}} = \boldsymbol{\Phi}^{-1}(\hat{F} - \dot{\boldsymbol{\Phi}}\hat{V} - \tilde{\hat{V}}\boldsymbol{\Phi}\hat{V}) \tag{4.7}$$

降落伞动力学方程的分量形式如下：

$$\begin{bmatrix} F_{x1} \\ F_{y1} \\ F_{z1} \end{bmatrix} - \begin{bmatrix} (m_1 + a_{11})\,\dot{V}_{x1} \\ (m_1 + a_{22})\,\dot{V}_{y1} \\ (m_1 + a_{33})\,\dot{V}_{z1} \end{bmatrix}$$

$$= \begin{bmatrix} -(m_1 + a_{33})(V_{y1}\omega_{z1} - V_{z1}\omega_{y1}) - m_1 X_g(\omega_{y1}^2 + \omega_{z1}^2) + \dot{a}_{11}V_{x1} \\ -(m_1 + a_{22})\omega_{x1}V_{z1} + (m_1 + a_{11})V_{x1}\omega_{z1} + m_1 X_g(\dot{\omega}_{z1} + \omega_{y1}\omega_{x1}) + \dot{a}_{22}V_{y1} \\ (m_1 + a_{33})\omega_{x1}V_{y1} - (m_1 + a_{11})V_{x1}\omega_{y1} - m_1 X_g(\dot{\omega}_{y1} - \omega_{x1}\omega_{z1}) + \dot{a}_{33}V_{z1} \end{bmatrix} \tag{4.8}$$

$$\begin{bmatrix} M_{x1} \\ M_{y1} \\ M_{z1} \end{bmatrix} - \begin{bmatrix} I_{XX1}\,\dot{\omega}_{x1} \\ (I_{YY1} + a_{55})\,\dot{\omega}_{y1} \\ (I_{ZZ1} + a_{66})\,\dot{\omega}_{z1} \end{bmatrix}$$

$$= \begin{bmatrix} 0 \\ (I_{XX1} - I_{ZZ1} - a_{55})\omega_{z1}\omega_{x1} - m_1 X_g(\dot{V}_{z1} - V_{x1}\omega_{y1} + V_{y1}\omega_{x1}) + (a_{11} - a_{33})V_{z1}V_{x1} + \dot{a}_{55}\omega_{y1} \\ (I_{XX1} - I_{YY1} - a_{66})\omega_{y1}\omega_{z1} + m_1 X_g(\dot{V}_{y1} + V_{x1}\omega_{z1} - V_{z1}\omega_{x1}) - (a_{11} - a_{33})V_{y1}V_{x1} + \dot{a}_{66}\omega_{z1} \end{bmatrix}$$

$$\tag{4.9}$$

其中，V_{x1}、V_{y1}、V_{z1} 为降落伞速度在其体坐标系中的分量；ω_{x1}、ω_{y1}、ω_{z1} 为降落伞的角速度在其体坐标系中的分量；F_{x1}、F_{y1}、F_{z1} 为作用在降落伞上的力在其体坐标系中的分量；M_{x1}、M_{y1}、M_{z1} 为作用在降落伞上力矩在其体坐标系中的分量；m_1 是降落伞的质量（包括伞衣、伞绳和连接带等）；I_{XX1}、I_{YY1}、I_{ZZ1} 为降落伞的三个转动惯量分量；X_g 是降落伞系统质心到体坐标系原点的距离；a_{ii} 和 $\dot{a}_{ii}(i = 1, 2, \cdots, 6)$ 为对应的附加质量(惯量)和附加质量(惯量)变化率分量。

2. 降落伞受力分析

降落伞所受外力一般有重力、气动力和吊带的约束力，合外力在降落伞体坐标系的分量表达式为

$$\begin{bmatrix} F_{x1} \\ F_{y1} \\ F_{z1} \end{bmatrix} = \begin{bmatrix} F_{ax1} \\ F_{ay1} \\ F_{az1} \end{bmatrix} - \begin{bmatrix} B_{12}^1 \\ B_{22}^1 \\ B_{32}^1 \end{bmatrix} m_1 g - \begin{bmatrix} B_{S1}^1 \\ B_{S2}^1 \\ B_{S3}^1 \end{bmatrix} F_2 \qquad (4.10)$$

式中，F_{ax1}、F_{ay1}、F_{az1} 为作用在降落伞上的空气动力分量；F_2 为吊带中的张力；m_1 是降落伞的质量(包括伞衣、伞绳和连接带等)；B_{12}^1、B_{22}^1、B_{32}^1 为大地坐标系相对于降落伞体坐标系的转换矩阵 $\boldsymbol{B}_E^1$ 对应的第二列三个元素，可根据当前时刻的姿态参数经坐标转换求解得到；B_{S1}^1、B_{S2}^1、B_{S3}^1 是乘积矩阵 $\boldsymbol{B}_E^1 \boldsymbol{B}_E^{2^T}$ 的第一列元素。

作用在降落伞上的气动力可采用公式(3.58)计算，作用在降落伞上的外力矩包括重力矩、气动阻尼力矩、吊带对降落伞的约束力矩，其在降落伞体坐标系的分量表达式为

$$\begin{bmatrix} M_{x1} \\ M_{y1} \\ M_{z1} \end{bmatrix} - \begin{bmatrix} M_{dx1} \\ M_{dy1} \\ M_{dz1} \end{bmatrix} = \begin{bmatrix} Y_{CP1} F_{az1} - Z_{CP1} F_{ay1} \\ Z_{CP1} F_{ax1} - X_{CP1} F_{az1} \\ X_{CP1} F_{ay1} - Y_{CP1} F_{ax1} \end{bmatrix}$$

$$- \begin{bmatrix} Y_{C1} B_{32}^1 - Z_{C1} B_{22}^1 \\ Z_{C1} B_{12}^1 - X_{C1} B_{32}^1 \\ X_{C1} B_{22}^1 - Y_{C1} B_{12}^1 \end{bmatrix} m_3 g - \begin{bmatrix} Y_{AP1} B_{S3}^1 - Z_{AP1} B_{S2}^1 \\ Z_{AP1} B_{S1}^1 - X_{AP1} B_{S3}^1 \\ X_{AP1} B_{S2}^1 - Y_{AP1} B_{S1}^1 \end{bmatrix} F_2$$

$$(4.11)$$

式中，X_{CP1}、Y_{CP1}、Z_{CP1} 为降落伞气动压心在其体坐标系中的位置分量；X_{C1}、Y_{C1}、Z_{C1} 为降落伞质心在其体坐标系中的位置分量；X_{AP1}、Y_{AP1}、Z_{AP1} 为降落伞伞绳汇交点在其体坐标系中的位置分量；M_{dx1}、M_{dy1}、M_{dz1} 为降落伞的气动阻尼力矩在体坐标系的分量，其表达式为

$$M_{dx1} = - m_{dx1}^{\omega_{x1}} \frac{\omega_{x1} L_{10}}{2C_1} q_1 S_{10} L_{10}$$

$$M_{dy1} = - m_{dy1}^{\omega_{y1}} \frac{\omega_{y1} L_{10}}{2C_1} q_1 S_{10} L_{10} \qquad (4.12)$$

$$M_{dz1} = - m_{dz1}^{\omega_{z1}} \frac{\omega_{z1} L_{10}}{2C_1} q_1 S_{10} L_{10}$$

式中，$m_{dx1}^{\omega_{x1}}$、$m_{dy1}^{\omega_{y1}}$、$m_{dz1}^{\omega_{z1}}$为降落伞体坐标系三个坐标轴方向的气动阻尼系数；L_{10}、S_{10}分别为降落伞的特征长度和特征面积；C_1为降落伞的质心速度；q_1为动压。

3. 弹性约束模型

降落伞伞绳、连接带和吊带都是由黏弹性织物材料制造的，在载荷的作用下必然产生变形。在建模过程中，既考虑由伞绳和吊带的材料弹塑性形变产生的力又考虑形变过程中产生的阻尼力，并作如下假设：

（1）降落伞始终保持轴对称形状。考虑系统实际运动过程中，降落伞所受的吊带张力与伞衣轴线的夹角始终很小，可以认为这个假设是合理的；

（2）伞绳、连接带和吊带均采用非线性阻尼弹簧模型，考虑材料的弹塑性和阻尼（材料的阻尼力与材料的应变和应变率有关）。它们的张力是应变和应变率的非线性函数，仅能承受张力而不能承受压力；

（3）伞绳和吊带始终处于力平衡状态。

降落伞伞绳约束模型如图 4.3 所示。图中，O 为连接带的汇交点（也称为伞绳汇交点），A 为伞绳和连接带的连接点。L_s 和 L_m 分别为伞绳和连接带的长度，γ 为伞绳与伞衣轴线的夹角，F 为作用于 O 点处约束力，θ 为 F 与伞衣轴线的夹角。

设伞绳和连接带的根数分别为 N_s、N_m，单根伞绳和连接带的应力应变曲线用非线性函数 $f_s(\varepsilon, \dot{\varepsilon})$ 和 $f_m(\varepsilon, \dot{\varepsilon})$ 表示，其中 ε 表示平均应变，$\dot{\varepsilon}$ 表示应变率。设伞绳和连接带的原长分别为 L_{s0}、L_{m0}，则伞绳和连接带的平均应变可表示为

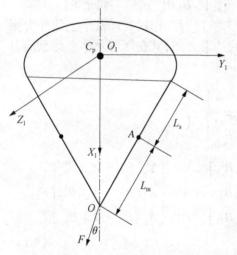

图 4.3　降落伞伞绳约束模型

$$\varepsilon_s = \frac{L_s - L_{s0}}{L_{s0}}, \quad \varepsilon_m = \frac{L_m - L_{m0}}{L_{m0}} \tag{4.13}$$

伞绳、连接带和吊带的应变率可表示为

$$\dot{\varepsilon} = \frac{\varepsilon_t' - \varepsilon_t}{t' - t} \tag{4.14}$$

各根伞绳和连接带所受的张力可分别表示为 $f_s(\varepsilon_s, \dot{\varepsilon}_s)$ 和 $f_m(\varepsilon_m, \dot{\varepsilon}_m)$，分别对 O 点和 A 点列力平衡方程可得

$$N_s f_s(\varepsilon_s, \dot{\varepsilon}_s) = N_m f_m(\varepsilon_m, \dot{\varepsilon}_m)$$

$$N_m f_m(\varepsilon_m, \dot{\varepsilon}_m)\cos\gamma = F\cos\theta \tag{4.15}$$

注意上式中 O 点的平衡方程只考虑了力在伞衣轴线方向上的分量,这是因为根据降落伞保持轴对称的假设,其他方向上力的平衡关系自动满足。考虑了伞绳的弹性后,降落伞的转动惯量和约束力作用 O 点将是随时间变化的。

在求解伞绳、连接带和吊带由于变形而产生力的过程中,采用的应力应变函数为

$$f(\varepsilon, \dot{\varepsilon}) = \begin{cases} 0, & \varepsilon \leq 0 \\ P(\varepsilon) + C(\dot{\varepsilon}), & \varepsilon > 0 \end{cases} \tag{4.16}$$

在上述的应力应变函数中,伞绳、连接带和吊带的应力模型中不仅考虑了弹性力 $P(\varepsilon)$,而且考虑了阻尼力 $C(\dot{\varepsilon})$,使应力计算更为精确。

4.1.5   吊挂约束模型

连接降落伞和载荷之间的吊带被称为吊挂系统。在物伞系统动力学建模中,降落伞和载荷的动力学模型通过吊带的约束力耦合起来,吊带约束力的计算模型称为吊带约束模型。

目前吊挂系统模型及建模方法主要有刚性铰接模型、球铰(旋转接头)模型、刚性连接模型、阻尼弹簧模型、几何判断法、小质点法、平衡点法等[71]。刚性铰接模型将降落伞和载荷看作一体,因而无法分析两者的相对运动;球铰(旋转接头)模型将吊挂系统简化为球铰或者旋转接头,采用多体动力学方法建立物伞系统的动力学方程;刚性连接模型将吊带视为刚性杆,由于在建模中忽略了吊带的弹性而不能模拟吊带可能出现的松弛现象,多用于单点吊挂的物伞系统动力学建模;阻尼弹簧模型将吊带简化为带阻尼的弹簧,虽然可以考虑吊带的弹性,但由于无法确定中间自由节点的位置,因而无法直接应用于具有中间自由节点的吊挂系统建模;几何判断法可分析倒"Y"型吊挂系统的约束力,但具有通用性差、建模过程复杂的缺点;小质点法具有较好的通用性,但增加了系统动力学模型的自由度数目,且系统方程存在刚性问题。因此,本节在对吊挂系统分类的基础上,重点介绍基于中间节点力平衡方程的吊挂约束力求解算法——平衡点法。

1. 吊挂系统的一般形式

图 4.4(a)给出了吊挂系统一般的形式,图中 $O_i(i = 1, 2, \cdots, m)$ 表示在降落伞上的 m 个连接点,$B_i(i = 1, 2, \cdots, k)$ 表示中间 k 个自由节点,$A_i(i = 1, 2, \cdots, n)$ 表示在载荷上的 n 个连接点,各节点之间以吊带连接。

在传统的降落伞系统中,吊挂系统一般均连接在伞绳汇交点处,即 $m = 1$。采用有一个中间自由节点的形式[图 4.4(b)]或直接连接形式[图 4.4(c)]。$m > 1$ 或

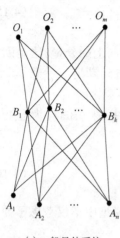
(a) 一般吊挂系统

(b) 具有一个中间点(吊挂形式一)

(c) 直接连接(吊挂形式二)

图 4.4　吊挂系统示意图

$k > 1$ 的吊挂系统常应用于翼伞回收系统中。

图 4.4(b)和图 4.4(c)所示的吊挂形式广泛地应用于各降落伞系统中,分别简称为吊挂形式一和吊挂形式二,对应于具有一个中间自由点的形式[图 4.4(b)]和直接连接形式[图 4.4(c)]。当 $n = 1$ 时,吊挂形式二为单点吊挂,降落伞和载荷通过一根吊带连接;当 $n = 2$ 时,吊挂形式一为倒"Y"型吊挂,$n = 4$ 时为四点吊挂。这几种吊挂形式在降落伞系统中比较常见,在"神舟号"载人飞船返回舱回收系统中就采用了单点吊挂和倒"Y"型吊挂两种吊挂形式。

2. 基于平衡点法的吊挂系统建模

平衡点法是针对降落伞吊挂系统提出的通用性较好的约束模型求解方法,吊挂系统一般存在一个或若干个吊带汇交点,图 4.5 所示为一个三点吊挂的示意图,吊带之间存在一个汇交点 C。

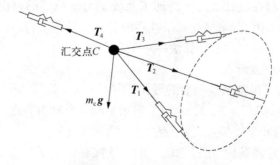

图 4.5　汇交点受力示意图

利用小质点法对吊挂系统进行建模时,汇交点 C 则被视为三自由度质点,质量为 m_c。降落伞和汇交质点之间通过一根吊带连接,吊带约束力为 T_4,汇交质点和返回舱之间通过三根吊带连接,吊带约束力分别为 T_1、T_2 和 T_3。 设汇交质点的位置矢量为 r_c,则其动力学方程为

$$m_c \ddot{r}_c = T_1 + T_2 + T_3 + T_4 + m_c g \tag{4.17}$$

式(4.17)需和降落伞及返回舱的动力学方程联合求解,由于汇交质点 C 的质量相比降落伞和返回舱而言是一个小量,导致在对质点 C 的动力学微分方程进行求解时必须采用小步长,否则汇交质点将承受很大的加速度,并引起整个系统的动力学方程呈刚性,出现高频振荡现象。

由于关注的是降落伞和返回舱的运动状态,且汇交质点的运动惯量太小,不会对降落伞和返回舱的运动状态产生影响。因此,在求解方程中可以忽略汇交质点的惯性力但仍然考虑吊带约束力的作用,即汇交质点始终处于静平衡状态,此时式(4.17)可表示为

$$\lim_{m_c \to 0} (m_c \ddot{r}_c) = \left(\sum_{i=1}^{N} T_i \right) = 0 \tag{4.18}$$

式(4.18)中,N 表示吊带根数,对图 4.5 而言取 $N=4$。方程(4.18)联立降落伞和返回舱动力学方程可以求解得到汇交点 C 的位置和吊挂系统中各吊带的张力,这样系统的动力学方程中就可以消除汇交质点的动力学方程,避免了数值求解中的刚性问题,以上就是平衡点法的建模求解思想。

利用平衡点法进行吊挂系统建模的基本思路是利用各中间节点的力平衡条件,列写出节点的力平衡方程组。它是以中间节点位置坐标为未知量的非线性方程组,通过对其进行迭代求解,可以得到各中间节点的位置,再根据吊带材料的应力应变关系可以求得各条吊带的长度和张力。利用这一方法,图 4.5 中各种形式的吊挂系统可以以统一的方式建模,同时避免了数值刚性问题,提高了计算的效率。在吊索松弛的情况下,其张力为零,在吊索绷紧状态下,其应力应变关系可以根据实际材料的特性设定为非线性、线性或分段线性的函数,这样吊索松弛、绷紧的状态转换问题也得到了有效的解决。

正常情况下,降落伞减速过程中的工作程序包括拉直、充气和稳定下降三个阶段,根据系统结构形式,可建立以下三个阶段模型对各个阶段系统运动进行分析。本节将基于平衡点法建立图 4.5 所示吊挂形式一和吊挂形式二的吊挂系统约束模型。

1) 吊挂形式一的约束系统建模

在已知伞的位置和姿态的前提下,伞绳汇交点的位置是伞绳和连接带长度 L_s 和 L_m 的函数,即有

$$r_O = r_O(L_s, L_m) \tag{4.19}$$

其中，r_O 为惯性系原点到伞绳汇交点的矢量。

设在惯性系中点 B 的位置矢量为 r_B，A_i 的位置矢量为 $r_{A_i}(i = 1, 2, \cdots, n)$。吊带 OB 的根数为 N_0，其应力应变曲线为 $P_0(\varepsilon)$，原长为 L_0；吊带 BA_i 的根数为 N_i，原长为 L_{i0}，应力应变曲线为 $P_i(\varepsilon)$ $(i = 1, \cdots, n)$，令

$$\varepsilon_0 = \frac{|r_O - r_B|}{L_0} - 1, \quad \varepsilon_i = \frac{|r_{A_i} - r_B|}{L_{i0}} - 1, \quad i = 1, \cdots, n$$

对 B 点列出力平衡方程：

$$P_0(\varepsilon_0)\frac{r_O - r_B}{|r_O - r_B|} + \sum_{i=1}^{n} P_i(\varepsilon_i)\frac{r_{A_i} - r_B}{|r_{A_i} - r_B|} = 0 \tag{4.20}$$

O 点受到的吊带张力为

$$F_0 = N_0 P_0(\varepsilon_0)\frac{r_B - r_O}{|r_B - r_O|} \tag{4.21}$$

吊带 $BA_i(i = 1, \cdots, n)$ 对下级物体的约束力为

$$F_i = N_i P_i(\varepsilon_i)\frac{r_B - r_{A_i}}{|r_B - r_{A_i}|} \tag{4.22}$$

联立式(4.7)、式(4.20)、式(4.21)得到闭合的非线性方程组，它共包含五个未知数：L_s、L_m、B 点的位置坐标。通过迭代求解该方程组即可得到 O 点和 B 点的位置，从而得到各根吊带的长度，进而判断出各个吊带是否处于松弛状态，求得吊带的约束力。

2）吊挂形式二的约束系统建模

吊挂形式二的约束力可用类似于吊挂形式一的方法求得。由于吊挂形式二不包含空间自由点 B，因而约束方程的最后形式是一个二元非线性方程组。求解该方程组可以得到各段伞绳的长度，进而求得 O 点的位置矢量 r_O。具体的推导过程不再赘述。

吊带 $OA_i(i = 1, \cdots, n)$ 对下级物体的约束力为

$$F_i = N_i P_i(\varepsilon_i)\frac{r_O - r_{A_i}}{|r_O - r_{A_i}|} \tag{4.23}$$

O 点受到的吊带张力为

$$F = \sum_{i=1}^{n} F_i = \sum_{i=1}^{n} N_i P_i(\varepsilon_i)\frac{r_{A_i} - r_O}{|r_{A_i} - r_O|} \tag{4.24}$$

4.2　单舱下降阶段动力学模型

单舱下降阶段是指返回舱在初始计算高度至弹射开伞高度之间的工作阶段。该阶段系统只有返回舱一个刚体,具有 6 个自由度。此阶段的分析模型直接采用返回舱的动力学模型(参见 4.1.3 节)即可。

4.3　拉直阶段动力学模型

拉直是降落伞工作过程最初的动作程序,该程序从降落伞离开载荷体开始直到它的伞绳、伞衣在载荷体后方呈现直线状态时结束。载人飞船降落伞系统一般采用先伞绳拉直法(倒拉法),利用可分离的伞包实现拉直。伞包可以用上一级降落伞(牵引伞包的降落伞)拉出,或者从载荷体中强制弹出。不管何种情况,整个降落伞都是装在伞包中离开载荷体的,随着伞包和载荷体之间的相对运动,装在伞包内的吊带、伞绳和伞衣依次被拉出。

降落伞拉直过程建模方法较多,且其适用范围各不相同。本节的分析重点在于拉直力、拉直过程中伞舱系统的运动状态等性能参数,采用计算量较少的直线拉出模型已可满足要求。因此本节假设伞衣和伞绳在拉直过程中保持直线,将伞包看作变质量质点,上级降落伞采用全充满降落伞的动力学方程,返回舱采用六自由度刚体模型,建立了"降落伞-变质量质点-刚体"拉直动力学模型,如图 4.6 所示。

图 4.6　直线拉出模型示意图

4.3.1　模型假设

在建立拉直动力学模型时,不考虑伞包从伞舱中的拉出过程,采用质点伞包模型。为了不使问题过于复杂,拉直阶段系统建模的假设条件可以总结如下:

(1)拉直过程开始时,上一级降落伞已经完全充满;

(2)拉直过程中,下一级降落伞(从伞包中拉出射的降落伞)的吊带、伞绳和伞衣看作刚性体,无动态伸长;

(3)降落伞伞包连同在其内的未拉出部分作为变质量质点来考虑;

(4)降落伞从伞包中连续地拉出,即伞包质量连续地减小;

(5)忽略作用在伞包上的气动力;

（6）拉出部分呈绷紧状态，始终承受拉力；

（7）不考虑返回舱尾流区的影响；

（8）平面大地。

根据上述假设，拉直过程的动力学模型如图 4.6 所示。在建模过程中，把拉直降落伞的伞包看作三自由度变质量质点，相应地把上级降落伞以及返回舱作为六自由度刚体来处理，通过一个十五自由度的模型导出拉伞过程的运动方程。

4.3.2 伞包动力学模型

在质点伞包模型中，将伞包看作一个变质量的质点，其动力学模型为

$$
\begin{cases}
m_{\mathrm{b}} \dfrac{\mathrm{d} \boldsymbol{V}_{\mathrm{b}}}{\mathrm{d} t} = \boldsymbol{F}_{\mathrm{b}} + m_{\mathrm{b}} \boldsymbol{g} \\[2mm]
\dfrac{\mathrm{d} m_{\mathrm{b}}}{\mathrm{d} t} = - m_{\mathrm{L}} u
\end{cases} \tag{4.25}
$$

式中，$\boldsymbol{V}_{\mathrm{b}}$ 为伞包速度；$\boldsymbol{F}_{\mathrm{b}}$ 为作用在伞包上的约束力，为上级伞对伞包的拉力与正在拉出的伞绳伞衣对伞包的作用力之和；m_{b} 为伞包质量；m_{L} 为正在被拉出的伞绳或伞衣的线密度；u 是伞绳和伞衣从伞包中的拉出速度。

4.3.3 约束模型

1. 伞包与返回舱之间的约束力

记拉直过程中某一时刻的伞包、返回舱的位置和速度矢量为 $\boldsymbol{r}_1$、$\boldsymbol{r}_2$ 和 $\boldsymbol{v}_1$、$\boldsymbol{v}_2$，则伞绳和伞衣从伞包中拉出的速度 u 为

$$
u = (\boldsymbol{v}_2 - \boldsymbol{v}_1) \frac{\boldsymbol{r}_2 - \boldsymbol{r}_1}{|\boldsymbol{r}_2 - \boldsymbol{r}_1|} \tag{4.26}
$$

根据变质量质点基本方程，作用在返回舱上的拉直约束力 $\boldsymbol{F}_{c3}$ 为

$$
\boldsymbol{F}_{c3} = (F_{\mathrm{re}} + m_{\mathrm{L}} u^2) \frac{\boldsymbol{r}_2 - \boldsymbol{r}_1}{|\boldsymbol{r}_2 - \boldsymbol{r}_1|} \tag{4.27}
$$

式中，F_{re} 为拉直过程中伞包对伞绳或伞衣的阻力。

由于伞包为变质量体，因此作用在伞包上的约束力除了伞绳张力外，还有由于其质量变化引起的反作用力，因此作用在伞包（不含正在拉出的微元）的约束力为

$$
\boldsymbol{F}_{\mathrm{b}} = - \boldsymbol{F}_{c3} + m_{\mathrm{L}} u^2 \frac{\boldsymbol{r}_1 - \boldsymbol{r}_2}{|\boldsymbol{r}_2 - \boldsymbol{r}_1|} = F_{\mathrm{re}} \frac{\boldsymbol{r}_2 - \boldsymbol{r}_1}{|\boldsymbol{r}_2 - \boldsymbol{r}_1|} \tag{4.28}
$$

2. 伞包与上级伞之间的约束力

伞包与上级伞之间的约束关系可视为如图 4.4 所示的单点吊挂系统,除了伞包被视为质点以外,与单点吊挂阶段求解伞舱之间的约束力模型基本相同。这里记上级伞和伞包之间的约束力为 $\boldsymbol{F}$,则伞包受到上级伞的拉力为

$$\boldsymbol{F} = -\sum_{i=1}^{n} \boldsymbol{F}_i = \sum_{i=1}^{n} N_i p_i(\varepsilon_i) \frac{\boldsymbol{r}_i - \boldsymbol{r}_0}{|\boldsymbol{r}_i - \boldsymbol{r}_0|} \tag{4.29}$$

4.3.4　初始条件和终止条件

本节模型主要适用于降落伞的拉直过程。在拉直的初始时刻,返回舱的位置和姿态是已知的。假设降落伞伞包的初始位置与上级在舱上的吊挂点重合,其位置和速度与上级伞吊点的位置和速度相同。由于上级伞吊挂点和拉直降落伞单点吊挂的吊挂点不重合,认为初始时刻伞绳的拉出长度为两点之间的距离。当拉出长度 l 等于伞绳长度、吊带长度和伞衣高度之和时,拉直阶段结束,终止对拉直模型的仿真。

4.4　充气阶段动力学模型

由于在充气过程中,随着降落伞阻力面积的不断变化,降落伞的质心位置、转动惯量、附加质量等物理特性将发生急剧的变化,这些特性对系统的动力学仿真具有重要的影响,因此,此阶段降落伞的动力学模型中需要考虑降落伞的附加质量及其变化率。

降落伞的充气过程是一个短时发生的复杂的物理过程,既有气流的急剧变化,又有非线性柔性伞衣的变形位移过程,二者交互出现流固耦合的复杂情况。本节的充气过程建模采用半理论半经验方法,即首先给出了伞衣阻力面积随时间增长的经验公式。然后在一定简化假设的基础上,给出了降落伞在充气过程中转动惯量、附加质量和受力随时间的变化,结合式(4.7)即可得到充气过程中伞的动力学方程。

4.4.1　简化假设

充气阶段系统建模的假设条件主要包括:

(1) 标准充气,当伞衣首次达到稳定状态的投影面积时,就认为充气过程结束,不考虑伞衣的过度扩张;

(2) 伞衣阻力面积随时间增长,是时间的确定函数;

(3) 伞衣底面面积(伞衣底边进气口面积)和投影面积的变化规律与阻力面积

的变化规律相同,即 $\dfrac{S_d}{S_{d0}} = \dfrac{\psi}{\psi_0}$,$\dfrac{S_P}{S_{P0}} = \dfrac{\psi}{\psi_0}$,式中,$S_d$ 为伞衣底面面积,S_{d0} 为完全充满时伞衣底面面积,S_P 为伞衣投影面积,S_{P0} 为完全充满时伞衣投影面积,ψ 为伞衣阻力面积,ψ_0 为完全充满时伞衣阻力面积;

(4) 在充气过程中,伞衣质心相对于其底面的位置是固定的,并且和气动压心重合。

4.4.2　阻力面积随时间的变化

在充气过程中,伞衣阻力面积 ψ 从 0 增加到 ψ_0。收口带条伞和环帆伞的阻力面积-时间增长曲线如图 4.7 所示。在收口阶段,带条伞伞衣的阻力面积保持不变,但是环帆伞继续缓慢地充气,阻力面积有所增加。

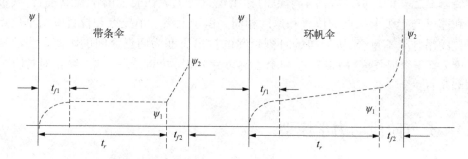

图 4.7　收口伞典型的阻力面积-时间增长曲线

虽然阻力面积-时间变化曲线会随着收口、透气量等的改变有所变化,但是对于特定伞型,曲线的基本形状将保持不变。

“力-轨迹-时间”法(force-trajectory-time method)是分析充气过程的一种重要方法。充气过程中阻力面积随时间的变化可用如下公式表示:

$$\psi = \psi_1 + (\psi_2 - \psi_1)\left(\dfrac{t - t_1}{t_2 - t_1}\right)^n \tag{4.30}$$

式中,ψ_1 为伞衣拉直或解除收口时的阻力面积;ψ_2 为给定的收口级完全充满时的阻力面积;t_1 为伞衣拉直或解除收口的时刻;t_2 为给定的收口级完全充满的时刻。图 4.7 中 t_{f1} 为伞衣拉直至收口张满的充气时间;t_{f2} 为解除收口至完全充满的充气时间;t_r 为从拉直开始到解除一级收口的时间。充气指数 n 决定着 ψ-t 曲线是线性的、凸的或凹的。对带条伞,取 $n_1 = 2.0$,$n_2 = 2.5$。对环帆伞,取 $n_1 = 1.0$,$n_2 = 2.0$。n_1、n_2 分别为第一级、第二级开伞的充气指数。

4.4.3　收口伞衣的充满时间

收口带条伞伞衣的充满时间可用以下经验公式来确定:

$$\Delta t_{12} = \frac{K_{12} D_0}{V_{12}} \tag{4.31}$$

式中,Δt_{12} 是伞衣充气所需时间。该时间从伞衣拉直或解除收口时起,直到给定的收口级完全充满时为止;V_{12} 是充气时间内的平均速度,近似取为伞衣拉直或解除收口时刻伞的速度;D_0 为伞衣的名义直径;K_{12} 为充满常数(fill constant),通常由试验确定。

对环帆伞:

$$t_{f1} = \frac{8.0 \times D_0}{v_{t1}} \sqrt{\frac{(C_D S)_1}{(C_D S)_2}}$$

$$t_{f2} = \frac{2.0 \times D_0}{v_{t2}} \sqrt{1 - \frac{(C_D S)_1}{(C_D S)_2}} \tag{4.32}$$

式中,t_{f1} 为主伞拉直至收口张满的充气时间;t_{f2} 为主伞解除收口至完全充满的充气时间;v_{t1} 为主伞伞绳拉直时刻伞的速度;v_{t2} 为主伞解除收口时刻伞的速度;D_0 为主伞名义直径;$(C_D S)_1$ 为主伞收口阻力面积;$(C_D S)_2$ 为主伞全张满阻力面积。

4.4.4　质量和转动惯量

充气过程中,降落伞的质量为

$$m_1 = m_s + m_c + m_g \tag{4.33}$$

其中,m_s 是伞绳质量;m_c 是伞衣质量;m_g 是连接带质量。

降落伞的转动惯量包括伞衣、伞绳和连接带三部分,可以利用平行轴定理来获得。由于充气过程中降落伞的阻力面积在不断变化,因此在计算充气过程中降落伞质心位置和转动惯量时需要考虑降落伞阻力面积变化带来的影响。

根据基本假设,伞衣底边进气口的面积变化规律与伞衣阻力面积相同,因此可得充气过程中伞衣底面半径:

$$R = \sqrt{\frac{\psi}{\psi_0}} R_0 \tag{4.34}$$

式中,R_0 为全充满伞衣的底边半径。

半锥角 γ 在充气过程中也是随伞衣的底边半径 R 不断变化的,根据几何关系有

$$\sin \gamma = \frac{R}{L_s + L_m} \tag{4.35}$$

降落伞的质心位置为

$$L_{cm} = \frac{m_s(0.5L_s\cos\gamma + L_m\cos\gamma) + m_cL_1 + m_g(0.5L_m\cos\gamma)}{m_s + m_c + m_g} \tag{4.36}$$

假设降落伞拉直结束即初始充气时刻,伞衣呈细直杆状,长度为 $\dfrac{D_0}{2}$,其转动惯量为

$$I_{XXC0} = 0, \quad I_{YYC0} = I_{ZZC0} = \frac{1}{12}m_c\left(\frac{D_0}{2}\right)^2 + m_c\left(\frac{D_0}{2} - cl \cdot D_0\right)^2 \tag{4.37}$$

伞衣完全张开后,其转动惯量为

$$I_{XXC1} = \frac{2}{3}m_c(cr \cdot D_0)^2$$

$$I_{YYC1} = I_{ZZC1} = \frac{1}{3}m_c[(cr \cdot D_0)^2 + (ch \cdot D_0)^2] - m_c(cl \cdot D_0)^2 \tag{4.38}$$

在充气过程中,将伞衣的转动惯量近似表示为

$$I_{XXC} = \frac{\psi}{\psi_0}I_{XXC1}$$

$$I_{YYC} = I_{ZZC} = I_{YYC0} + \frac{\psi}{\psi_0}(I_{YYC1} - I_{YYC0}) \tag{4.39}$$

伞绳的转动惯量为

$$I_{XXS} = \frac{1}{12}m_sL_s^2(\sin\gamma)^2 + m_s(L_m\sin\gamma + 0.5L_s\sin\gamma)^2$$

$$I_{YYS} = I_{ZZS} = \frac{1}{12}m_sL_s^2(\cos\gamma)^2 + m_s(L_{cp} + 0.5L_s\cos\gamma)^2 \tag{4.40}$$

连接带的转动惯量为

$$I_{XXm} = \frac{1}{12}m_gL_m^2(\sin\gamma)^2 + m_g(L_s\sin\gamma)^2$$

$$I_{YYm} = I_{ZZm} = \frac{1}{12}m_gL_m^2(\cos\gamma)^2 + m_g(L_1 - 0.5L_m\cos\gamma)^2 \tag{4.41}$$

合并方程得

$$I_{XX1} = I_{XXC} + I_{XXS} + I_{XXm}$$

$$I_{YY1} = I_{ZZ1} = I_{YYC} + I_{YYS} + I_{YYm} \tag{4.42}$$

4.4.5　附加质量及其变化率

参考 3.2.2 节,降落伞的附加质量矩阵可写为

$$
\boldsymbol{\Phi}_{\mathrm{F}} =
\begin{bmatrix}
k_{11}\rho\,\forall & 0 & 0 & 0 & 0 & 0 \\
0 & k_{22}\rho\,\forall & 0 & 0 & 0 & 0 \\
0 & 0 & k_{22}\rho\,\forall & 0 & 0 & 0 \\
0 & 0 & 0 & 0 & 0 & 0 \\
0 & 0 & 0 & 0 & k_{55}I_f & 0 \\
0 & 0 & 0 & 0 & 0 & k_{55}I_f
\end{bmatrix}
\tag{4.43}
$$

其中,$\forall = \pi D_{\mathrm{p}}^3/12$,$I_f = \rho\,\forall D_{\mathrm{p}}^2/16$,$D_{\mathrm{p}}$ 为正在充气伞衣的投影直径,ρ 为大气密度;k_{ii}、k_{jj} 为附加质量系数。

对于充气过程,根据基本假设,伞衣阻力面积变化规律与伞衣投影面积变化规律相同,因此得到:

$$
\frac{S_{\mathrm{P}}}{S_{\mathrm{P0}}} = \frac{\psi}{\psi_0} = \left(\frac{D_{\mathrm{p}}}{D_{\mathrm{p0}}}\right)^2
\tag{4.44}
$$

$$
D_{\mathrm{p}} = D_{\mathrm{p0}}\sqrt{\frac{\psi}{\psi_0}}
\tag{4.45}
$$

对上式求导,得

$$
\dot{D}_{\mathrm{p}} = \frac{D_{\mathrm{p0}}}{2\sqrt{\psi\psi_0}}\dot{\psi}
\tag{4.46}
$$

对方程(4.30)求导,得

$$
\dot{\psi} = n(\psi_2 - \psi_1)\frac{(t - t_1)^{n-1}}{(t_2 - t_1)^n}
\tag{4.47}
$$

综合以上各式,即可求得 a_{ii} 和 $\dot{a}_{ii}(i = 1, 2, 3, 5, 6)$,进而得到附加质量矩阵及其变化率。当降落伞全张满后附加质量的变化率为零。

4.4.6　充气阶段降落伞的动力学方程

充气过程中,降落伞的受力情况和全张满时相似。充气过程中降落伞阻力特征是随时间变化的,其气动力仍由式(3.58)确定。

已知充气开始的时间,由公式(4.30)可得到降落伞当前的阻力特征 ψ,代入式(4.39)、式(4.43)即可得到当前降落伞的惯量张量和附加质量。再联立式(4.7)、

式(4.33)、式(4.36)可得到充气阶段降落伞的动力学方程。

4.4.7 初始条件和终止条件

充气阶段的初始条件需要由拉直阶段的仿真结果变换得到,通过拉直阶段的数值计算,可以得到以下参数:拉直方位($\cos \xi_1$,$\cos \xi_2$,$\cos \xi_3$)、拉伞速度 u、张力 T、伞包的位置 r_b、伞包速度(V_{xb},V_{yb},V_{zb})和吊挂点速度(V_{xp3},V_{yp3},V_{zp3})。

当伞衣刚开始充气时,需要分析初始时刻降落伞的位置、姿态、速度和角速度。因为这时拉直方位是已知的,所以 O_1X_1 和 O_2X_2 轴的方向是确定的,即在惯性坐标系中有以下关系式成立:

$$\boldsymbol{B}_1^{\mathrm{E}} \begin{bmatrix} 1 \\ 0 \\ 0 \end{bmatrix} = \begin{bmatrix} \cos \xi_1 \\ \cos \xi_2 \\ \cos \xi_3 \end{bmatrix} \tag{4.48}$$

其中,$\boldsymbol{B}_1^{\mathrm{E}}$ 为降落伞体坐标系到惯性系的转换矩阵。

展开得

$$\begin{cases} q_0^2 + q_1^2 - q_2^2 - q_3^2 = \cos \xi_1 \\ 2(q_1^2 q_2^2 - q_0^2 q_3^2) = \cos \xi_2 \\ 2(q_1^2 q_3^2 - q_0^2 q_2^2) = \cos \xi_3 \end{cases} \tag{4.49}$$

补充归一化条件:

$$q_0^2 + q_1^2 + q_2^2 + q_3^2 = 1 \tag{4.50}$$

由上述方程可解得伞的姿态四元数初值。假设:

(1) 初始时刻伞顶点与伞包上底面中心重合,即伞顶点的位置等于该点的位置,其速度为该点速度和伞绳拉出速度之差;

(2) 初始时刻伞绳和吊带保持原长。

降落伞的质心位置矢量为

$$\boldsymbol{r}_c = \boldsymbol{r}_b + \boldsymbol{B}_1^{\mathrm{E}} \boldsymbol{r}_s, \quad \boldsymbol{r}_s = [l_1 - l_2 \quad 0 \quad 0]^{\mathrm{T}} \tag{4.51}$$

其中,l_1 为伞衣、伞绳、连接带及吊带的全长;l_2 为吊带长度与汇交点到伞衣质心的长度之和。

拉伞过程结束时,在伞衣顶点处满足:

$$\boldsymbol{B}_1^{\mathrm{E T}} \boldsymbol{B}_3^{\mathrm{E}} \begin{bmatrix} V_{xp3} \\ V_{yp3} \\ V_{zp3} \end{bmatrix} + \boldsymbol{\omega}_1 \times \boldsymbol{l}_1 = \boldsymbol{B}_1^{\mathrm{E T}} \left\{ \begin{bmatrix} V_{xb} \\ V_{yb} \\ V_{zb} \end{bmatrix} + u \begin{bmatrix} \cos \xi_1 \\ \cos \xi_2 \\ \cos \xi_3 \end{bmatrix} \right\} \tag{4.52}$$

其中，$\boldsymbol{l}_1 = [-l_1 \quad 0 \quad 0]^T$；$\boldsymbol{B}_3^E$ 为返回舱体坐标系到惯性系的转换矩阵；$\boldsymbol{\omega}_1$ 为降落伞的角速度。求解该方程组，可得 $\boldsymbol{\omega}_1$。

降落伞的质心速度 $(V_{x1}, \ V_{y1}, \ V_{z1})$ 可写为

$$
\begin{bmatrix} V_{x1} \\ V_{y1} \\ V_{z1} \end{bmatrix} = \boldsymbol{B}_1^{ET} \boldsymbol{B}_3^E \begin{bmatrix} V_{xp3} \\ V_{yp3} \\ V_{zp3} \end{bmatrix} + \boldsymbol{\omega}_1 \times \boldsymbol{l}_2 \tag{4.53}
$$

其中，$\boldsymbol{l}_2 = [-l_2 \quad 0 \quad 0]^T$，充气阶段以充气时间结束为止。

4.5　稳定下降阶段动力学模型

降落伞全张满阶段的动力学模型与充气阶段的模型基本一致，其区别主要在于此阶段的降落伞的动力学模型中无须考虑降落伞质量惯量的变化和附加质量的变化率。

4.5.1　质量和转动惯量

全张满阶段降落伞的质量仍如式 (4.33) 所示，质心在伞体坐标系中坐标为

$$
\boldsymbol{\rho}_c = [L_1 - L_{cm} \quad 0 \quad 0]^T \tag{4.54}
$$

其中，L_{cm} 计算见式 (4.36)，且半锥角 γ 取全张满时的角度。

伞衣的转动惯量计算见式 (4.38)，伞绳的转动惯量计算见式 (4.40)，连接带的转动惯量计算见式 (4.41)，降落伞的整体转动转动惯量计算见式 (4.42)。

4.5.2　全张满阶段动力学方程

由于无须考虑附加质量的变化率，由式 (4.8)、式 (4.9) 可得到全张满降落伞的动力学方程如下：

$$
\begin{aligned}
F_{ax1} - B_{12}^1 m_1 g + B_{S1}^1 F_2 &= (m_1 + a_{11}) \dot{V}_{x1} \\
&\quad - (m_1 + a_{33})(\omega_{z1} V_{y1} - \omega_{y1} V_{z1}) - m_1 X_g (\omega_{y1}^2 + \omega_{z1}^2) \\
F_{ay1} - B_{22}^1 m_1 g + B_{S2}^1 F_2 &= (m_1 + a_{33})(\dot{V}_{y1} - \omega_{x1} V_{z1}) \\
&\quad + (m_1 + a_{11}) \omega_{z1} V_{x1} + m_1 X_g (\dot{\omega}_{z1} + \omega_{x1} \omega_{y1}) \\
F_{az1} - B_{32}^1 m_1 g + B_{S3}^1 F_2 &= (m_1 + a_{33})(\dot{V}_{z1} + \omega_{x1} V_{y1}) \\
&\quad - (m_1 + a_{11}) \omega_{y1} V_{x1} - m_1 X_g (\dot{\omega}_{y1} - \omega_{x1} \omega_{z1})
\end{aligned}
$$

$$
\tag{4.55}
$$

$$M_{dx1} = I_{XX1} \dot{\omega}_{x1}$$

$$M_{dy1} + B_{32}^1 m_1 g \cdot X_g - B_{S3}^1 F_2 L_1 = (I_{ZZ1} + a_{66}) \dot{\omega}_{y1} - m_1 X_g (\dot{V}_{z1} - \omega_{y1} V_{x1} + \omega_{x1} V_{y1})$$
$$+ (I_{XX1} - I_{ZZ1} - a_{66}) \omega_{x1} \omega_{z1} + (a_{11} - a_{33}) V_{x1} V_{z1}$$

$$M_{dz1} - B_{22}^1 m_1 g \cdot X_g + B_{S2}^1 F_2 L_1 = (I_{ZZ1} + a_{66}) \dot{\omega}_{z1} + m_1 X_g (\dot{V}_{y1} + \omega_{z1} V_{x1} - \omega_{x1} V_{z1})$$
$$- (I_{XX1} - I_{ZZ1} - a_{66}) \omega_{x1} \omega_{y1} - (a_{11} - a_{33}) V_{x1} V_{y1}$$

$$(4.56)$$

至此,降落伞、返回舱、吊挂约束以及降落伞的拉直、充气和稳定下降等关键阶段动力学模型均已建立,利用本章所建模型即可实现对火箭助推器、返回式卫星、飞船返回舱等航天器的降落伞减速过程进行仿真研究。

第 5 章

伞舱盖弹射分离动力学

航天器降落伞减速系统一般都是在飞行任务的最后阶段才工作,由于航天器通常以几十倍声速的速度返回地球或进入其他行星大气层,在到达星球表面的减速飞行过程中,会产生严重的气动加热问题。为了确保降落伞减速装置的工作可靠性,一般将其安装在进入器内,并有专门的伞舱盖进行防热保护,待进入器下降到预定的开伞高度时,再将伞舱盖弹射分离掉,清除出开伞通道,并打开降落伞。

一般伞舱盖均是由火工装置提供一定初始速度来实现弹射分离的。伞舱盖必须具有足够的弹射分离初始速度,才能确保伞舱盖与进入器分离并冲出尾流区。伞舱盖的弹射分离初始速度是降落伞减速系统设计的一个关键技术指标。如果设计的初始分离速度太小,则伞舱盖不能正常分离及逃逸;如果设计的分离速度过大,则必然使火工装置能量过大,从而带来不必要的增重或使进入器结构承受不必要的、过大的弹射冲击载荷。因此,正确选择合适的伞舱盖的弹射分离初始速度是降落伞减速系统设计的一项重要工作。伞舱盖弹射分离动力学分析的主要目的之一就是为了研究分离伞舱盖的动力学特性并保证正常分离所需的最小初始分离速度。

对于常用的弹伞舱盖拉伞包牵引开伞方式来说,由于拉伞包过程是在非常短的时间内完成的,大概只有毫秒量级,加上降落伞产品均是由柔性织物材料组成的,拉伞包过程中的受力、运动特点较复杂,很难通过测试得到拉伞包过程较准确的受力和运动变化规律。因此,准确地建立弹伞舱盖拉伞包过程的动力学模型,研究拉伞包过程中的受力和运动特点变化规律,这对于相关连接带、伞包及其拖带、封包绳等结构产品的强度设计,确保拉伞包工作可靠性也是非常必要的。

本章首先介绍降落伞的常用弹射开伞方式,然后建立伞舱盖弹射分离过程的动力学模型,最后针对伞舱盖弹射分离拉出伞包的过程,分别建立多阶段的多体动力学模型和连续体动力学模型。

5.1 降落伞的开伞方式

航天器降落伞减速系统的开伞一般采用弹伞筒弹射开伞、弹伞器弹射开伞、弹伞舱盖牵引开伞、引导伞牵引开伞等方式,不同的开伞方式,其降落伞的拉直特点略有不同。

5.1.1　弹伞筒弹射开伞

当采用弹伞筒开伞时,包好的降落伞伞包一般位于伞筒内,且伞包固定在活塞上。弹伞时,利用火药燃烧产生的高温高压燃气将活塞和整个伞包以一定初速度弹射出舱。若有伞舱盖时,伞舱盖一般被活塞和伞包推出并自动与伞包分离。降落伞的拉直则完全依靠其活塞和伞包自身的惯性依次拉出连接带-伞绳-伞衣。所以,弹伞筒弹射开伞时,弹射启动时的被弹质量一般包括伞舱盖、伞包和活塞的质量;在伞舱盖分离后,降落伞拉直的过程中,则主要是伞包和活塞作变质量运动。

5.1.2　弹伞器弹射开伞

当采用弹伞器弹射开伞时,弹伞器通常为单个弹射器,伞包和伞舱盖则一般通过压板连接在一起,利用火药产生的高压燃气将弹伞器中的活塞杆、伞包、压板和伞舱盖一起弹射出舱,然后依靠活塞杆、伞包、压板和伞舱盖自身的惯性依次拉出连接带-伞绳-伞衣。所以采用弹伞器弹射开伞时,在整个降落伞拉直过程中,一般活塞杆、伞包(包含降落伞)、压板和伞舱盖一起运动,直到降落伞全长拉直以后,活塞杆、伞包(无降落伞)、压板和伞舱盖才与降落伞分离。

5.1.3　弹伞舱盖牵引开伞

当采用弹伞舱盖牵引开伞时,一般是利用多个弹射器同时将伞舱盖弹射出去,打开降落伞的出伞通道,同时利用弹射器赋予伞舱盖的动能通过连接带从伞舱中拉出伞包,随着伞舱盖和返回舱之间距离的逐渐增大,伞包与伞舱盖和返回舱之间的连接带绷紧,然后降落伞从伞包中被逐渐拉出,直到完全拉直。所以,弹伞舱盖牵引开伞时,弹射启动时的被弹质量一般只有伞舱盖的质量;在伞舱盖分离开一定距离后,再将伞包拉起,然后分离距离逐渐加大,伞舱盖拉着伞包一起作变质量运动。

5.1.4　引导伞牵引开伞

引导伞牵引开伞方式是一种常用的开伞方式。它主要是由引导伞所产生的气动力通过伞包连接带将下级伞伞包拉出,随着引导伞与返回舱之间的相对运动,将下级伞的连接带、伞绳和伞衣等逐渐从伞包中拉出。

5.2　弹伞分离动力学模型

弹射分离伞舱盖与出伞相结合的方式一般可分为两种。一种是利用火工装置将伞舱盖与需要打开的降落伞(包装在一个伞包内)作为一个整体一起从返回舱内弹射出来,然后依靠自身的惯性以及与返回舱的相对运动,将降落伞逐渐从伞包中拉出,一般采用的弹伞筒弹射开伞和弹射器弹射开伞均属于这种弹射开伞方式;另一种是利用弹射分离装置将伞舱盖从返回舱上以一定初始速度弹射分离出去,然后利用伞舱盖的初始动能从伞舱内拉出引导伞包或减速伞包并逐渐打开引导伞或减速伞,采用弹伞舱盖牵引开伞时属于此种弹射开伞方式。本节将主要针对第一种弹伞分离方式进行动力学建模分析,第二种弹射分离方式的动力学模型分析将在 5.4 节中介绍。

一般弹伞分离装置应该按照所需要的最小弹伞速度来进行设计。因为通常弹射速度越小则作用于飞行器上的反作用力也越小,同时反作用力的减小又将有助于弹伞筒结构重量的减轻。然而为确保开伞的可靠性,不管是采用哪种弹射开伞方式,无论是在尾流区内还是出了尾流区,都应确保降落伞在整个拉直过程中是被伞舱盖或活塞主动拉直的。因此,一般最小弹射速度是保证达到下列两项条件的最低弹射速度:

(1)弹射出的伞舱盖或活塞在其脱离之前不能与飞行器重新结合;

(2)伞舱盖或活塞脱离时要有足够的速度,以保证降落伞完全从伞包内抽出(拉断绳拉断)。

5.2.1　动力学模型

以图 5.1 所示的典型的进入器–降落伞构型及弹伞筒弹射方式为例来建立弹伞分离动力学模型。

1. 符号说明

在建立运动方程之前,将涉及的符号进行说明:

A——参考面积;

C_D——阻力系数,$F_D/q_\infty A$;

F_D——空气动力阻力;

F_{re}——出伞过程中的抵制力(包括伞袋对伞的摩擦力及伞的展开层前后压差所产生的力);

g——重力加速度;

l——降落伞部件的展开长度;

m——质量;

m'——位于伞筒口处降落伞的线质量密度;

q_∞——自由流的动压;

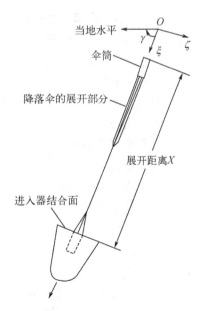

图 5.1　典型的弹伞筒弹射过程示意图

T_B——在伞筒口处伞绳的拉力；

t——时间；

V——绝对速度；

X——展开距离；

β——弹道系数(m/C_DA)；

γ——进入器的速度方向角；

η——尾流参数(在进入器尾流中伞筒的阻力系数与在自由流中伞筒的阻力系数之比)；

$(\Delta V)_{req}$——降落伞开伞所需的最小弹射速度；

$(\Delta V)_{req1}$——使弹射出的伞筒在伞筒脱离之前不与进入器重新结合的最低弹射速度。

下标的含义：

b——伞筒；

bs——伞筒脱离；

C——伞衣；

e——伞筒及当时伞筒内的包容物；

f——使 $X=0$ 的点；

p——降落伞；

sl——伞绳；

T——整个降落伞及伞筒；

u——降落伞的展开部分；

V——进入器；

w——有效尾流。

符号上的圆点表示对时间的导数，符号上的短横表示平均值。

2. 动力学方程

此种形式的开伞过程产生影响其动力学的力如图 5.2 所示。

为了简化基本动力学方程的推导，可做下列假定：

(1) 进入器-降落伞呈直线运动；

(2) 降落伞是非弹性的；

(3) 开伞过程期间降落伞的展开部分呈受拉力状态；

(4) 降落伞的展开部分的空气动力阻力比进入器的阻力小很多；

(5) 展开速度比进入器的速度小很多。

设坐标系 $O\xi\eta$ 如下：原点 O 固定在空间某一点上，$O\xi$ 轴与进入器的弹射时刻（$t=t_0$）进入器纵轴方向一致，且指向进入器的速度方向。$O\eta$ 与 $O\xi$ 轴垂直。又设 ξ_V 为进入器结合面中心点在 $O\xi$ 轴上的坐标，ξ_b 为伞筒上表面中心点在 $O\xi$ 轴上的

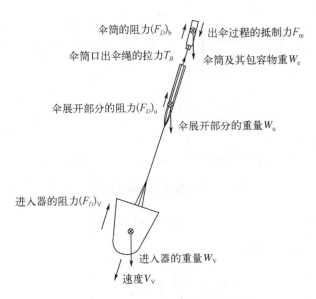

图 5.2　开伞过程影响其动力学的力

坐标,则展开距离 X 为

$$X = \xi_{\mathrm{V}} - \xi_{\mathrm{b}} \tag{5.1}$$

$$\ddot{X} = \ddot{\xi}_{\mathrm{V}} - \ddot{\xi}_{\mathrm{b}} = \dot{V}_{\mathrm{V}} - \dot{V}_{\mathrm{b}} \tag{5.2}$$

展开过程中,进入器(含降落伞展开部分)的运动方程为

$$(m_{\mathrm{V}} + m_{\mathrm{u}}) \dot{V}_{\mathrm{V}} = -(F_D)_{\mathrm{V}} - (F_D)_{\mathrm{u}} - T_B + (m_{\mathrm{V}} + m_{\mathrm{u}})g\sin\gamma - \dot{m}_{\mathrm{u}}\dot{X}$$

$$\dot{V}_{\mathrm{V}} = -\left[\frac{(F_D)_{\mathrm{V}} + (F_D)_{\mathrm{u}} + T_B + \dot{m}_{\mathrm{u}}\dot{X}}{m_{\mathrm{V}} + m_{\mathrm{u}}} - g\sin\gamma \right] \tag{5.3}$$

伞筒的运动方程为

$$m_{\mathrm{e}}\dot{V}_{\mathrm{b}} = -(F_D)_{\mathrm{b}} + F_{\mathrm{re}} + m_{\mathrm{e}}g\sin\gamma - \dot{m}_{\mathrm{u}}\dot{X}$$

$$\dot{V}_{\mathrm{b}} = -\left[\frac{(F_D)_{\mathrm{b}} - F_{\mathrm{re}} + \dot{m}_{\mathrm{u}}\dot{X}}{m_{\mathrm{e}}} - g\sin\gamma \right] \tag{5.4}$$

将式(5.3)、式(5.4)代入式(5.2)中,并应用表达式 $(F_D)_{\mathrm{V}} = C_{DV}A_{\mathrm{V}}q_{\infty}$ 及 $(F_D)_{\mathrm{b}} = C_{Db}A_{\mathrm{b}}q_{\infty}$,忽略 $(F_D)_{\mathrm{u}}$,则方程变为

$$\ddot{X} = \frac{C_{Db}A_{\mathrm{b}}q_{\infty} - F_{\mathrm{re}} + \dot{m}_{\mathrm{u}}\dot{X}}{m_{\mathrm{e}}} - \frac{C_{DV}A_{\mathrm{V}}q_{\infty} + T_B + \dot{m}_{\mathrm{u}}\dot{X}}{m_{\mathrm{V}} + m_{\mathrm{u}}} \tag{5.5}$$

注意到展开的降落伞的质量微元的动量变化可由下式表示(图 5.3):

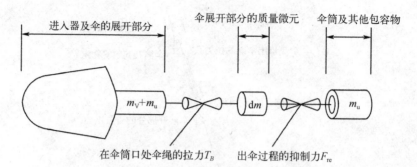

图5.3　伞展开部分质量微元的受力状态

$$(T_B - F_{re}) \mathrm{d}t = \mathrm{d}m(V_V - V_b) \tag{5.6}$$

则可由式(5.6)，T_B 可写作：

$$T_B = F_{re} + \frac{\mathrm{d}m}{\mathrm{d}t}\dot{X} = F_{re} + \frac{\mathrm{d}m}{\mathrm{d}X}\dot{X}^2$$

即

$$T_B = F_{re} + m'\dot{X}^2 \tag{5.7}$$

将式(5.7)代入式(5.5)，得

$$\ddot{X} = \frac{C_{Db}A_b q_\infty - F_{re} + \dot{m}_u \dot{X}}{m_e} - \frac{C_{DV}A_V q_\infty + F_{re} + m'\dot{X}^2 + \dot{m}_u \dot{X}}{m_V + m_u} \tag{5.8}$$

方程式(5.8)便是弹伞筒相对于进入器的精确运动方程。

5.2.2　方程的分析解

为了求出运动方程(5.8)的分析解，需要对该方程作一些简化，这些简化应该是使简化后求得的所需最小弹射速度 $(\Delta V)_{req}$ 误差很小。

在式(5.8)中，一般情况下，$C_{Db}A_b q_\infty \gg \dot{m}_u \dot{X}$，$C_{DV}A_V q_\infty \gg \dot{m}_u \dot{X}$，故可忽略 $\dot{m}_u X$。

于是，式(5.8)变为

$$\ddot{X} = \frac{C_{Db}A_b q_\infty - F_{re}}{m_e} - \frac{C_{DV}A_V q_\infty + F_{re} + m'\dot{X}^2}{m_V + m_u} \tag{5.9}$$

后文按 $\ddot{X}_{bs}$ 取值的不同，分别求方程式(5.9)的分析解。

1. 伞筒脱离时，伞筒相对于进入器的加速度 $\ddot{X}_{bs} \leqslant 0$ 的情况

因为 $\ddot{X}_{bs} \leqslant 0$，所以 $\ddot{X}_{bs}$ 在 $\ddot{X} - X$ 曲线上取值点如图5.4所示。由图5.4可见，在

$0 \leqslant X \leqslant l_{sl} + l_c$ 时，$\ddot{X} \leqslant 0$，故在 $0 \leqslant X \leqslant l_{sl} + l_c$ 时，$\ddot{X}$ 的最大值为 $\ddot{X}_0$；故将 $\dot{X} = \dot{X}_0$ 代入式(5.9)，得出的 ΔV_{req} 将是保守的。

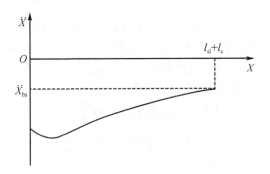

图 5.4　$\ddot{X}_{bs} \leqslant 0$ 时，$\ddot{X} - X$ 的典型曲线

将 $\dot{X} = \dot{X}_0$ 代入式(5.9)得

$$\ddot{X} = \frac{C_{Db}A_b q_\infty - F_{re}}{m_e} - \frac{C_{DV}A_V q_\infty + F_{re} + m'\dot{X}_0^2}{m_V + m_u} \tag{5.10}$$

若 $\dot{X}_{bs} \geqslant 0$，则由于 $\dot{X}$ 是 t 的单调递减函数（$\ddot{X} < 0$），故有 $\dot{X} > 0(0 \leqslant X \leqslant l_{sl} + l_c)$，因此，$X$ 是 t 的单调函数，故可使用变元法，将积分变量由 t 变至 X。

经推导，最后可得

$$(\Delta V)_{req} = \left(\frac{1}{1 - 2\dfrac{m_p}{m_V}}\right)^{\frac{1}{2}} \left\{ \dot{X}_{bs}^2 + 2 \left[\begin{array}{l} \dfrac{q_\infty}{\beta_V}(l_{sl} + l_c) + K_1(F_{re})_1 + K_2(F_{re})_2 + \\[2mm] \dfrac{1}{m_V}(F_{re})_1 l_{sl} + \dfrac{1}{m_V}(F_{re})_2 l_{sl} - K_w C_{Db}A_b q_\infty \end{array} \right] \right\}^{\frac{1}{2}} \tag{5.11}$$

$$K_1 = \int_{X=0}^{X=l_{sl}} \frac{1}{m_e} dX \tag{5.12}$$

$$K_2 = \int_{X=l_{sl}}^{X=l_{sl}+l_c} \frac{1}{m_e} dX \tag{5.13}$$

$$K_3 = \int_{X=0}^{X=l_{sl}+l_c} \frac{\eta}{m_e} dX \tag{5.14}$$

$$\beta_V = \frac{m_V}{C_{DV}A_V}$$

式中，$(F_{re})_1$ 为由展开距离 $X = 0$ 至 $X = l_{sl}$ 间隔上的出伞抵制力；$(F_{re})_2$ 为由展开

距离 $X = l_{sl}$ 至 $X = l_{sl} + l_c$ 间隔上的出伞抵制力。

式 (5.11) 就是在 $\ddot{X}_{bs} \leqslant 0$ 情况下，降落伞开伞所需的最小弹射速度 $(\Delta V)_{req}$ 的计算公式。

2. 伞筒脱离时，伞筒相对于进入器的加速度 $\ddot{X}_{bs} > 0$ 的情况

由于进入器钝底部附近气体回流的作用，在进入器底部附近一定距离内运动的伞筒受到负空气动力阻力（即阻力方向与伞筒运动方向相同）的作用，即 $C_{Db} < 0$，故由式 (5.9) 可知在该距离内，$\ddot{X} < 0$。

故在 $\ddot{X}_{bs} > 0$ 情况下的 $\ddot{X}$ 可表示为（图 5.5）

$$\begin{cases} \ddot{X} < 0, & \text{当} \ 0 \leqslant X < X_f \\ \ddot{X} = 0, & \text{当} \ X = X_f \\ \ddot{X} > 0, & \text{当} \ X_f < X \leqslant l_{sl} + l_c \end{cases} \tag{5.15}$$

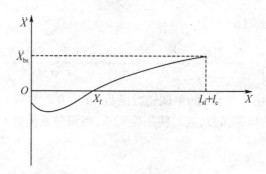

图 5.5　$\ddot{X}_{bs} > 0$ 时，$\ddot{X} - X$ 的典型曲线

1) $\dot{X}_0 > (\Delta V)_{req1}$ 情况下，伞筒在 $0 \leqslant X \leqslant X_f$ 时的速度和位置的分析表达式

下面给出在 $\dot{X}_0 > (\Delta V)_{req1}$ 情况下方程式 (5.9) 的简便表达式。

因为 $\dot{X}_0 > (\Delta V)_{req1}$，所以已弹出进入器的伞筒将不会与进入器重新结合或处于临界状态，故在 $0 \leqslant X \leqslant X_f$ 情况下，X 是 t 的单调递增函数。

由于 X 是 t 的单调函数，故有

$$\mathrm{d}\dot{X} = \ddot{X}\mathrm{d}t = \ddot{X}\frac{\mathrm{d}X}{\dot{X}}$$

因而

$$\dot{X}\mathrm{d}\dot{X} = \ddot{X}\mathrm{d}X$$

将上式两端积分，得

$$\int_{\dot{X}_0}^{\dot{X}} \dot{X}\mathrm{d}\dot{X} = \int_{X_0}^{X} \ddot{X}\mathrm{d}X$$

所以

$$\frac{1}{2}(\dot{X}^2 - \dot{X}_0^2) = \int_{X_0}^{X} \ddot{X} \mathrm{d}X \tag{5.16}$$

若 $0 \leqslant X \leqslant X_f$，则 $\dot{X}_0$ 为 $\dot{X}$ 在 $0 \leqslant X \leqslant X_f$ 情况下最大值。故式(5.9)可化为

$$\ddot{X} = \frac{C_{Db}A_b q_{\infty} - F_{re}}{m_e} - \frac{C_{DV}A_V q_{\infty} + F_{re} + m' \dot{X}_0^2}{m_V + m_u} \tag{5.17}$$

将式(5.17)代入式(5.16)，得

$$\dot{X} = \left[2\int_0^{X} \left(\frac{C_{Db}A_b q_{\infty} - F_{re}}{m_e} - \frac{C_{DV}A_V q_{\infty} + F_{re} + m' \dot{X}_0^2}{m_V + m_u} \right) \mathrm{d}X + \dot{X}_0^2 \right]^{\frac{1}{2}} \tag{5.18}$$

又有

$$\dot{X} = \frac{\mathrm{d}X}{\mathrm{d}t}$$

所以，位置的分析表达式为

$$t = \int_{X_0}^{X} \frac{1}{\dot{X}} \mathrm{d}X + t_0 \tag{5.19}$$

应用式(5.18)算出 $\dot{X} - X$ 的对应关系，再用式(5.19)算出 $t - X$ 的对应关系，则伞筒的 $\dot{X} - t$ 亦可求。

由以上推导可见，式(5.18)和式(5.19)是在 $\dot{X}_0 \geqslant (\Delta V)_{req}$ 及 $0 \leqslant X \leqslant X_f$ 情况下成立的，或是说在 X 为 t 的单调函数的一段区间上成立的。

2）最小弹射速度 $(\Delta V)_{req1}$ 的直接计算公式

现引入弹伞有效尾流长度的概念。

定义：若存在 $X_w < l_{sl} + l_c$，使得当 $X = X_w$ 时由式(5.17)计算出的 $\ddot{X} = 0$，则此 $X = X_w$ 称为弹伞有效尾流长度。

由上述定义可知，若适当选取 $\dot{X}_0$ 使得当 $X = X_w$ 时，$\dot{X} = 0$(也必有 $\ddot{X} = 0$)，则该 $\dot{X}_0$ 即为最小弹伞速度 $(\Delta V)_{req1}$。

故在式(5.18)中当 $X = X_w$ 时，$\dot{X} = 0$，则 $\dot{X}_0 = (\Delta V)_{req1}$；且在 $m_V + m_u$ 项中忽略 m_u 项，故式(5.18)化为

$$\left[(\Delta V)_{req1} \right]^2 = -2\left[A_b q_{\infty} \int_0^{X_w} \frac{C_{Db}}{m_e} \mathrm{d}X - \int_0^{X_w} \frac{F_{re}}{m_e} \mathrm{d}X - \frac{C_{DV}A_V q_{\infty}}{m_V} X_w - \frac{1}{m_V} \int_0^{X_w} F_{re} \mathrm{d}X \right]$$

$$- \frac{2m_w}{m_V} \left[(\Delta V)_{req1} \right]^2$$

所以

$$(\Delta V)_{\text{req1}} = \left(\cfrac{1}{1 - \cfrac{2m_{\text{w}}}{m_{\text{V}}}}\right)^{\frac{1}{2}} \left[2\left(\begin{array}{l}\displaystyle\int_0^{X_{\text{w}}} \frac{F_{\text{re}}}{m_{\text{e}}}\mathrm{d}X + \frac{C_{DV}A_{\text{V}}q_\infty}{m_{\text{V}}}X_{\text{w}} \\[4mm] + \displaystyle\frac{1}{m_{\text{V}}}\int_0^{X_{\text{w}}} F_{\text{re}}\mathrm{d}X - A_{\text{b}}q_\infty\int_0^{X_{\text{w}}} \frac{C_{Db}}{m_{\text{e}}}\mathrm{d}X\end{array}\right)\right]^{\frac{1}{2}}$$

(5.20)

式 (5.20) 就是 $X_{\text{w}} < l_{\text{sl}} + l_{\text{c}}$ 情况下最小弹射速度 $(\Delta V)_{\text{req1}}$ 的一般计算公式。

若 $X_{\text{w}} < l_{\text{sl}}$，则式 (5.20) 可化为

$$(\Delta V)_{\text{req1}} = \left(\cfrac{1}{1 - \cfrac{2m_{\text{w}}}{m_{\text{V}}}}\right)^{\frac{1}{2}} \left\{2\left[K_{\text{r}}(F_{\text{re}})_1 + \frac{q_\infty}{\beta_{\text{V}}}X_{\text{w}} + \frac{(F_{\text{re}})_1}{m_{\text{V}}}X_{\text{w}} - K_{\text{b}}A_{\text{b}}q_\infty\right]\right\}^{\frac{1}{2}}$$

(5.21)

式中，

$$K_{\text{r}} = \int_0^{X_{\text{w}}} \frac{1}{m_{\text{e}}}\mathrm{d}X$$

(5.22)

$$K_{\text{b}} = \int_0^{X_{\text{w}}} \frac{C_{Db}}{m_{\text{e}}}\mathrm{d}X$$

(5.23)

3）对应于最小弹射速度 $(\Delta V)_{\text{req1}}$ 的伞筒脱离速度 $\dot{X}_{\text{bs1}}$ 的计算

在最小弹射速度 $(\Delta V)_{\text{req1}}$ 下弹射，严格地说，伞筒与进入器既不会脱离，也不会重新结合；但如果在 $(\Delta V)_{\text{req1}} + \Delta V$ 速度下弹射（其中 ΔV 为一正值微量），伞筒就会运动到 $X = l_{\text{sl}} + l_{\text{c}}$ 处，使伞完全从伞筒内抽出；此时伞筒相对于进入器速度为 $\dot{X}_{\text{bs1}} + \Delta\dot{X}$。于是，$\lim\limits_{\Delta V \to 0}[\dot{X}_{\text{bs1}} + \Delta\dot{X}] = \dot{X}_{\text{bs1}}$ 称为最小伞筒脱离速度（完全出伞速度）。

因为在完全出伞情况下，X 是 t 的单调函数，所以可以导出与式 (5.11) 相似的结果，即

$$(\Delta V)_{\text{req1}} + \Delta V = \left(\cfrac{1}{1 - 2\cfrac{m_{\text{p}}}{m_{\text{V}}}}\right)^{\frac{1}{2}} \left\{(\dot{X}_{\text{bs1}} + \Delta\dot{X})^2 + 2\left[\begin{array}{l}\displaystyle\frac{q_\infty}{\beta_{\text{V}}}(l_{\text{sl}} + l_{\text{c}}) + K_1(F_{\text{re}})_1 + K_2(F_{\text{re}})_2 \\[4mm] + \displaystyle\frac{1}{m_{\text{V}}}[(F_{\text{re}})_1 l_{\text{sl}} + (F_{\text{re}})_2 l_{\text{c}}] \\[4mm] - K_{\text{u}}C_{Db}A_{\text{b}}q_\infty\end{array}\right]\right\}^{\frac{1}{2}}$$

(5.24)

由式 (5.24) 中解出 $(\dot{X}_{bs1} + \Delta \dot{X})$ ，并令 $\Delta V \to 0$ (此时有 $\Delta \dot{X} \to 0$) ，则得

$$\dot{X}_{bs1} = \left\{ \left[1 - 2 \frac{m_b}{m_V} \right] \left[(\Delta V)_{req1} \right]^2 - 2 \left[\begin{array}{c} \dfrac{q_\infty}{\beta_V} (l_{sl} + l_c) + K_1 (F_{re})_1 + K_2 (F_{re})_2 \\[2mm] + \dfrac{1}{m_V} ((F_{re})_1 l_{sl} + (F_{re})_2 l_c) - K_w C_{Db} A_b q_\infty \end{array} \right] \right\}^{\frac{1}{2}}$$

$$(5.25)$$

式 (5.25) 中的 K_1 、 K_2 、 K_w 由式 (5.12) ~式 (5.14) 确定。

4) $(\Delta V)_{req}$ 的计算

设 $(\dot{X}_{bs})_{min}$ 为保证伞筒与降落伞-进入器组合体脱开 (即拉断绳拉断) 所需的最小伞筒脱离速度, 则在按式 (5.25) 算出 $\dot{X}_{bs1}$ 后可按下述方法确定所需最小弹射速度 $(\Delta V)_{req}$:

若 $\dot{X}_{bs1} \geqslant (\dot{X}_{bs})_{min}$ ，则 $(\Delta V)_{req}$ 取作 $(\Delta V)_{req1}$ 值;

若 $\dot{X}_{bs1} < (\dot{X}_{bs})_{min}$ ，则 $(\Delta V)_{req}$ 取作将 $\dot{X}_{bs} \geqslant (\dot{X}_{bs})_{min}$ 代入式 (5.11) 后, 由式 (5.11) 所确定的 $(\Delta V)_{req}$ 值。

这里应指出, 我们没有讨论在 $0 < X < l_{sl} + l_c$ 时 $\ddot{X} > 0$ 的情况, 因为这种情况对于钝底形进入器来说是不存在的, 可证明如下:

由式 (5.8) 可见, 除含 C_{Db} 的一项外, 其余各项均为负值。因此, 若 $0 \leqslant X \leqslant l_{sl} + l_c$ 时 $\ddot{X} > 0$ ，则在 $0 \leqslant X \leqslant l_{sl} + l_c$ 时 $C_{Db} > 0$ ；但由于在钝底尾流区靠近钝底附近的某一区间 $[0, X_s] (X_s > 0)$ 内, 有 $C_{Db} < 0$ ，这与上述结论矛盾, 故不存在 $\ddot{X}$ $(0 \leqslant X \leqslant l_{sl} + l_c)$ 的情况。

应该指出, 本节所述的降落伞开伞的最小弹射速度 $(\Delta V)_{req}$ 是按本节概述中给出的定义确定的。在工程实践中, 有时还要考虑伞筒与伞分离后, 在接下来的物伞系统工作状态下, 已分离的伞筒是否会与物伞系统相碰的问题。这一问题可由通过分离后各自运动的轨迹的计算而解决。因此, 为了避免弹伞筒与物伞系统相碰, 而有可能适当提高降落伞的开伞弹射速度。

5.3　柔性绳索的多节点质量阻尼弹簧模型

航天器降落伞减速系统中的降落伞、连接绳、捆绑带等均为柔性体结构, 可以将其简化为空间柔性绳索。由于质量阻尼弹簧模型适合对具有柔性大变形性质的绳索类物体进行动力学模拟。因此, 可以针对伞绳、伞衣、连接绳等利用有限元建模思想将其离散化, 然后采用多节点的质量阻尼弹簧模型对有限绳段进行建模。

5.3.1　坐标系定义

对于空间中任意一条绳索, 将其离散为 N 个由阻尼弹簧相互连接的质量节点,

建立地面惯性坐标系 $O_E X_E Y_E Z_E$ 以及各个绳段的体坐标系 $O_n X_n Y_n Z_n (n = 1，\cdots，N)$，如图 5.6 所示。地面惯性系 $O_E X_E Y_E Z_E$ 中 $O_E X_E$ 轴位于水平面内并指向右方，$O_E Y_E$ 轴沿垂直向上方向，$O_E Z_E$ 轴指向由右手法则确定。绳段 n 的体坐标系 $O_n X_n Y_n Z_n$ 的坐标原点为节点 $n-1$，三轴指向分别为绳段 n 的切线方向、主法线方向和副法线方向。

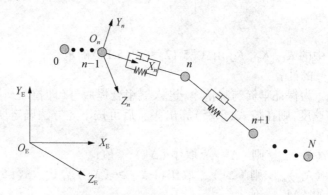

图 5.6　绳段的质量阻尼弹簧模型及坐标定义

设 r_x^i、r_y^i、r_z^i 分别是节点 i 的位置矢量 $\boldsymbol{r}$ 在地面惯性系下的分量，l_i 是绳段 i 的长度，则两者具有如下关系：

$$l_i = \sqrt{(r_x^i - r_x^{i-1})^2 + (r_y^i - r_y^{i-1})^2 + (r_z^i - r_z^{i-1})^2} \tag{5.26}$$

根据姿态转换关系，两者之间还具有以下约束关系：

$$\begin{bmatrix} l_i \\ 0 \\ 0 \end{bmatrix} = \boldsymbol{B}_E^i \begin{bmatrix} r_x^i - r_x^{i-1} \\ r_y^i - r_y^{i-1} \\ r_z^i - r_z^{i-1} \end{bmatrix} \tag{5.27}$$

其中，$\boldsymbol{B}_E^i$ 是地面惯性系和绳段 i 体坐标系的坐标转换矩阵，由地面惯性坐标系到绳段 i 体坐标系的转换关系通过三个欧拉角来确定：偏航角 ψ_i，俯仰角 θ_i，滚转角 ζ_i。转动次序按照 $3-2-1$ 顺序进行，则地面惯性坐标系到第 i 个绳段连体坐标系的转换矩阵 $\boldsymbol{B}_E^i$ 为

$$\boldsymbol{B}_E^i = \begin{bmatrix} \cos\theta_i\cos\psi_i & \sin\zeta_i\sin\theta_i\cos\psi_i - \cos\zeta_i\sin\psi_i & \cos\zeta_i\sin\theta_i\cos\psi_i + \sin\zeta_i\sin\psi_i \\ \cos\theta_i\sin\psi_i & \sin\zeta_i\sin\theta_i\sin\psi_i + \cos\zeta_i\cos\psi_i & \cos\zeta_i\sin\theta_i\sin\psi_i - \sin\zeta_i\cos\psi_i \\ -\sin\theta_i & \sin\zeta_i\cos\theta_i & \cos\zeta_i\cos\theta_i \end{bmatrix}$$

$$\tag{5.28}$$

5.3.2 质量阻尼弹簧模型的动力学方程

在图 5.6 所示模拟伞绳和伞衣的质量阻尼弹簧模型中,质量节点 i 受到重力 $\boldsymbol{F}_{gi}$、张力 $\boldsymbol{F}_{ti}$ 和气动力 $\boldsymbol{F}_{ai}$ 的作用,其动力学方程的矢量形式可表示为

$$m_i \ddot{\boldsymbol{r}}_i = \boldsymbol{F}_{gi} + \boldsymbol{F}_{ti} + \boldsymbol{F}_{ai} + \boldsymbol{F}_{ci} \tag{5.29}$$

式中,$\boldsymbol{F}_{ci}$ 为质量节点 i 所受到的约束力,需要根据约束条件确定。将每个质量节点的动力学方程进行联立,即可建立整个多节点质量阻尼弹簧模型的动力学方程组。各个质量节点的重力、张力和气动力计算模型如下。

1. 质量节点的重力计算模型

质量阻尼弹簧模型中质量节点 $i(i = 1, 2, \cdots, N - 1)$ 的质量用其相邻接的两个绳段质量各取一半的和表示,即

$$m_i = (\rho_i l_{i0} + \rho_{i+1} l_{(i+1)0})/2 \tag{5.30}$$

其中,ρ_i、l_{i0} 和 ρ_{i+1}、$l_{(i+1)0}$ 分别表示第 i 个和第 $i+1$ 个绳段的线密度和原长,第 0 个和第 N 个质量节点的质量为

$$\begin{cases} m_0 = \rho_1 l_{10}/2 \\ m_N = \rho_N l_{N0}/2 \end{cases} \tag{5.31}$$

则质量节点 $i(i = 0, 1, 2, \cdots, N)$ 的重力计算如下式:

$$\boldsymbol{F}_{gi} = m_i \boldsymbol{g} \tag{5.32}$$

2. 质量节点的张力计算模型

由于伞绳和伞衣被视为柔性绳索建模,而绳索具有可拉不可压的力学性质。因此,建模中绳段被视为可拉不可压的阻尼弹簧,第 $i(i = 1, 2, \cdots, N)$ 个绳段所受张力用以下公式计算:

$$T_i = \begin{cases} 0, & \varepsilon_i \leqslant 0 \\ K_i \varepsilon_i + C_i \dot{\varepsilon}_i, & \varepsilon_i > 0 \end{cases} \tag{5.33}$$

式中,ε_i 和 $\dot{\varepsilon}_i$ 为绳段 i 的平均应变及应变速率;K_i 表示绳段 i 的材料弹性模量;C_i 表示绳段 i 的阻尼系数。

绳段的平均应变和应变速率为

$$\begin{cases} \varepsilon_i = \dfrac{l_i - l_{i0}}{l_{i0}} = \dfrac{\| \boldsymbol{r}_i - \boldsymbol{r}_{i-1} \|_2 - l_{i0}}{l_{i0}} \\ \dot{\varepsilon}_i = \dfrac{\dot{l}_i}{l_{i0}} = \dfrac{(\boldsymbol{v}_i - \boldsymbol{v}_{i-1}) \cdot (\boldsymbol{r}_i - \boldsymbol{r}_{i-1})}{l_i l_{i0}} \end{cases} \tag{5.34}$$

式中，l_{i0} 为绳段 i 的原长；$\boldsymbol{r}_{i-1}$、$\boldsymbol{v}_{i-1}$ 和 $\boldsymbol{r}_i$、$\boldsymbol{v}_i$ 分别为质量节点 $i-1$ 和 i 所对应的位置矢量和速度矢量。

在伞绳和伞衣的质量阻尼弹簧模型中，质量节点 $i(i = 1, 2, \cdots, N - 1)$ 所受的张力可表示为

$$\boldsymbol{F}_{ti} = T_{i+1} \frac{(\boldsymbol{r}_{i+1} - \boldsymbol{r}_i)}{l_{i+1}} + T_i \frac{(\boldsymbol{r}_{i-1} - \boldsymbol{r}_i)}{l_i} \tag{5.35}$$

第 0 个和第 N 个质量节点所受的张力为

$$\begin{cases} \boldsymbol{F}_{t0} = T_1 \dfrac{(\boldsymbol{r}_1 - \boldsymbol{r}_0)}{l_1} \\[3mm] \boldsymbol{F}_{tN} = T_N \dfrac{(\boldsymbol{r}_{N-1} - \boldsymbol{r}_N)}{l_N} \end{cases} \tag{5.36}$$

3. 质量节点的气动力计算模型

在求解各绳段的气动力时，将各绳段视为圆柱体，则绳段 $i(i = 1, 2, \cdots, N)$ 的气动力可表示为

$$\boldsymbol{f}_{ai} = - C_{n, i} \frac{\rho d_i l_i}{2} \| \boldsymbol{V}_n^i \|_2 \boldsymbol{V}_n^i - C_{t, i} \frac{\rho d_i l_i}{2} \| \boldsymbol{V}_t^i \|_2 \boldsymbol{V}_t^i \tag{5.37}$$

式中，d_i 为绳段 i 横截面的直径；$\boldsymbol{V}_n^i$ 和 $\boldsymbol{V}_t^i$ 分别为绳段 i 中点相对于气流的法向速度和切向速度；ρ 为大气密度。$C_{n, i}$ 和 $C_{t, i}$ 分别为绳段 i 的法向力系数和切向力系数，采用以下计算方法[72, 73]：

$$C_{n, i} = \begin{cases} 0.0, & Re_{n, i} < 0.01 \\ 0.45 + 5.93/(Re_{n, i})^{0.33}, & 0.01 \leqslant Re_{n, i} < 400 \\ 1.27, & 400 \leqslant Re_{n, i} < 10^5 \\ 0.3, & Re_{n, i} \geqslant 10^5 \end{cases} \tag{5.38}$$

$$C_{t, i} = \begin{cases} 1.88/(Re_{t, i})^{0.74}, & 0.1 < Re_{t, i} \leqslant 100.55 \\ 0.062, & Re_{t, i} > 100.55 \end{cases} \tag{5.39}$$

式中，雷诺数 $Re_{n, i}$、$Re_{t, i}$ 可通过下式计算：

$$\begin{cases} Re_{n, i} = \dfrac{d_i \| \boldsymbol{V}_n^i \|_2}{\nu} \\[3mm] Re_{t, i} = \dfrac{d_i \| \boldsymbol{V}_t^i \|_2}{\nu} \end{cases} \tag{5.40}$$

上式中，ν 为流体的运动黏性系数。

绳段 i 的空速可通过下式计算：

$$V^i = (v_{i-1} + v_i)/2 - V_{wind} \tag{5.41}$$

式中，V_{wind} 为气流速度。

假设绳段所受的气动力平均作用于与它连接的两个质量节点上，则质量节点 $i(i = 1, 2, \cdots, N-1)$ 所受的气动力可表示为

$$F_{ai} = (f_{a,i-1} + f_{ai})/2 \tag{5.42}$$

第 0 个和第 N 个质量节点所受的气动力为

$$\begin{cases} F_{a0} = f_{a1}/2 \\ F_{aN} = f_{aN}/2 \end{cases} \tag{5.43}$$

按照上述模型计算各质量节点的重力、张力和气动力并将其代入方程(5.29)，联立各质量节点的动力学方程即可得到整个多节点质量阻尼弹簧模型的动力学方程组。

5.4　弹伞舱盖拉伞包过程动力学模型

由于弹伞舱盖牵引开伞不是直接将伞舱盖和伞包连接在一起直接弹出，而是伞舱盖弹射分离后先拉直舱盖连接绳和降落伞伞包拖带，再从伞舱中拉起降落伞伞包，然后拉直降落伞。所以，从弹射伞舱盖开始至降落伞完全拉直为止，伞舱盖与伞包的运动大致可以分为三个阶段。

（1）分离初始阶段。伞舱盖弹射分离初期，由于与航天器之间距离较小，伞舱盖与伞包之间的连接绳处于松弛状态，此时，伞舱盖可视为自由运动刚体，运动过程主要受重力及气动力影响，伞包则在伞舱中跟随进入器一起运动，如图 5.7(a)所示。

（2）拉伞包阶段。随着伞舱盖与进入器之间距离的增大，伞包连接带逐渐绷直并产生拉力，在拉力的作用下，伞舱盖分离速度逐渐减小，伞包则沿拉力方向逐渐加速并脱离进入器，同时连接带伸长，当伞包与伞舱盖的速度相同时，连接带长度达到最大，此时连接带所受的拉力也最大，之后在连接带弹性变形逐渐恢复的作用下，伞包的速度将继续增大，并将伞包与进入器之间的吊带拉直，同时伞包与伞舱盖之间的距离逐渐减小，直到小于连接带原长时，连接绳再度松弛，拉伞包过程结束，如图 5.7(b)所示。

（3）伞绳和伞衣拉出阶段。伞包脱离进入器后，当伞包与返回器之间的吊带拉直受力时，伞包解除封包，随着伞包与进入器之间的相对运动逐渐将伞包中的降

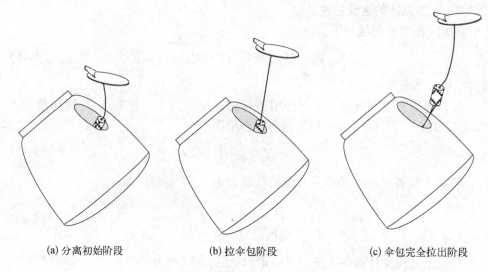

(a) 分离初始阶段　　　　　　(b) 拉伞包阶段　　　　　　(c) 伞包完全拉出阶段

图 5.7　伞舱盖拉伞包过程示意图

落伞拉出,直到降落伞完全拉直,伞舱盖带着伞包与降落伞分离,如图 5.7(c)所示。

　　三个阶段中,第一阶段可以视为伞舱盖与进入器二者之间的分离问题,采用计算流体力学方法通常可以得到较好的仿真结果;第二阶段,受伞包连接带中产生的拉力作用,伞舱盖及伞包运动状态均发生变化,且伞包连接带和伞包受力是整个弹盖拉伞过程中最严重的一个环节,是伞包和连接带强度设计的主要依据;第三阶段,伞包与进入器距离逐渐增大,并通过相对运动逐渐将伞包内降落伞拉出,而且采用弹伞舱盖牵引开伞时,所拉出的降落伞一般是较小的引导伞或减速伞,其拉直过程相对简单,采用简单的直线拉出模型模拟降落伞拉直过程即可。因此,本节主要针对第二阶段进行动力学建模分析。

5.4.1　模型假设和坐标系定义

　　当伞舱盖从进入器中弹射分离时,进入器已处于稳定飞行状态,运动速度与姿态均不会出现剧烈变化,考虑到拉伞包过程持续时间很短,为方便问题描述,模型建立时做出以下假设:

　　(1)进入器已处于稳定状态,忽略速度和姿态的变化;

　　(2)忽略伞包从伞舱中拉出时摩擦力的影响和姿态的变化;

　　(3)减速伞及舱盖伞从伞包中被连续拉出,不考虑非均匀拉出情况;

　　(4)忽略进入器尾流对伞舱盖及减速伞拉直过程的影响。

　　伞舱盖与伞包之间采用伞包连接绳相连,伞包连接绳与伞舱盖之间常用的连接方式有两种:一种将伞包连接绳直接固定于伞舱盖某一连接点,称为单点连接方式,如图 5.8(a)所示;另一种则在伞包连接绳末端分出三根连接带,分别连接伞舱盖上位置不同的三个连接点,称为三点连接方式,如图 5.8(b)所示。

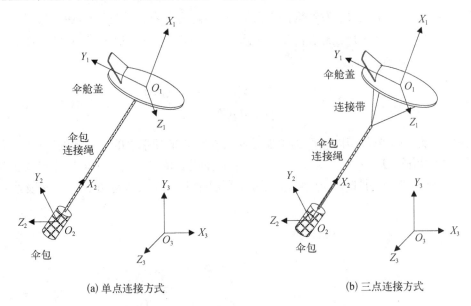

(a) 单点连接方式　　　　　　　　　　(b) 三点连接方式

图 5.8　伞舱盖及伞包坐标系

以单点连接方式为例,建立如图 5.8(a)所示坐标系。

建立伞舱盖体坐标系 $O_1X_1Y_1Z_1$,其中,原点 O_1 位于伞舱盖质心位置,O_1X_1 轴垂直于伞舱盖底部所在平面并指向外表面方向,O_1Y_1 轴位于伞舱盖纵向对称平面内,O_1Z_1 轴方向则由右手法则确定。

沿伞包连接绳两端建立坐标系 $O_2X_2Y_2Z_2$,其中原点 O_2 位于伞包质心,O_2X_2 轴方向沿伞包连接绳指向伞舱盖上的连接点,O_2Y_2 轴位于伞舱盖质心和连接点之间连线与伞包连接绳组成的平面内,O_2Z_2 轴方向由右手法则确定。

建立惯性坐标系 $O_3X_3Y_3Z_3$,规定 O_3Y_3 轴方向沿铅垂线方向指向上方,O_3X_3 轴及 O_3Z_3 轴位于大地平面,分别指向当地北方向与东方向,与 O_3Y_3 轴共同组成右手坐标系。

5.4.2　伞舱盖动力学方程

将伞舱盖视为在流场中运动的六自由度刚体,根据克希霍夫方程,可以将伞舱盖在其体坐标系 $O_1X_1Y_1Z_1$ 中的动力学方程表示为

$$\hat{\boldsymbol{F}}_{C1} = \boldsymbol{\Phi}_1 \dot{\hat{\boldsymbol{V}}}_{C1} + \tilde{\boldsymbol{V}}_{C1} \boldsymbol{\Phi}_1 \hat{\boldsymbol{V}}_{C1} \tag{5.44}$$

式中,下标"1"表示物理量为伞舱盖体坐标系 $O_1X_1Y_1Z_1$ 中的矢量;$\hat{\boldsymbol{F}}_{C1}$ 为广义力矩

阵,可以表示为伞舱盖所受外力矢量 $\boldsymbol{F}_{C1}$ 及力矩矢量 $\boldsymbol{M}_{C1}$ 的组合,即 $\hat{\boldsymbol{F}}_{C1} =$ $[\boldsymbol{F}_{C1} \quad \boldsymbol{M}_{C1}]^{\mathrm{T}}$;$\hat{\boldsymbol{V}}_{C1}$ 为广义速度矩阵,由伞舱盖速度矢量 $\boldsymbol{V}_{C1}$ 及角速度矢量 $\boldsymbol{\omega}_{C1}$ 组成 $\hat{\boldsymbol{V}}_{C1} = [\boldsymbol{V}_{C1} \quad \boldsymbol{\omega}_{C1}]^{\mathrm{T}}$;$\boldsymbol{\Phi}_1$ 为伞舱盖广义惯量矩阵,为伞舱盖质量矩阵 $\boldsymbol{\Phi}_{C1}$ 与附加质量矩阵 $\boldsymbol{\Phi}_{F1}$ 之和,由于伞舱盖在流体中运动产生的附加质量相对较小,可以近似认为 $\boldsymbol{\Phi}_{F1} = 0$,故有

$$\boldsymbol{\Phi}_1 = \boldsymbol{\Phi}_{C1} = \begin{bmatrix} m_C \boldsymbol{E} & m_C \boldsymbol{S}^{\mathrm{T}}(\boldsymbol{p}_C) \\ m_C \boldsymbol{S}(\boldsymbol{p}_C) & \boldsymbol{J}_{C1} \end{bmatrix} \tag{5.45}$$

式中,$\boldsymbol{E}$ 为 3×3 单位矩阵;$\boldsymbol{p}_C$ 为伞舱盖质心在其体坐标系中的位置矢量;$\boldsymbol{S}(\cdot)$ 表示反对称矩阵;$\boldsymbol{J}_{C1}$ 为体坐标系中表示的伞舱盖惯量矩阵。由于体坐标原点位于伞舱盖质心位置,故可知 $\boldsymbol{p}_C$ 为零,由此可以写出伞舱盖广义惯量矩阵 $\boldsymbol{\Phi}_1$ 的表达式如下:

$$\boldsymbol{\Phi}_1 = \begin{bmatrix} m_C & & & & & \\ & m_C & & & & \\ & & m_C & & & \\ & & & J_{CX_1X_1} & J_{CX_1Y_1} & J_{CX_1Z_1} \\ & & & J_{CY_1X_1} & J_{CY_1Y_1} & J_{CY_1Z_1} \\ & & & J_{CZ_1X_1} & J_{CZ_1Y_1} & J_{CZ_1Z_1} \end{bmatrix} \tag{5.46}$$

在拉伞包过程中,伞舱盖所受作用力主要包括自身重力 $\boldsymbol{G}_{C1}$、气动力 $\boldsymbol{F}_{AC1}$ 和伞包连接绳的拉力 $\boldsymbol{F}_{LC1}$,对于三点连接方式,$\boldsymbol{F}_{LC1}$ 为三条连接带中的合力,则 $\boldsymbol{F}_{C1}$ 为

$$\boldsymbol{F}_{C1} = \boldsymbol{G}_{C1} + \boldsymbol{F}_{AC1} + \boldsymbol{F}_{LC1} \tag{5.47}$$

式中,伞舱盖所受气动力 $\boldsymbol{F}_{AC1}$ 又包括阻力 $\boldsymbol{F}_{AC\_D}$、升力 $\boldsymbol{F}_{AC\_L}$ 及侧力 $\boldsymbol{F}_{AC\_C}$,各项气功力的大小可以通过以下公式进行计算:

$$\begin{cases} F_{AC\_D} = \dfrac{1}{2} C_{DC} \rho V^2 S \\[2mm] F_{AC\_L} = \dfrac{1}{2} C_{LC} \rho V^2 S \\[2mm] F_{AC\_C} = \dfrac{1}{2} C_{CC} \rho V^2 S \end{cases} \tag{5.48}$$

式中,C_{DC}、C_{LC} 及 C_{CC} 分别为伞舱盖的阻力系数、升力系数及侧力系数。由于各个气动力系数均与伞舱盖的运动速度、攻角及侧滑角密切相关,在计算时可以采用计算流体力学方法计算各个气动力系数,也可采用风洞试验的结果插值得到。

伞舱盖体坐标原点位于伞舱盖质心,故而相对于体坐标系原点重力力矩为 0,合力矩 M_{C1} 主要包括气动力矩 M_{AC1} 和拉力力矩 M_{LC1},对于单点连接方式有

$$M_{C1} = M_{AC1} + M_{LC1} = p_{AC1} \times F_{AC1} + p_{LC1} \times F_{LC1} \tag{5.49}$$

式中, p_{AC1} 为压心在伞舱盖体坐标中的位矢; p_{LC1} 为连接点在伞舱盖体坐标中的位矢。当伞舱盖与伞包之间采用三点连接时, M_{LC1} 为三条连接带的合力矩。

需要注意的是,采用式(5.44)计算得到的 V_{C1} 为伞舱盖速度在其体坐标系 $O_1 X_1 Y_1 Z_1$ 中矢量形式,在惯性系中的速度矢量 V_{C3} 可以通过体坐标系与惯性坐标系之间的转换关系求出:

$$V_{C3} = B_{31} V_{C1} \tag{5.50}$$

式中, B_{31} 为伞舱盖体坐标系至惯性系的旋转矩阵,可以通过伞舱盖的姿态角求出。

5.4.3　伞包动力学方程

在拉伞包过程中,伞包连接绳处于绷直状态,而伞包可以视为轴线方向始终与伞包连接绳方向保持一致的圆柱体,建模过程中仅需考虑伞包空间坐标位置的变化,根据模型基本假设,可以写出伞包动力学方程如下:

$$m_B \dot{V}_{B3} = F_{B3} \tag{5.51}$$

式中, V_{B3} 为伞包在惯性系中的速度矢量; F_{B3} 为拉伞包过程中合外力矢量,主要包括伞包重力 G_{B3}、伞包连接绳中拉力 F_{LB3}、伞包气动力 F_{AB3}:

$$F_{B3} = G_{B3} + F_{AB3} + F_{LB3} \tag{5.52}$$

其中,伞包气动力分为法向力与轴向力,对应的计算公式分别为

$$Q_{BN} = -\frac{1}{2}\rho_a C_{BN} d_B L_B \mid V_{BN} \mid V_{BN} \tag{5.53}$$

$$Q_{BT} = -\frac{1}{2}\rho_a C_{BT} d_B L_B \mid V_{BT} \mid V_{BT} \tag{5.54}$$

式中, Q_{BN}、Q_{BT} 分别代表伞包所受的法向气动力及轴向气动力; C_{BN}、C_{BT} 分别为法向气动力系数及轴向气动力系数; ρ_a 为大气密度; d_B、L_B 分别为圆柱形伞包的直径及高度; V_{BN} 及 V_{BT} 分别为伞包相对于来流的法向速度及轴向速度。式(5.53)及式(5.54)中的法向力系数及轴向力系数难以精确求得,计算时通常采用工程估算方法,利用式(5.38)和式(5.39)近似计算。

5.4.4　连接约束模型

伞包和伞舱盖之间的伞包连接带的建模思路是将其离散为质量节点,然后利

用质量阻尼弹簧模型进行动力学建模和求解,具体建模过程如 5.3 节所示。

伞舱盖弹射分离拉伞包的过程中,伞舱盖和伞包之间,伞包和进入器之间均存在柔性约束作用,需要建立相关约束模型。

1. 单点连接约束模型

当伞舱盖与伞包之间采用单点连接方式时,伞包连接绳直接固定于伞舱盖上某一连接点。伞舱盖及伞包动力学方程分别如式(5.44)及式(5.51)所示。设伞舱盖连接点在坐标系 $O_1X_1Y_1Z_1$ 中的坐标为 $(X_{tc1},Y_{tc1},Z_{tc1})^{\mathrm{T}}$,则任意时刻连接点在惯性空间中的坐标 $(X_{tc3},Y_{tc3},Z_{tc3})^{\mathrm{T}}$ 可以通过以下公式求出:

$$
\begin{bmatrix} X_{tc3} \\ Y_{tc3} \\ Z_{tc3} \end{bmatrix} = \begin{bmatrix} X_{c3} \\ Y_{c3} \\ Z_{c3} \end{bmatrix} + \boldsymbol{B}_{31} \begin{bmatrix} X_{tc1} \\ Y_{tc1} \\ Z_{tc1} \end{bmatrix} \tag{5.55}
$$

式中,$(X_{c3},Y_{c3},Z_{c3})^{\mathrm{T}}$ 为伞舱盖质心在惯性系中的坐标;$\boldsymbol{B}_{31}$ 为伞舱盖体坐标系至惯性系之间的坐标转换矩阵。

采用同样方法可以得到伞包连接绳在伞包一端的空间坐标:

$$
\begin{bmatrix} X_{tb3} \\ Y_{tb3} \\ Z_{tb3} \end{bmatrix} = \begin{bmatrix} X_{b3} \\ Y_{b3} \\ Z_{b3} \end{bmatrix} + \boldsymbol{B}_{32} \begin{bmatrix} X_{tb2} \\ Y_{tb2} \\ Z_{tb2} \end{bmatrix} \tag{5.56}
$$

式中,$(X_{tb2},Y_{tb2},Z_{tb2})^{\mathrm{T}}$、$(X_{tb3},Y_{tb3},Z_{tb3})^{\mathrm{T}}$ 分别为连接绳与伞包的连接点在伞包体坐标系及惯性系中的坐标;$(X_{b3},Y_{b3},Z_{b3})^{\mathrm{T}}$ 为伞包质心在惯性系中的坐标;$\boldsymbol{B}_{32}$ 为伞包坐标系至惯性系之间的坐标转换矩阵。

两连接点之间的距离即为伞包连接绳长度,可以表示为

$$
l_t = \sqrt{(X_{tc3}-X_{tb3})^2 + (Y_{tc3}-Y_{tb3})^2 + (Z_{tc3}-Z_{tb3})^2} \tag{5.57}
$$

记伞包连接绳原长为 l_0,则当 $l_t < l_0$ 时,伞包连接绳出现松弛。

拉伞包过程中,伞包与进入器之间的相对运动将导致伞绳与伞衣逐渐从伞包中拉出,采用直线拉出模型可以将这一过程中伞包质量的变化率表示为

$$
\dot{m}_{\mathrm{B}} = -\rho_{\mathrm{p}}\dot{l}_{\mathrm{p}} \tag{5.58}
$$

式中,ρ_{p} 为拉出部分降落伞的线密度;$\dot{l}_{\mathrm{p}}$ 为拉出速度,其计算公式为

$$
\dot{l}_{\mathrm{p}} = \frac{(\boldsymbol{V}_{\mathrm{b3}}-\boldsymbol{V}_{\mathrm{f3}})(\boldsymbol{r}_{\mathrm{b3}}-\boldsymbol{r}_{\mathrm{f3}})}{\|\boldsymbol{r}_{\mathrm{b3}}-\boldsymbol{r}_{\mathrm{f3}}\|_2} \tag{5.59}
$$

式中,$\boldsymbol{r}_{\mathrm{b3}}$、$\boldsymbol{r}_{\mathrm{f3}}$ 分别为伞包质心及进入器质心在惯性坐标系中的位矢;$\boldsymbol{V}_{\mathrm{b3}}$、$\boldsymbol{V}_{\mathrm{f3}}$ 分别

为伞包及返回器在惯性系中的速度矢量,其中涉及的进入器相关参数如 $\boldsymbol{V}_{f3}$、$\boldsymbol{r}_{f3}$ 的计算可参考第 4 章相关内容。

2. 三点连接约束模型

伞舱盖与伞包之间另一种连接方式为三点连接,如图 5.9 所示。图 5.9(a) 为伞舱盖上常用的连接点位置分布,将三个连接点分别记为 A_1、A_2、A_3 点,从图中可以看出,连接点 A_1 与 A_2 关于伞舱盖 $X_1O_1Y_1$ 平面对称分布,A_3 点则位于 $X_1O_1Y_1$ 平面之内。与不同连接点相连的三根连接带汇交于 O 点处,并在该点与伞包连接绳相连。当三条连接带处于绷直状态时,O 点恰好位于伞舱盖 O_1X_1 轴负半轴,如图 5.9(b) 所示。

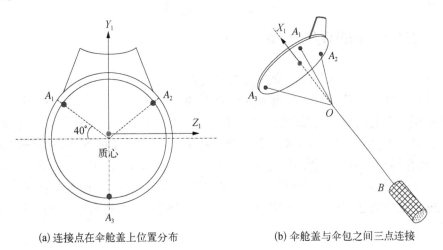

(a) 连接点在伞舱盖上位置分布　　　　　(b) 伞舱盖与伞包之间三点连接

图 5.9　三点连接示意图

伞舱盖与伞包之间采用三点连接时,拉伞包时不同连接带中的拉力可能存在差异。因此,伞舱盖、伞包的运动依然可以通过 5.4.2 节和 5.4.3 节中的动力学方程求解,但为了计算拉伞包过程中不同连接带的拉力,首先必须求得汇交点 O 在空间的坐标位置,目前可用于求解这一问题的方法包括小质点法及平衡点法,见 4.1.5 节。本节在三点连接约束模型求解时采用平衡点方法,设 OA_1 段、OA_2 段、OA_3 段三根连接带原长分别为 l_{10}、l_{20} 及 l_{30},OB 段伞包连接绳原长为 l_{b0},汇交点 O 在惯性空间中的位矢为 $\boldsymbol{r}_O$,根据平衡点假设,则可以写出汇交点处始终存在如下的力平衡方程:

$$T_b \frac{\boldsymbol{r}_B - \boldsymbol{r}_O}{|\,\boldsymbol{r}_B - \boldsymbol{r}_O\,|} + \sum_{i=1}^{3} T_i \frac{\boldsymbol{r}_i - \boldsymbol{r}_O}{|\,\boldsymbol{r}_i - \boldsymbol{r}_O\,|} = 0 \tag{5.60}$$

式中,$\boldsymbol{r}_B$ 为 B 点在惯性空间的位矢;T_b 为伞包连接绳中拉力大小;$\boldsymbol{r}_i$ 为连接点 A_i 在惯性空间的位矢;T_i 则为连接带 OA_i 中产生的拉力。

连接带及伞包连接绳中产生的拉力可以通过式(5.33)进行计算,其中,各连接带及伞包连接绳的应变采用以下公式求解:

$$
\begin{cases}
\varepsilon_{\mathrm{b}} = \dfrac{|\boldsymbol{r}_O - \boldsymbol{r}_B|}{l_{b0}} - 1 \\[3mm]
\varepsilon_i = \dfrac{|\boldsymbol{r}_O - \boldsymbol{r}_i|}{l_{i0}} - 1, \quad i = 1,\ 2,\ 3
\end{cases}
\tag{5.61}
$$

式中,各连接点位矢及伞包位矢可以根据式(5.44)与式(5.55)、式(5.51)分别进行计算。

5.5 柔性绳索的连续模型

在伞舱盖拉伞包以及降落伞拉直充气过程中,伞包连接绳、伞绳、吊带等柔性绳索结构在冲击载荷下会产生很大的作用力,试验中曾经观察到冲击作用下伞绳破损甚至断裂的现象,而传统的静力学理论对此难以做出合理的解释。相比而言,基于偏微分方程建立的连续模型更适合分析绳索在冲击作用下的动力学响应问题,因此在绳索动力学问题的研究中得以广泛应用。20 世纪 70 年代,研究人员曾经建立了降落伞拉直过程简化的一维连续模型分析拉直力[7],而本节将建立柔性绳索的三维空间连续模型,可应用于弹盖分离、拉直和充气过程中伞绳、吊带等绳索结构的冲击动力学分析。

5.5.1 坐标系建立

如图 5.10 所示,空间中的任意绳索均可以近似表示为欧氏空间中的一条正则

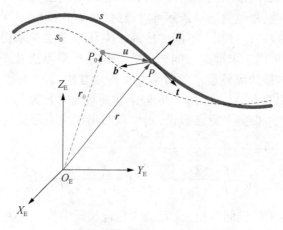

图 5.10 柔性绳索空间坐标系

曲线,以绳长为坐标建立绳索的弦坐标系,则绳索中任意一点的位置均可用该点与起点之间的绳长表示。以当地北天东坐标系 $O_E X_E Y_E Z_E$ 作为惯性参考系。设绳索中一点 P 在弦坐标系中位置为 s,在惯性空间中对应的位矢为 $\boldsymbol{r}$,并且有

$$\boldsymbol{r} = x\boldsymbol{i} + y\boldsymbol{j} + z\boldsymbol{k} \tag{5.62}$$

式中,$\boldsymbol{i}$、$\boldsymbol{j}$、$\boldsymbol{k}$ 为惯性空间三个方向单位矢量;(x, y, z) 为 P 点在惯性空间中的坐标。由空间弧长公式可知,P 点在弦坐标系中位置 s 与空间坐标之间存在以下关系:

$$s = \int_0^p \sqrt{\left(\frac{\partial x}{\partial s}\right)^2 + \left(\frac{\partial y}{\partial s}\right)^2 + \left(\frac{\partial z}{\partial s}\right)^2} \, \mathrm{d}s \tag{5.63}$$

以 P 点为原点可以建立当地 Frenet 坐标系 $Ptnb$。其中,Pt 轴、Pn 轴、Pb 轴分别指向当地切线方向、主法线方向及副法线方向。以 $\boldsymbol{e}_t$、$\boldsymbol{e}_n$、$\boldsymbol{e}_b$ 分别表示三个方向上对应的单位矢量,则根据微分几何知识可知:

$$\boldsymbol{e}_t = \frac{\partial \boldsymbol{r}}{\partial s} \tag{5.64}$$

由空间曲线的 Frenet 公式[74]可知,三个方向上的单位矢量满足以下关系:

$$\frac{\mathrm{d}}{\mathrm{d}s} \begin{bmatrix} \boldsymbol{e}_t \\ \boldsymbol{e}_n \\ \boldsymbol{e}_b \end{bmatrix} = \begin{bmatrix} 0 & \kappa & 0 \\ -\kappa & 0 & \tau \\ 0 & -\tau & 0 \end{bmatrix} \begin{bmatrix} \boldsymbol{e}_t \\ \boldsymbol{e}_n \\ \boldsymbol{e}_b \end{bmatrix} \tag{5.65}$$

式中,κ 与 τ 分别为曲线在 P 点处的曲率和挠率。

惯性系与 Frenet 系之间可以通过绕坐标轴的转动相互转换。设转动次序为 $3-2-1$,三次转动对应的欧拉角分别为 φ、θ 和 ϕ,则可知两个坐标系之间的基矢量满足以下关系式:

$$\begin{bmatrix} \boldsymbol{i} \\ \boldsymbol{j} \\ \boldsymbol{k} \end{bmatrix} = \boldsymbol{B}_{Et} \begin{bmatrix} \boldsymbol{e}_t \\ \boldsymbol{e}_n \\ \boldsymbol{e}_b \end{bmatrix} = \boldsymbol{L}_t(\phi) \boldsymbol{L}_n(\theta) \boldsymbol{L}_b(\varphi) \begin{bmatrix} \boldsymbol{e}_t \\ \boldsymbol{e}_n \\ \boldsymbol{e}_b \end{bmatrix} \tag{5.66}$$

式中,$\boldsymbol{B}_{Et}$ 为 Frenet 系至惯性系的坐标转换矩阵;$\boldsymbol{L}_t$、$\boldsymbol{L}_n$ 及 $\boldsymbol{L}_b$ 分别为绕三个轴转换的基元旋转矩阵。

5.5.2　空间连续绳索的动力学方程

设绳索中 P 点对应的变形前位置为 P_0 点,在惯性空间中的位矢变为 $\boldsymbol{r}_0$,对应坐标为 (x_0, y_0, z_0),记绳索变形后 P 点相对于 P_0 点位移为 $\boldsymbol{u}$,并有

$$u = u_x \boldsymbol{i} + u_y \boldsymbol{j} + u_z \boldsymbol{k} \tag{5.67}$$

绳索变形前后 P_0 点与 P 点之间的空间位矢满足以下关系:

$$\boldsymbol{r} = \boldsymbol{r}_0 + \boldsymbol{u} \tag{5.68}$$

变形前 P_0 点在弦坐标系中的坐标为

$$s_0 = \int_0^{p_0} \sqrt{\left(\frac{\partial x_0}{\partial s_0}\right)^2 + \left(\frac{\partial y_0}{\partial s_0}\right)^2 + \left(\frac{\partial z_0}{\partial s_0}\right)^2} \, \mathrm{d}s_0 \tag{5.69}$$

式(5.63)亦可采用 P_0 点坐标 s_0 表示:

$$s = \int_0^{p} \sqrt{\left(\frac{\partial x}{\partial s_0}\right)^2 + \left(\frac{\partial y}{\partial s_0}\right)^2 + \left(\frac{\partial z}{\partial s_0}\right)^2} \, \mathrm{d}s_0 \tag{5.70}$$

P 处绳索微元产生的应变 ε 满足:

$$\varepsilon = \frac{\mathrm{d}s}{\mathrm{d}s_0} - 1 \tag{5.71}$$

由式(5.70)可以得到应变 ε 的表达式为

$$\varepsilon = \sqrt{\left(\frac{\partial x}{\partial s_0}\right)^2 + \left(\frac{\partial y}{\partial s_0}\right)^2 + \left(\frac{\partial z}{\partial s_0}\right)^2} - 1 \tag{5.72}$$

当绳索小变形条件下,应变 ε 还可以表示成为 P 点相对于 P_0 点位移 $\boldsymbol{u}$ 的形式:

$$
\begin{aligned}
\varepsilon &= \frac{\partial u_x}{\partial s_0} \frac{\partial x_0}{\partial s_0} + \frac{\partial u_y}{\partial s_0} \frac{\partial y_0}{\partial s_0} + \frac{\partial u_z}{\partial s_0} \frac{\partial z_0}{\partial s_0} + \frac{1}{2}\left(\frac{\partial u_x}{\partial s_0}\right)^2 + \frac{1}{2}\left(\frac{\partial u_y}{\partial s_0}\right)^2 + \frac{1}{2}\left(\frac{\partial u_z}{\partial s_0}\right)^2 \\
&= \frac{\partial \boldsymbol{u}}{\partial s_0} \cdot \frac{\partial \boldsymbol{r}_0}{\partial s_0} + \frac{1}{2}\left(\frac{\partial \boldsymbol{u}}{\partial s_0} \cdot \frac{\partial \boldsymbol{u}}{\partial s_0}\right)
\end{aligned}
\tag{5.73}
$$

设变形后绳索长度为 L,容易得到变形后绳索的动能 T 为

$$T = \frac{1}{2}\int_0^{L} \rho A \left(\dot{u}_x^2 + \dot{u}_y^2 + \dot{u}_z^2 \right) \mathrm{d}s \tag{5.74}$$

设绳索材料为各向同性的线弹性材料,弹性模量为 E,则可以得到整条绳索的势能表达式为

$$U = \int_0^{L} \left(\frac{1}{2} E A \varepsilon^2 + \rho A g \right) \mathrm{d}s \tag{5.75}$$

式中,A 为 P 处绳索的截面积。根据绳索的连续性方程可知:

$$A(1 + \varepsilon) = A_0 \tag{5.76}$$

式中，A_0 为变形前绳索在 P_0 点处的截面积。

设 P 点处单位长度绳索所受三个方向的主动力分别为 f_x、f_y 及 f_z，则由广义 Hamilton 原理可知：

$$\delta \int_{t_0}^{t_1} (T - U) \mathrm{d}t + \int_{t_0}^{t_1} \delta W \mathrm{d}t = 0 \tag{5.77}$$

式中，δW 为虚功。根据式(5.77)可以推导得到空间连续绳索的动力学方程为

$$\begin{cases} \rho A_0 \dfrac{\partial^2 u_x}{\partial t^2} = \dfrac{\partial}{\partial s_0}\left[\dfrac{EA\varepsilon}{(1 + \varepsilon)} \dfrac{\partial x}{\partial s_0} \right] + f_x(1 + \varepsilon) \\[3mm] \rho A_0 \dfrac{\partial^2 u_y}{\partial t^2} = \dfrac{\partial}{\partial s_0}\left[\dfrac{EA\varepsilon}{(1 + \varepsilon)} \dfrac{\partial y}{\partial s_0} \right] + f_y(1 + \varepsilon) - \rho A_0 g \\[3mm] \rho A_0 \dfrac{\partial^2 u_z}{\partial t^2} = \dfrac{\partial}{\partial s_0}\left[\dfrac{EA\varepsilon}{(1 + \varepsilon)} \dfrac{\partial z}{\partial s_0} \right] + f_z(1 + \varepsilon) \end{cases} \tag{5.78}$$

5.5.3　连续绳索动力学模型的简化

绳索动力学问题研究中往往将绳索视为平面内运动的曲线，亦即绳索运动过程中挠率 $\tau = 0$。不失一般性，设绳索运动平面为 $O_E X_E Y_E$ 平面，由坐标系定义可知，惯性系与绳索上一点 P 处 Frenet 系之间坐标转换关系变为

$$\begin{bmatrix} i \\ j \end{bmatrix} = \boldsymbol{B}_{\mathrm{Et}} \begin{bmatrix} \boldsymbol{e}_t \\ \boldsymbol{e}_n \end{bmatrix} = \begin{bmatrix} \cos \varphi & \sin \varphi \\ -\sin \varphi & \cos \varphi \end{bmatrix} \begin{bmatrix} \boldsymbol{e}_t \\ \boldsymbol{e}_n \end{bmatrix} \tag{5.79}$$

此时，绳索的动力学方程仅需要取式(5.78)中前两项。

在研究线质量密度绳索的拉伸问题时，如果作用于绳索上的主动力与弹性力相比较小，研究过程中可以忽略绳索的弯曲变形，则绳索动力学模型还可以进一步简化为一维模型，假设绳索与 $O_E X_E$ 轴平行，则有

$$s_0 = x_0, \quad s = x \tag{5.80}$$

将式(5.80)代入绳索动力学方程中可得

$$\rho \frac{\partial^2 u_x}{\partial t^2} = E \frac{\partial^2 u_x}{\partial x^2} \tag{5.81}$$

式(5.81)即为应力波在一维线弹性绳索中传播的控制方程。由于在一维条件下 $u = u_x$，故而式(5.81)还可以表示为

$$\frac{\partial^2 u}{\partial t^2} = \frac{E}{\rho} \frac{\partial^2 u}{\partial x^2} = c^2 \frac{\partial^2 u}{\partial x^2} \tag{5.82}$$

式中，c 为绳索中弹性波传播速度。在定解条件下，即可对式（5.82）中的偏微分方程进行求解。定解条件可分为初始条件与边界条件，初始条件描述了绳索在计算初始时刻的状态，通常表示为

$$\begin{cases} u(x, 0) = u(x) \\ v(x, 0) = v(x) \\ \sigma(x, 0) = \sigma(x) \end{cases} \tag{5.83}$$

边界条件反映了绳索两端受约束情况，常用的主要包括速度边界和应力边界：

$$\begin{cases} v(0, t) = v_0(t), & v(L, t) = v_L(t) \\ \sigma(0, t) = \sigma_0(t), & \sigma(L, t) = \sigma_L(t) \end{cases} \tag{5.84}$$

式中，L 为绳索长度。当边界处速度始终为 0 时，对应的边界条件称为固定端边界；当边界处应力始终为 0 时，对应的边界条件称为自由端边界。

5.6 伞舱盖拉伞包过程的连续模型

在伞舱盖弹射分离后拉伞包时，伞包连接绳由松弛变为绷紧状态，会导致伞舱盖及伞包突然受力，由此形成冲击加载。由于冲击载荷作用下物体的动力学响应与静载荷作用时完全不同，因此，需要建立连续模型对拉伞包过程进行研究。

5.6.1 基本假设

为便于连续模型的建立，在 5.4 节伞舱盖拉伞包过程动力学模型假设的基础上，还需做如下假设：

（1）根据伞包外形将其假设为圆柱体；

（2）伞包连接绳与伞包共轴密接；

（3）伞包仅存在轴向变形，忽略伞包截面积变化产生的效应；

（4）忽略拉伞包过程产生的摩擦力。

5.6.2 坐标系建立

伞舱盖拉伞包过程连续模型建模时涉及的伞舱盖本体坐标系 $O_1 X_1 Y_1 Z_1$ 以及惯性系 $O_3 X_3 Y_3 Z_3$ 可参见 5.4 节定义。此外，模型中还需建立伞包连接绳及伞包局

部 Frenet 系。如图 5.11 所示,伞包连接绳及伞包局部 Frenet 系定义如下：以伞包连接绳与伞舱盖之间的连接点为原点，O_4X_4 轴方向指向伞包连接绳与伞包轴线方向亦即当地切线方向，则可知 O_4X_4 轴方向亦为伞包拉出反方向，O_4Z_4 轴位于惯性坐标系 $X_3O_3Z_3$ 平面内，O_4Y_4 轴与 O_4X_4 轴及 O_4Z_4 轴共同组成右手坐标系。由坐标系定义可知，Frenet 系 $O_4X_4Y_4Z_4$ 与惯性系 $O_3X_3Y_3Z_3$ 之间可以通过绕 O_3Z_3 轴及 O_3Y_3 轴的两次转动进行转换，设两次转动对应的欧拉角分别为 α 及 β，则有

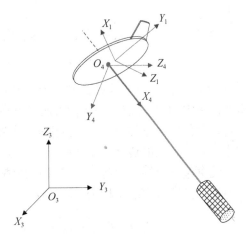

图 5.11 连续模型坐标系示意图

$$\begin{bmatrix} e_{x3} \\ e_{y3} \\ e_{z3} \end{bmatrix} = \boldsymbol{B}_{34} \begin{bmatrix} e_{x4} \\ e_{y4} \\ e_{z4} \end{bmatrix} = \begin{bmatrix} \cos\alpha\cos\beta & \sin\alpha & -\cos\alpha\sin\beta \\ -\sin\alpha\cos\beta & \cos\alpha & \sin\alpha\sin\beta \\ \sin\beta & 0 & \cos\beta \end{bmatrix} \begin{bmatrix} e_{x4} \\ e_{y4} \\ e_{z4} \end{bmatrix} \tag{5.85}$$

式中，$[e_{x3}\ e_{y3}\ e_{z3}]^{\mathrm{T}}$ 及 $[e_{x4}\ e_{y4}\ e_{z4}]^{\mathrm{T}}$ 分别为惯性坐标系及 Frenet 系中的基矢量。

5.6.3 边界条件

采用连续方程求解拉伞包过程动力学问题，需要确定伞包连接绳及伞包两端的边界条件。在拉伞包过程中，伞包底部为自由端，伞包连接绳与伞舱盖固连一端则始终跟随伞舱盖运动，由此可以写出控制方程的边界条件为

$$\begin{cases} \boldsymbol{V}_{\mathrm{r}}\,|_{\,x_4=0} = \boldsymbol{V}_{\mathrm{J}} \\ \sigma\,|_{\,x_4=l_{\mathrm{r}}} = 0 \end{cases} \tag{5.86}$$

式中，$\boldsymbol{V}_{\mathrm{r}}$ 代表相连绳索中各点的运动速度，为时间 t 及坐标 x_4 的函数；$\boldsymbol{V}_{\mathrm{J}}$ 为伞舱盖上连接点位置的运动速度，需要根据伞舱盖的运动状态进行求解；l_{r} 为伞包连接绳与伞包长度之和。以伞舱盖为研究对象，根据克希霍夫方程可以写出伞舱盖在其体坐标系中的动力学方程如下：

$$\dot{\hat{\boldsymbol{V}}}_{\mathrm{C1}} = \boldsymbol{\Phi}_1^{-1}(\hat{\boldsymbol{F}}_{\mathrm{C1}} - \tilde{\hat{\boldsymbol{V}}}_{\mathrm{C1}} \boldsymbol{\Phi}_1 \hat{\boldsymbol{V}}_{\mathrm{C1}}) \tag{5.87}$$

式中，$\dot{\hat{\boldsymbol{V}}}_{\mathrm{C1}}$ 为伞舱盖广义速度矩阵；$\boldsymbol{\Phi}_1$ 为伞舱盖广义质量矩阵；$\hat{\boldsymbol{F}}_{\mathrm{C1}}$ 为伞舱盖广义力矩阵。在拉伞包过程中，伞舱盖所受作用力主要包括连接绳拉力、重力以及气

动力。

伞舱盖上的连接点在惯性系中的速度矢量为

$$V_{J3} = V_{C3} + W_{C1} \times R_{J3} \tag{5.88}$$

式中，V_{J3}、V_{C3} 分别为连接点及伞舱盖在惯性系中的速度矢量；W_{C1} 为伞舱盖在其体坐标系中的角速度矢量；R_{J3} 为连接点在伞舱盖体坐标系中的位矢。

在伞包拉出过程中，伞包连接绳始终处于绷直状态，仅有沿拉出方向的速度分量才会对应力波的传播产生影响，因此，仿真计算时还需要确定拉出方向。

设伞包连接绳与伞舱盖的连接点在惯性系中的坐标为 $(x_{J3}, y_{J3}, z_{J3})^{\mathrm{T}}$，伞包底部中心在惯性系中的坐标为 $(x_{B3}, y_{B3}, z_{B3})^{\mathrm{T}}$，则可知伞包连接绳及伞包全长 l_r 为

$$l_r = \sqrt{(x_{J3} - x_{B3})^2 + (y_{J3} - y_{B3})^2 + (z_{J3} - z_{B3})^2} \tag{5.89}$$

根据 Frenet 系定义可知伞包底部中心点在 Frenet 系中坐标为 $(l_r, 0, 0)^{\mathrm{T}}$，由式(5.85)可知：

$$\begin{bmatrix} x_{J3} - x_{B3} \\ y_{J3} - y_{B3} \\ z_{J3} - z_{B3} \end{bmatrix} = \begin{bmatrix} \cos\alpha\cos\beta & \sin\alpha & -\cos\alpha\sin\beta \\ -\sin\alpha\cos\beta & \cos\alpha & \sin\alpha\sin\beta \\ \sin\beta & 0 & \cos\beta \end{bmatrix} \begin{bmatrix} l_r \\ 0 \\ 0 \end{bmatrix} \tag{5.90}$$

从而可以求得两坐标系之间转换对应的欧拉角为

$$\begin{cases} \alpha = \arctan\left(-\dfrac{y_{J3} - y_{B3}}{x_{J3} - x_{B3}}\right) \\[4mm] \beta = \arcsin\left(\dfrac{z_{J3} - z_{B3}}{l_r}\right) \end{cases} \tag{5.91}$$

由此可以得到伞舱盖连接点处沿拉出方向的速度为

$$V_{Jx4} = V_{Jx3}\cos\alpha\cos\beta - V_{Jy3}\sin\alpha\cos\beta + V_{Jz3}\sin\beta \tag{5.92}$$

式中，V_{Jx4} 为连接点处沿 Frenet 系 O_4X_4 轴方向的速度；V_{Jx3}、V_{Jy3}、V_{Jz3} 为连接点速度在惯性系中三个方向的分量。

5.6.4 初始条件

初始条件可以表示为如下形式：

$$V_r \mid_{t=0} = \begin{cases} V_{J0}, & x_4 = 0 \\ V_{F0}, & 0 < x_4 \leqslant l_{r0} \end{cases} \tag{5.93}$$

式中，V_{J0} 代表仿真初始时刻伞包连接绳在伞舱盖一端连接点处速度矢量；V_{F0} 为

返回器速度矢量；l_{r0} 为伞包与伞包连接绳组合体原长。

5.6.5　模型求解流程

拉伞包过程伞舱盖运动状态的变化会导致伞包连接绳边界条件发生变化，而伞包连接绳中产生的拉力又会影响伞舱盖的运动状态，因此，伞舱盖拉伞包过程是一个动力学与应力波传播相互耦合的复杂物理过程，模型求解过程也需要将动力学方程与波动方程进行耦合求解，求解流程如图 5.12 所示。

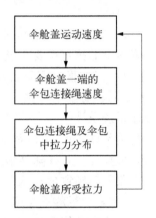

图 5.12　连续模型求解流程图

第 6 章

航天器降落伞拉直动力学与抽打现象

　　降落伞的拉直过程是指从触发开伞到伞系统全长拉直的整个过程,是降落伞工作过程的第一个动作程序。降落伞的拉直需要在极短的时间内按序完成一系列预先设定好的动作,其过程非常复杂。拉直过程是否顺利直接关系到物伞系统工作的可靠性,严重时将影响航天器回收着陆的成败,因此,了解和掌握降落伞拉直过程的动力学特性是降落伞减速系统设计的一个关键环节,也是其设计的基础。

　　由于降落伞开伞时相关的初始条件或状态,以及开伞时环境因素的影响,特别是对于大型降落伞或低密度、超声速降落伞,在降落伞的拉直过程中较容易出现绳帆和抽打等现象。绳帆和抽打现象可能导致伞衣破损、开伞冲击过大、充气时间延长以及非对称充气等不良后果,严重影响降落伞减速系统的开伞可靠性。因此,针对降落伞拉直过程进行动力学分析是降落伞减速系统设计和评定的一项重要工作。

　　本章首先介绍一般降落伞拉直过程的直线拉出模型,然后针对大型降落伞拉直过程建立精细的多阶段多体动力学模型,最后基于对大型降落伞拉直过程中的抽打现象进行分析。

6.1　降落伞直线拉出模型

　　在理想的降落伞拉直过程中,假设伞绳及伞衣按序从伞包内拉出,并且认为在拉直过程中载荷和引导伞在每一瞬时遵循同一的弹道倾角。Wolf 等[30]较早地建立了降落伞在理想情况下拉直过程的动力学模型,仿真结果与试验基本一致,模型中对拉直过程作如下假设:

　　(1) 当拉直过程开始时,上一级降落伞(起引导伞的作用)已经完全张满;

　　(2) 在拉直过程中,拉出的伞绳及伞衣保持直线状态;

　　(3) 降落伞从伞包内连续地拉出,即伞包质量连续地减少;

　　(4) 拉出的伞绳或伞衣呈绷紧状态,始终承受拉力,且忽略气动力;

　　(5) 不考虑载荷尾流区的影响。

在降落伞的拉直过程中,由于伞绳及伞衣从伞包内逐渐拉出,因而对于伞包或已拉出的伞绳及伞衣来说,拉出过程是一个变质量的过程。如图 6.1 所示,将伞包(包括伞绳和伞衣)的质量记为 m_b,载荷的质量记为 m_f,载荷的飞行距离记为 x_f,伞包的飞行距离记为 x_b,速度倾角记为 θ_0,已拉出伞绳的原长记为 l_0,伞绳的线密度记为 ρ_1,周围的大气密度记为 ρ_0,载荷的阻力面积及其阻力系数分别记为 S_f、C_f,引导伞及伞包的阻力面积和阻力系数分别记为 S_b、C_b。将拉直过程中的物伞系统分割为两大部分,前一部分是载荷及拉出的伞绳或伞

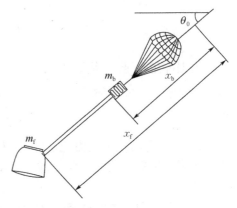

图 6.1　直线拉出过程系统图

衣,后一部分是引导伞及伞包,将前者的质量记为 M_f,后者的质量记为 M_b。Wolf 将前者和后者分别假设为变质量质点,在拉直过程中两者的质量及其变化率分别为

$$M_b = m_b - \rho_1 l_0 \tag{6.1}$$

$$\dot{M}_b = -\rho \dot{l}_0 \tag{6.2}$$

$$M_f = m_f + \rho_1 l_0 \tag{6.3}$$

$$\dot{M}_f = \rho_1 \dot{l}_0 \tag{6.4}$$

根据变质量质点动力学,有

$$F_f = M_f \ddot{x}_f \tag{6.5}$$

$$F_b = m_b \ddot{x}_b + \rho_1(\dot{x}_f - \dot{x}_b) \tag{6.6}$$

把重力、气动阻力及伞绳张力代入式(6.5)、式(6.6),就可以得到如下关系:

$$(m_f + \rho_1 l_0)\ddot{x}_f = (m_f + \rho_1 l_0)g\sin\theta_0 - \frac{\rho C_f S_f(\dot{x}_f)^2}{2} \tag{6.7}$$

$$(m_b - \rho_1 l_0)\ddot{x}_b = (m_b - \rho_1 l_0)g\sin\theta_0 - \frac{\rho C_b S_b(\dot{x}_b)^2}{2} + T - \rho_1 \dot{l}_0(\dot{x}_b - \dot{x}_f) \tag{6.8}$$

在上式中伞绳张力 T 是伞绳应变 ε 的函数,即

$$T = f(\varepsilon) \tag{6.9}$$

伞绳中的应变为

$$\varepsilon = \frac{x_f - x_b}{l_0} \tag{6.10}$$

根据冲量定理,伞绳脱离伞包的速度为

$$\dot{l}_0 = \frac{T - F_r}{\rho_l(\dot{x}_f - \dot{x}_b)} \tag{6.11}$$

式中,F_r 为伞绳的拉出阻力(包括摩擦力和拉断伞绳捆绑带时的平均力)。

在拉直过程的数值计算中,首先要确定进入器的弹道倾角 θ_0,并输入以下初始条件:

(1) 伞绳和伞衣的载荷-应变函数;

(2) 降落伞拉出部分的线质量分布;

(3) 引导伞的质量和气动阻力;

(4) 载荷的质量和气动阻力。

分析表明该模型仿真计算的精度与伞绳伞衣的密度分布、伞绳伞衣的动态载荷-应变关系的准确性等因素有关。

6.2 大型降落伞拉直动力学模型

由于大型降落伞拉直时的长度和拉直时间较长,受开伞时的攻角及气动力等因素影响,在拉直过程中较易出现绳帆现象,同时拉直后的初始充气时间也较长,在伞衣拉直之后,第一股空气团开始从伞衣底部给伞衣充气,并迅速向伞顶推进,在空气团推进的过程中,伞衣顶部会在周围气流的作用下迅速甩动,严重的情况会形成鱼钩状,并出现抽打现象,这种抽打很容易造成伞衣的损伤。由抽打造成的初始损伤,在伞衣继续充气过程中和气动力作用下进一步扩展,从而造成伞衣的损伤破坏,进而影响降落伞工作的可靠性。因此,必须对大型降落伞拉直过程的动力学特性进行研究,并采取相应的针对性控制措施,确保大型降落伞拉直的可靠性。

大型降落伞的拉直过程比较复杂,拉直过程中各阶段构成系统的基元(或者单元)在不断变化,同时载荷、伞包、伞绳、伞衣、牵引伞在各阶段的受力、速度、姿态等状态也各不相同且变化较大。因此,为了能够较好地仿真模拟大型降落伞的拉直过程,需要根据其拉直过程不同阶段的特点,分阶段建立动力学模型。同时,考虑到伞绳和伞衣均是具有柔性大变形的特征,可以利用绳索动力学中有限段的建模思想,将伞绳和伞衣离散化为一定数目的绳段,采用质量阻尼弹簧模型来建立大型降落伞的拉直过程动力学模型。

我国"神舟号"载人飞船主伞的开伞程序基本上是目前最复杂的,因此,本节将以"神舟号"飞船主伞的开伞程序为研究对象,建立其拉直过程的动力学模型[75]。

6.2.1 大型降落伞拉直过程阶段划分

"神舟号"飞船主伞的拉直过程按照特征可划分为 8 个阶段,如图 6.2 所示(图中 DOF 表示自由度)。

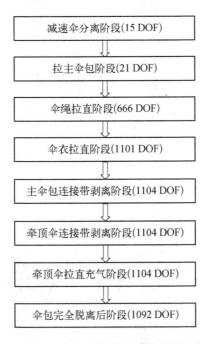

| 减速伞分离阶段(15 DOF) |
| 拉主伞包阶段(21 DOF) |
| 伞绳拉直阶段(666 DOF) |
| 伞衣拉直阶段(1101 DOF) |
| 主伞包连接带剥离阶段(1104 DOF) |
| 牵顶伞连接带剥离阶段(1104 DOF) |
| 牵顶伞拉直充气阶段(1104 DOF) |
| 伞包完全脱离后阶段(1092 DOF) |

图 6.2 飞船主伞拉直过程的阶段划分

"神舟号"飞船主伞的拉直过程中,8 个阶段在时间上首尾相连,构成了主伞的整个拉直和初始充气过程,各阶段的系统结构如图 6.3 所示。在动力学仿真分析时,每一阶段的初始条件是由上一阶段的末端仿真结果确定,仅需提供第一阶段的初始计算条件,仿真程序依次调用各个阶段的仿真模型直至仿真结束,从而完成全过程的仿真计算。

6.2.2 主伞拉直过程各阶段的动力学模型

由于各阶段的系统结构和动力学特点各不相同,因此,必须分别建立各个阶段的动力学模型。建模采用的主要模型假设如下:

(1)减速伞伞衣在拉直过程中为轴对称的,且保持固定形状;

(2)对于减速伞,仅考虑伞衣所产生的气动力,且认为气动压心与伞衣质心重合;

(3)忽略返回舱尾流对拉直过程的影响;

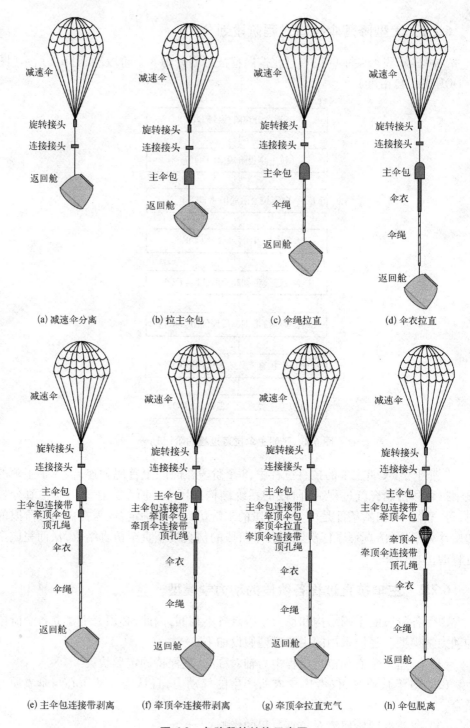

图 6.3　各阶段的结构示意图

（4）忽略主伞包出舱过程中与返回舱之间的摩擦力；

（5）平面大地。

根据以上假设，建立以下大型降落伞拉直过程的阶段动力学模型。

1. 减速伞分离阶段模型

此阶段为：减速伞解锁指令发出后，减速伞解锁装置解锁，减速伞带着连接接头脱离返回舱，直到主伞包被拉动为止。

在减速伞分离阶段，主伞包和返回舱之间无相对运动，被视为一个 6 自由度（DOF）刚体，减速伞被视为 6 自由度刚体，连接接头被视为 3 自由度质点，减速伞和连接接头之间通过吊带约束连接，此阶段系统模型共有 15 个自由度。

返回舱的动力学模型参见 4.1.3 节，减速伞的动力学模型与降落伞动力学方程类似，采用如下形式：

$$
\begin{cases}
F_x = (m + a_{11})\,\dot{V}_x - (m + a_{33})(V_y\omega_z - V_z\omega_y) - mX_g(\omega_y^2 + \omega_z^2) \\
F_y = (m + a_{33})(\dot{V}_y - V_z\omega_x) + (m + a_{11})V_x\omega_z + mX_g(\omega_x\omega_y + \omega_z^2) \\
F_z = (m + a_{33})(\dot{V}_z - V_y\omega_x) - (m + a_{11})V_x\omega_y - mX_g(\omega_y^2 - \omega_x\omega_y) \\
M_x = I_{xx}\,\dot{\omega}_x \\
M_y = (I_{yy} + a_{66})\,\dot{\omega}_y + (I_{xx} - I_{yy} - a_{66})\omega_z\omega_x - mX_g(\dot{V}_z - V_x\omega_y + V_y\omega_x) \\
M_z = (I_{yy} + a_{66})\,\dot{\omega}_z - (I_{xx} - I_{yy} - a_{66})\omega_y\omega_x + mX_g(\dot{V}_y + V_x\omega_z - V_z\omega_x)
\end{cases}
$$

$$(6.12)$$

其中，F_x、F_y、F_z、M_x、M_y、M_z 分别是减速伞所受的外力和外力矩在其体坐标系中的分量；m 为减速伞的质量；I_{xx}、I_{yy} 为减速伞的转动惯量；X_g 为减速伞质心与坐标原点的距离；a_{11}、a_{33}、a_{66} 分别为减速伞的三个附加质量分量；V_x、V_y、V_z、ω_x、ω_y、ω_z 分别为减速伞的速度和角速度在其体坐标系中的分量。

旋转接头和连接接头被视为一个质点，采用 3 自由度质点动力学模型。连接接头的动力学模型为

$$
m\ddot{\boldsymbol{r}} = \boldsymbol{F}_g + \boldsymbol{F}_a + \boldsymbol{F}_c \tag{6.13}
$$

其中，m 为连接接头质量；$\boldsymbol{r}$ 为连接接头位矢；$\boldsymbol{F}_g$ 为连接接头重力；$\boldsymbol{F}_a$ 为连接接头气动力矢量；$\boldsymbol{F}_c$ 为伞绳或吊带的约束力。减速伞和连接接头通过减速伞吊带连接，吊带张力采用式（5.33）计算，吊带的应变 ε 和应变速率 $\dot{\varepsilon}$ 采用下式计算：

$$
\begin{cases}
\varepsilon = \dfrac{\|\boldsymbol{r}\|_2}{l_0} - 1 \\[2mm]
\dot{\varepsilon} = \dfrac{\boldsymbol{r} \cdot \boldsymbol{v}}{\|\boldsymbol{r}\|_2 l_0}
\end{cases}
$$

$$(6.14)$$

式中，r 和 v 分别表示伞绳汇交点到连接接头的相对位置和速度矢量；l_0 表示吊带的原长。

2. 拉主伞包阶段模型

此阶段为：随着减速伞与返回舱的相对运动，减速伞通过连接在连接接头上的主伞包拖带将主伞包拉出伞舱，直到主伞包解除外封包为止。

这一阶段与上一阶段的不同点在于，主伞伞包不能与返回舱看作一体，而必须单独建模。在本阶段，返回舱采用6自由度模型，"减速伞-连接接头-伞包"作为一个运动体系共有15 DOF(减速伞6 DOF、连接接头3 DOF、伞包6 DOF)，整个系统共有21 DOF。减速伞、返回舱、连接接头的动力学模型以及其间的吊带约束模型都与减速伞分离阶段类似。

主伞包采用6自由度刚体模型，其动力学方程如下所示：

$$\begin{cases} F_{Xb} = m_b(\dot{V}_{xb} + \omega_{yb}V_{zb} - \omega_{zb}V_{yb}) \\ F_{Yb} = m_b(\dot{V}_{yb} + \omega_{zb}V_{xb} - \omega_{xb}V_{zb}) \\ F_{Zb} = m_b(\dot{V}_{zb} + \omega_{xb}V_{yb} - \omega_{yb}V_{xb}) \\ M_{Xb} = I_{XXb}\dot{\omega}_{xb} - (I_{YYb} - I_{ZZb})\omega_{yb}\omega_{zb} \\ M_{Yb} = I_{YYb}\dot{\omega}_{yb} - (I_{ZZb} - I_{XXb})\omega_{zb}\omega_{xb} \\ M_{Zb} = I_{ZZb}\dot{\omega}_{zb} - (I_{XXb} - I_{YYb})\omega_{xb}\omega_{yb} \end{cases} \quad (6.15)$$

其中，F_{Xb}、F_{Yb}、F_{Zb} 为伞包所受的外力分量；M_{Xb}、M_{Yb}、M_{Zb} 为伞包所受的外力矩分量；m_b 为伞包质量；V_{xb}、V_{yb}、V_{zb} 为伞包的速度分量；ω_{xb}、ω_{yb}、ω_{zb} 为伞包角速度分量；I_{XXb}、I_{YYb}、I_{ZZb} 为伞包的转动惯量。

主伞包的拖带张力可采用式(5.33)计算，主伞包在运动中所受气动力采用圆柱体的气动力经验公式(5.37)计算，其所受到的气动力矩按照下式计算：

$$\begin{cases} M_b = q_b \pi r^2 h C_{bm} \sin\alpha \cos\alpha \\ C_{bm} = 0.2h/r \end{cases} \quad (6.16)$$

式中，q_b、r、h、α 和 C_{bm} 分别表示主伞包的动压、半径、高度、攻角和气动力矩系数。

3. 伞绳拉直阶段模型

此阶段为：当主伞包相对于返回舱运动到一定距离时，解除主伞包的外封包，连接带和伞绳被依次拉出，伞绳由捆绑带固定在伞包上，在拉直过程中需要将捆绑带拉断。当伞绳被全部拉出，开始解除主伞包的内封包时，此阶段结束。

本阶段与上一阶段的不同之处在于伞包和返回舱之间由伞绳相连，伞包和返回舱都受到伞绳张力的作用。系统的结构形式如下："减速伞(6 DOF)-连接接头

（3 DOF）-伞包（6 DOF）-已拉出的伞绳（3n DOF）-返回舱（6 DOF）"，模型共有21+3n 个自由度（n 为已拉出伞绳节点的数目）。随着伞绳拉出长度的增加，模型中包含的伞绳节点数目也逐渐增加。

本阶段模型中，减速伞、连接接头和返回舱的动力学方程与前几节类似，这里就不再加以赘述。本节重点介绍伞包及伞绳建模中所需要分析的几个问题。

1）伞包动力学模型

在伞绳拉直阶段，伞包是变质量体，即随着伞绳的拉出，伞包的质量和转动惯量也随之发生变化。为简化建模分析，假设包装好的伞包形状为圆柱体。伞包的质量和转动惯量可分为三部分计算：空伞包、伞衣部分和伞绳部分。其中空伞包和伞衣部分的质量及转动惯量在伞绳拉直阶段不变。而伞绳部分的质量和转动惯量则随着拉出伞绳长度的增加而变化。

空伞包可看作一个薄壁空心圆柱体，记其质量为 m_{b1}，则它相对于伞包体坐标系的转动惯量为

$$\begin{cases} I_{xx1} = m_{b1}R^2 \\ I_{yy1} = I_{zz1} = m_{b1}(R^2/2 + h^2/3) \end{cases} \tag{6.17}$$

未拉出的伞绳被简化为圆柱体，其转动惯量计算公式如下：

$$\begin{cases} I_{xx2} = m_s R^2/2 \\ I_{yy2} = I_{zz2} = m_s(3R^2 + h_s^2)/12 \end{cases} \tag{6.18}$$

其中，m_s 和 h_s 分别为未拉出伞绳的质量和其在伞包中的高度。随着伞绳被拉出伞包，m_s 和 h_s 也逐渐减小，二者与已拉出伞绳长度的关系如下：

$$\begin{cases} h_s = (1 - l_t/l_s)h_{s0} \\ m_s = (1 - l_t/l_s)m_{s0} \end{cases} \tag{6.19}$$

其中，l_t 为当前时刻已拉出伞绳的长度；l_s 为伞绳的原长；h_{s0} 为解除封包之前伞绳在伞包中的高度；m_{s0} 为伞绳的质量。

伞衣的转动惯量计算公式与式（6.18）类似：

$$\begin{cases} I_{xx3} = m_c R^2/2 \\ I_{yy3} = I_{zz3} = m_c(3R^2 + h_c^2)/12 \end{cases} \tag{6.20}$$

其中，m_c 和 h_c 分别为未拉出伞衣的质量和在伞包中的高度，计算公式和式（6.19）类似。

根据质心平移定理，将以上三部分惯量张量合成，即可得到伞包的惯量张量：

$$\begin{cases} I_{xx} = I_{xx1} + I_{xx2} + I_{xx3} \\ I_{yy} = I_{zz} = I_{yy1} + I_{yy2} + I_{yy3} \end{cases} \tag{6.21}$$

结合以上分析,可建立伞绳拉直阶段伞包的动力学模型。

2) 伞绳的动力学模型

（1）伞绳节点的划分。

在拉直之前,伞绳和伞衣被交错叠放在伞包内。内封包盖片将伞绳和伞衣部分隔开,伞绳、连接带和部分吊带分为五层叠放在伞包下部,各层之间为交错叠放,并一般利用捆绑带将伞绳和连接带与伞包固定。

伞绳节点的划分需要考虑伞绳和连接带材料上的差异以及在伞包中的叠放,因此各伞绳单元的长度、材料特性并不完全一致,可以根据捆绑情况划分。

（2）伞绳节点的拉出过程。

随着拉直过程的进行,伞绳节点不断由伞包拉出并随系统运动。对于这一过程的建模若采用一般连续拉出模型,即假设伞绳和伞衣节点是由伞包底面中心按序连续拉出,没有两段和多段同时拉出的情况,如图6.4(a)所示。这一模型不能反映伞绳在伞包中的叠放位置对拉直过程的影响,也无法模拟实际中可能出现的部分伞绳和伞衣非连续拉出的情况,即在伞衣拉直过程中可能出现的多个伞衣节点同时"抖出"伞包的情况。为了真实模拟伞绳和伞衣节点的拉出过程,需要采用如图6.4（b)所示的拉出模型。

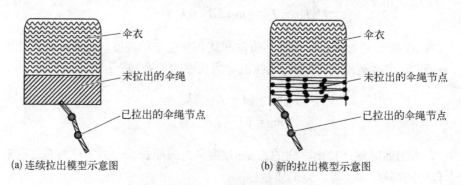

(a) 连续拉出模型示意图　　　　　　(b) 新的拉出模型示意图

图 6.4　伞绳的两种拉出模型示意图

建模中,伞绳节点的初始位置根据伞绳在伞包中的实际叠放位置确定,并且伞绳节点拉出前的位置相对伞包固定。当已拉出伞包的最后一个节点与伞包中相邻的下一个节点之间的距离大于绳段长度时,认为新的伞绳节点被拉动,其动力学方程为

$$m_i \ddot{\boldsymbol{r}}_i = \boldsymbol{F}_{ai} + \boldsymbol{F}_r + \boldsymbol{F}_{gi} + \boldsymbol{F}_{ti} + \boldsymbol{F}_{tie} \tag{6.22}$$

式中, $\boldsymbol{F}_{ai}$、$\boldsymbol{F}_r$、$\boldsymbol{F}_{gi}$、$\boldsymbol{F}_{ti}$ 和 $\boldsymbol{F}_{tie}$ 分别为伞绳节点 i 所受的气动力、与伞包的摩擦力、重

力、伞绳张力以及捆绑带约束力。只有部分伞绳节点受到捆绑带的约束,如果当前节点没有受到捆绑带约束,则忽略 F_{tie}。 建模中采用线弹簧模型模拟捆绑带的约束力,计算公式为

$$F_{tie} = \begin{cases} k\varepsilon, & 0 < \varepsilon < \varepsilon_{max} \\ 0, & \varepsilon \leq 0 \text{ 或 } \varepsilon > \varepsilon_{max} \end{cases} \quad (6.23)$$

其中,ε 为捆绑带的平均应变;ε_{max} 为捆绑带的最大许可应变。当 $\varepsilon > \varepsilon_{max}$ 时,捆绑带断裂,捆绑带的约束力为 0。

（3）伞绳气动力。

第 5.3.2 节中推导了单根绳段的气动力计算模型,但考虑到伞绳是由几十根伞绳组成的一束伞绳,且在拉直过程中伞绳之间存在相互的缠绕和遮挡。因此,采用 Purvis 提出的伞绳气动力近似计算方法,利用缠绕因子 K_T 和遮挡因子 K_{LG} 来表示伞绳的扭转和相互遮挡对伞绳气动力的影响,其计算公式如下:

$$\begin{cases} K_T = \dfrac{2}{M} \sum_{i=1}^{M/2} \cos\left(\dfrac{\pi i}{M}\right) \\ K_{LG} = \dfrac{M+1}{2M} \end{cases} \quad (6.24)$$

式中,M 为伞绳的根数,则伞绳节点 i 的气动力 F_{ai}^M 为

$$F_{ai}^M = K_T K_{LG} M F_{ai} \quad (6.25)$$

其中,F_{ai} 的计算模型见式(5.37)。

4. 伞衣拉直阶段模型

此阶段为:从内封包打开到主伞伞衣和顶孔绳全部拉直为止。在此阶段中,当内封包打开后开始拉直伞衣时,虽然主伞伞衣顶部存在部分捆绑绳约束,但大部分的伞衣仍处于无约束状态折叠于主伞包中。没有捆绑绳约束的部分伞衣会作为一个整体沿伞包的轴线向伞包口滑动,从而可能出现这样一种情形:部分伞衣尽管已经脱离了伞包但却没有被拉直,即可能仍有一部分伞衣是呈盘曲状的。随着伞包和返回舱相对距离的增大,伞衣会在顶部约束伞衣的作用下呈现两头拉的状态。当伞衣被拉直绷紧时,伞衣顶部约束逐渐被解除,顶孔绳被逐渐拉紧。随着顶孔绳上的张力逐渐增大,主伞包连接带开始剥离,本阶段结束。

在伞衣全部离开伞包之前,未拉出的伞衣相对伞包运动,顶部伞衣由于部分存在捆绑绳约束,故随着伞衣向下滑动,顶部受约束伞衣会拉直部分伞衣,这样伞衣就出现"两头拉,中间滑"的运动情况,如图 6.5（a）所示。主伞包和相对滑动伞衣二者构成了一个两体系统,不能再简化成一个六自由度刚体模型。在全部伞衣被拉出伞包之后,空伞包可采用六自由度刚体模型。因此,在全部伞衣节点离开伞包

之前,系统的结构形式为"减速伞(6 DOF)-连接接头(3 DOF)-伞包及未拉出的伞衣(7 DOF)-已拉出的伞衣与伞绳(3n DOF)-返回舱(6 DOF)",系统的总自由度数目为 22+3n(n 为已拉出伞绳节点和伞衣节点的数目之和)。全部伞衣节点离开伞包之后,系统的结构形式为"减速伞(6 DOF)-连接接头(3 DOF)-伞包(6 DOF)-伞衣与伞绳(1 080 DOF)-返回舱(6 DOF)"。与全部伞衣节点离开伞包之前模型的最大差别在于伞包采用了 6 DOF 刚体模型,且伞衣节点与伞包之间的约束不同。

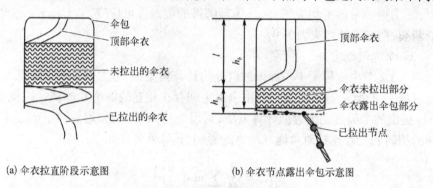

(a) 伞衣拉直阶段示意图   (b) 伞衣节点露出伞包示意图

图 6.5　伞衣的拉出模型示意图

$h_b.$ 伞包高度;$h_y.$ 未拉出伞衣的高度;$l.$ 伞衣相对于伞包的运动的距离

1) 伞衣节点划分

伞衣节点的划分需要考虑伞衣在伞包中叠放次序,同时还必须考虑伞衣不同部分结构上的变化,即伞衣的环缝和环帆结构。由于环帆伞结构上的特点,使得伞衣各个部分在质量特性、单元的材料特性等方面存在突变,与周围部分差异较大。在建模中主要通过增加伞衣节点的数目来解决这个问题,从而保证了在单元长度尽量均匀的前提下,伞衣各个部分的性质都在节点划分中有所反映。

2) 未拉出伞衣和伞包的相对滑动模型

建模中将未拉出的伞衣和空伞包分别视为六自由度刚体,在拉出伞衣的同时,未拉出伞衣沿伞包轴线运动,故系统共有 7 个自由度。利用凯恩方法建立该多体系统的动力学模型,形式如下:

$$
\begin{bmatrix}
\dot{v}_{xb} \\
\dot{v}_{yb} \\
\dot{v}_{zb} \\
\dot{\omega}_{xb} \\
\dot{\omega}_{yb} \\
\dot{\omega}_{zb} \\
\ddot{l}
\end{bmatrix}
=
\begin{bmatrix}
(B_0 - B_6)/m_1 \\
(B_1 I_{zz} - B_5 t_1)/t_3 \\
(B_2 I_{yy} + B_4 t_1)/t_2 \\
B_3/I_{xx} \\
(B_2 t_1 + B_4 m)/t_2 \\
-(B_1 t_1 - B_5 m)/t_3 \\
(B_6 m + B_1 m_2)/m_1 m_2
\end{bmatrix}
\tag{6.26}
$$

其中，v_{xb}、v_{yb}、v_{zb} 分别为伞包质心速度在伞包体坐标系的分量；ω_{xb}、ω_{yb}、ω_{zb} 分别为伞包角速度在其体坐标系上的分量；l 为未拉出伞衣相对伞包移动的距离；m_1、m_2 分别为空伞包和未拉出伞衣的质量，在拉直过程中 m_2 在不断变化，$m = m_1 + m_2$。其他参数形式如下：

$$
\begin{bmatrix} B_0 \\ B_1 \\ B_2 \\ B_3 \\ B_4 \\ B_5 \\ B_6 \end{bmatrix} = \begin{bmatrix} F_{1x} + F_{2x} - (m_2 a_{2x} + m_1 a_{1x}) \\ F_{1y} + F_{2y} - (m_2 a_{2y} + m_1 a_{1y}) \\ F_{1z} + F_{2z} - (m_2 a_{2z} + m_1 a_{1z}) \\ M_{1x} + M_{2x} \\ M_{1y} + M_{2y} - F_{2z} l + m_2 l a_{2z} \\ M_{1z} + M_{2z} + F_{2y} l - m_2 l a_{2y} \\ F_{2x} - m_2 a_{2x} \end{bmatrix} \tag{6.27}
$$

$$
\begin{bmatrix} t_1 \\ t_2 \\ t_3 \end{bmatrix} = \begin{bmatrix} m_2 l \\ m I_{yyb} - m_2^2 l^2 \\ m I_{zzb} - m_2^2 l^2 \end{bmatrix} \tag{6.28}
$$

$$
\begin{bmatrix} a_{1x} \\ a_{1y} \\ a_{1z} \end{bmatrix} = \begin{bmatrix} \omega_{yb} v_{zb} - \omega_{zb} v_{yb} \\ \omega_{zb} v_{xb} - \omega_{xb} v_{zb} \\ \omega_{xb} v_{yb} - \omega_{yb} v_{xb} \end{bmatrix} \tag{6.29}
$$

$$
\begin{bmatrix} a_{2x} \\ a_{2y} \\ a_{2z} \end{bmatrix} = \begin{bmatrix} a_{1x} \\ a_{1y} \\ a_{1z} \end{bmatrix} + \begin{bmatrix} - l(\omega_{yb}^2 + \omega_{zb}^2) \\ 2 \dot{l} \omega_{zb} + l \omega_{xb} \omega_{yb} \\ - 2 \dot{l} \omega_{yb} + l \omega_{xb} \omega_{zb} \end{bmatrix} \tag{6.30}
$$

$$
\begin{bmatrix} I_{xxb} \\ I_{yyb} \\ I_{zzb} \end{bmatrix} = \begin{bmatrix} I_{xx1} \\ I_{yy1} \\ I_{zz1} \end{bmatrix} + \begin{bmatrix} I_{xx2} \\ I_{yy2} \\ I_{zz2} \end{bmatrix} \tag{6.31}
$$

其中，F_{1x}、F_{1y}、F_{1z}、M_{1x}、M_{1y}、M_{1z} 和 F_{2x}、F_{2y}、F_{2z}、M_{2x}、M_{2y}、M_{2z} 分别为空伞包和伞衣所受的外力和外力矩在其体坐标系上的分量；I_{xx1}、I_{yy1}、I_{zz1} 和 I_{xx2}、I_{yy2}、I_{zz2} 分别为空伞包和未拉出伞衣绕体系三轴的转动惯量。

3）伞衣的气动力计算

伞衣段的气动力计算如公式（5.37）所示，式中伞衣段的横截面的直径 d_i 是影响伞衣段气动力的主要因素。由于各帆伞衣的大小不同，d_i 近似采用如下公式计算：

$$d_i = k_d \frac{S_d}{L_d} \tag{6.32}$$

其中，S_d 为伞衣段所在的环帆单幅伞衣的面积；L_d 为该伞衣段所在环帆的长度；k_d 为经验系数。

4）伞衣拉出阻力的计算模型

伞衣在拉出过程中存在拉出阻力的作用。拉出阻力一部分是由未拉出伞衣整体与伞包之间的摩擦阻力引起，另一部分是由于伞衣的快速拉出会造成伞包内部压力减小，从而引起未拉出伞衣整体受到内外压差引起的压差阻力，可采用以下计算模型：

$$\begin{cases} F_r = F_m + (p_\infty - p_n)A_b \\ F_m = k_m v \\ p_n = p_\infty / (1 + k_n v) \end{cases} \tag{6.33}$$

其中，F_r 表示伞衣的拉出阻力；F_m 表示摩擦阻力；v 为伞衣的拉出速度；p_∞ 和 p_n 分别为外部大气压力和伞包内部的压力；A_b 表示伞包的横截面积；k_m 和 k_n 为常系数。

5）伞衣的拉出过程模型

内封包解开后，伞衣一边由顶部和底部两边拉直，一边沿伞包轴线运动。在全部伞衣被拉出之前，伞衣的未拉出处于折叠状态部分将向伞包口运动，从而可能会有部分伞衣节点呈盘曲状离开伞包，如图 6.5（b）所示，下面将针对这种情况建立相关的动力学模型。

伞包高度为 h_b，未拉出伞衣的高度为 h_y，伞衣相对于伞包的运动的距离为 l，拉直开始伞衣的高度为 h_0，伞衣的折叠全长为 l_y，则露出伞包部分伞衣的长度可表示为

$$dl = \frac{h_y + l - h_b}{h_0} l_y \tag{6.34}$$

记已拉出的伞衣长度为 l_1，故露出伞包的伞衣为 l_1 到 $l_1 + dl$ 之间的部分。由此可确定处于 dl 部分的伞衣节点的数目以及各自的位置、质量特性、绳段的材料特性等参数，将节点加入已拉出伞衣部分的运动方程组即可。

5. 主伞包连接带剥离阶段

此阶段为：主伞顶孔绳牵引牵顶伞包向主伞包外运动，并将主伞包连接带的剥离结构剥离，使牵顶伞包拉到主伞包外。系统的结构形式为"减速伞（6 DOF）-连接接头（3 DOF）-伞包（6 DOF）-主伞包连接带-牵顶伞包-伞衣与伞绳（1 080 DOF）-返回舱（6 DOF）"。

为了防止牵顶伞拉直过程中与主伞包之间发生摩擦或缠绕,牵顶伞伞包与主伞包之间通过一根主伞包连接带连接。主伞包连接带采用剥离带结构形式,避免牵顶伞伞包拉出主伞包过程中产生过大的冲击载荷。当两个运动实体之间存在剥离约束时,剥离带能够对实体产生连续的拉力,一般为常值,即

$$F = F_P, \quad l_0 < l_P < l_1 \tag{6.35}$$

式中,F_P 表示剥离力;l_0 表示开始剥离时的吊带长度;l_1 表示剥离结束时的吊带长度;l_P 表示剥离长度。

6. 牵顶伞连接带剥离阶段

此阶段为:在减速伞和主伞的共同牵引下,牵顶伞包上的剥离结构剥离。系统的结构形式为"减速伞(6 DOF)-连接接头(3 DOF)-伞包(6 DOF)-主伞包连接带-牵顶伞包-牵顶伞包连接带-伞衣与伞绳(1 080 DOF)-返回舱(6 DOF)"。

由于牵顶伞连接带的剥离结构不连续,中间存在自由部分,因此在建模中可以简单认为如果连接带处于剥离阶段,则 $F = F_P$,其中 F_P 为剥离带所产生的力;如果连接带处于自由阶段,则 $F = 0$。

7. 牵顶伞拉直充气阶段

此阶段为:牵顶伞连接带剥离完毕后,将牵顶伞从牵顶伞内包中按照先伞绳后伞衣的顺序拉出,然后牵顶伞迅速充气。系统的结构形式为"减速伞(6 DOF)-连接接头(3 DOF)-伞包(6 DOF)-主伞包连接带-牵顶伞包-牵顶伞-牵顶伞包连接带-伞衣与伞绳(1 080 DOF)-返回舱(6 DOF)"。

由于牵顶伞伞包很小且牵顶伞拉直充气时间很短,故建模中将牵顶伞伞包视为质点,牵顶伞拉直采用直线拉出模型,其动力学方程如式(4.25)所示。牵顶伞充气时间很短,其充气过程中的阻力面积可近似为线性变化,即

$$S = S_0 \cdot \left(\frac{t}{t_0} \right) \tag{6.36}$$

式中,S 表示充气面积;S_0 表示牵顶伞全充满时的阻力面积;t 表示充气时间;t_0 表示牵顶伞全充满所用时间。

8. 伞包脱离后阶段

此阶段为:牵顶伞拉直和迅速充气后,减速伞系统(包括主伞包和牵顶伞伞包)与返回舱系统(包括拖带、伞绳、伞衣和牵顶伞)迅速分离。在此阶段,由于气流由主伞伞衣底部进入伞衣,下部充气部分的伞衣长度逐渐增大,未充气部分伞衣的长度逐渐减小。已经充气的伞衣与未充气的伞衣在质量特性、受力等方面都差异很大,且初始充气涉及复杂的流固耦合力学现象,故建模中没有考虑初始充气的影响,以主伞初始充气的完成作为本阶段的结束时刻。

建模中认为当主伞伞衣初始充气完成时,伞衣顶部不会再发生甩动,整个仿真

结束,伞衣初始充气所需要的时间 t_f 用下式计算:

$$t_f = -\frac{L}{U}\ln\frac{(Z_0 - 1)e^{l/L} + \sqrt{(Z_0 - 1)^2 e^{2l/L} + 4Z_0}}{2Z_0} \tag{6.37}$$

式中,L 表示主伞伞衣长度;l 表示伞衣底边到伞衣顶端的距离;e 是自然常数;$\ln(\cdot)$ 表示自然对数;相关参数 U 和 Z_0 的取值范围为 $0.25 < Z_0 < 0.66$,$0.21u_\infty < U < 0.62u_\infty$,$u_\infty$ 为进气口气流速度[76]。

至此,大型降落伞拉直过程的各阶段建模全部完成。仿真中只需给出返回舱和减速伞的初始状态参数,即可开始第一阶段的仿真计算,以后各阶段的初始条件由前一阶段的仿真终端计算结果确定,各个阶段依次计算直至拉直结束。

6.3 大型降落伞拉直过程中的抽打现象分析

抽打现象是降落伞在拉直开伞过程中,顶部伞衣发生剧烈甩动并可能抽打到下部伞衣的一种现象。抽打现象的形成严重影响了降落伞减速系统的安全可靠性,国外曾出现过几次大型降落伞在回收过程中因发生抽打现象而导致回收任务失败的案例。我国载人飞船回收着陆系统的空投试验录像也表明,少数架次的空投试验存在不同程度的抽打现象。降落伞的拉直开伞过程是降落伞最关键和最复杂的一个工作过程,特别是对于"神舟号"载人飞船的大型主伞,其拉直总长约七十米,其开伞过程尤为复杂,其拉直和初始充气时间较长。在伞衣拉直之后,第一股空气团开始从伞衣底部给伞衣充气,并迅速向伞顶推进,在气流推进的过程中,伞衣顶部会在周围气流的作用下迅速甩动,严重的情况会形成鱼钩状,并出现抽打现象,这种抽打很容易造成伞衣的损伤。由抽打造成的初始损伤,在伞衣继续充气过程中,在气动力作用下,进一步扩展,从而造成伞衣的损伤破坏。图 6.6 是"神舟号"载人飞船主降落伞在拉直过程中的空间运动,从图中可以看出伞衣顶部存在着较为明显的甩动,且幅度较大,可以认为其形成了明显的抽打现象。为了避免伞衣顶部的抽打,"神舟号"载人飞船在主伞顶部增设了一顶牵顶伞,依靠牵顶伞的气动阻力,给主伞顶部提供一定的牵引力。然而由于在主伞初始充气的时间内,牵顶伞需位于主伞尾流区以外才能达到应有效果,这势必要求牵顶伞与主伞顶部之间的连接带需要有足够的长度。为了确保在牵顶伞及其连接带从伞包拉出的时间内,也能对主伞顶部施加牵引力,从而对主伞顶部实施有效的控制,连接带设计成了剥离带的结构形式,同时与伞包进行了一体化结构设计,确保牵顶伞在连接剥离带剥离之后才工作。通过采用这种牵顶伞与剥离带相结合的预充气控制技术,实现了拉直初始充气过程中,对主伞顶部的全时段有效控制,解决了主伞顶部抽打现象的发生。

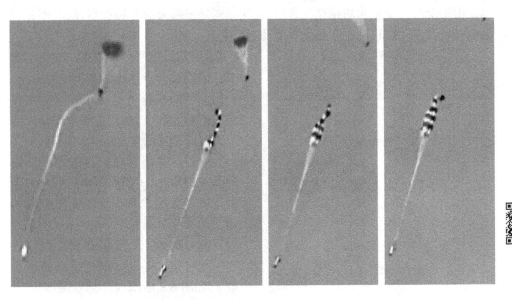

图 6.6　主伞顶部无牵顶伞状态下的伞衣运动

从空投试验录像上看,抽打现象主要表现为伞衣全部拉出后其顶部出现了剧烈的甩动现象,第一次甩动尤其明显。限于试验和测量手段,对抽打现象进行更深入细致的试验研究存在很大困难,结合现有试验结果的理论和仿真分析可以对抽打现象有更深层次的认识和理解。

6.3.1　抽打现象的特征参数定义

抽打现象主要表现为主伞伞衣顶部的剧烈甩动,为了便于描述和分析抽打现象的特征,一般采用伞衣位形、抽打速度、抽打幅度和抽打弧度四个状态量对抽打现象的特征和严重程度进行度量,如图 6.7 所示,这四个特征状态变量的定义如下。

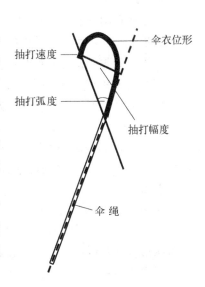

图 6.7　状态参数示意图

伞衣位形:伞衣节点在空间的位置分布和构形。此状态变量可以直观地表现伞衣位置和形状上的变化。

抽打速度:伞衣顶部节点的速度。由于抽打现象形成时伞衣以其顶部节点的速度变化最为剧烈,故此状态变量可以在一定程度上反映抽打现象的严重程度。

抽打幅度:伞衣顶部节点偏离伞绳直线的距

143

离。由于伞衣在拉直和初始充气阶段,伞绳基本处于绷紧的直线状态,故利用此状态变量可以在一定程度上度量伞衣甩动的尺寸。

图 6.8　绳帆现象与偏离距离

抽打弧度:伞衣顶部节点与底部节点的连线与呈直线状态伞绳的夹角。利用此状态变量可以一定程度上度量伞衣的弯曲程度,最严重是顶部伞衣抽打到下部伞衣的情况。

为描述降落伞在拉直过程中形成的绳帆现象,引入偏离距离的概念来度量绳帆现象的严重程度。偏离距离的定义如下。

偏离距离:伞绳和伞衣在拉直过程中所有节点与直线 BP 距离的最大值 d,如图 6.8 所示,利用偏离距离可以度量伞绳和伞衣在拉直过程中偏离拉直方向的程度。

6.3.2　抽打现象的特点分析

利用 6.2 节所建立的"神舟号"飞船大型主伞拉直过程的动力学模型,仿真分析抽打现象的伞衣位形和速度特征。

1. 伞衣位形

图 6.9 和图 6.10 分别是形成抽打现象和没有形成抽打现象的伞衣位形的典型特征,图中 x 方向表示返回舱初始运动速度方向,y 方向表示垂直大地平面的高度方向,伞衣顶部的甩动主要发生在 xy 平面内,时间零点为减速伞分离时刻。

对比图 6.9 和图 6.10 可知,发生抽打现象时伞衣顶部首先有明显的向左甩动,甩动到一定程度后,开始向相反方向即向右甩动,一般经历两次甩动之后主伞初始充气完成,伞衣不再甩动。图 6.10 则显示伞衣顶部存在一定尺度的左右摆动,但幅度较小,故认为没有形成抽打现象。同时,两图的比较结果也说明,伞衣顶部的小幅度甩动是较为普遍的现象,但形成抽打现象时的甩动幅度较大且较为剧烈。

2. 抽打速度

采用伞衣顶部节点的速度来表征抽打速度。一般发生抽打现象时,伞衣顶部节点速度远大于返回舱下降速度,存在一个较大的水平方向的甩动速度,比如在飞船主伞某次形成抽打现象特征的空投试验中发现主伞顶部节点速度峰值在 x 轴和 y 轴都达到了 200 m/s 左右;而在没有形成抽打现象时,伞衣顶部节点速度与返回舱的速度基本一致,且水平方向的速度很小,反映了其仅存在小幅度的甩动且很快衰减。

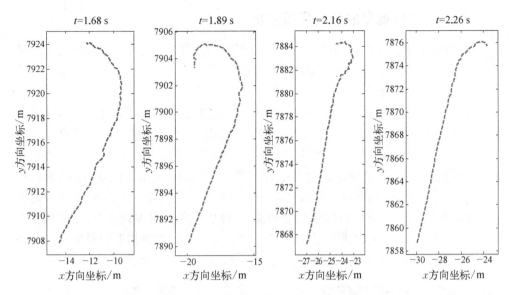

图 6.9　形成抽打现象的伞衣运动轨迹

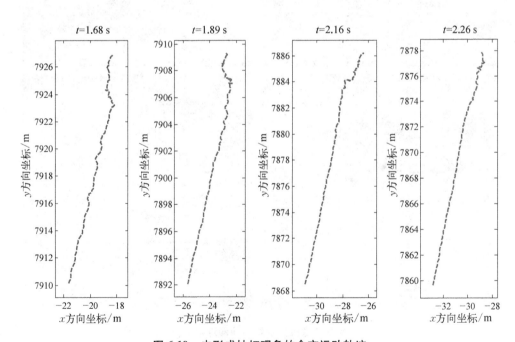

图 6.10　未形成抽打现象的伞衣运动轨迹

6.3.3 抽打现象的形成原因分析

抽打现象是发生在大型降落伞拉直过程中的一种力学现象,大型降落伞的抽打现象与日常生活中的抽鞭现象存在类似的特征。

1. 生活中的抽鞭现象分析

抽鞭现象(whip crack)是一种鞭梢速度剧烈增大至超声速从而产生激波的现象。早在 1905 年,Lummer[77] 就提出产生抽鞭的原因是鞭梢速度超过了声速从而产生了激波,但限于测量技术水平的限制,直到 1996 年,Krehl 等[78] 才利用高速摄像机拍摄到比较完整和清晰的抽鞭过程图像,如图 6.11 所示。图 6.11(a) 为抽鞭过程的初始阶段,鞭绳弯曲;图 6.11(b) 中鞭梢部分速度处于 $Ma=0.85$ 的跨声速阶段;在图 6.11(c) 中,波已经传播至鞭梢部位,鞭梢速度达到 $Ma=2.19$,在鞭梢顶部有激波形成;激波产生后,鞭梢速度迅速下降,与此同时,在鞭梢部位形成一个反向波,将能量由鞭梢部分向鞭柄部分传递,如图 6.11(d)~(f) 所示。

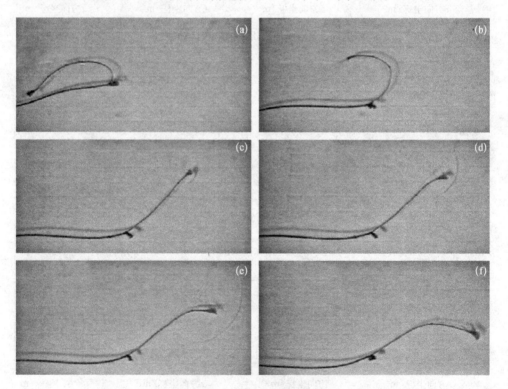

图 6.11 高速摄像机拍摄到的抽鞭过程中鞭梢的运动

Krehl 通过对录像的分析,得到了抽鞭过程中鞭梢速度变化曲线,如图 6.12 所示。

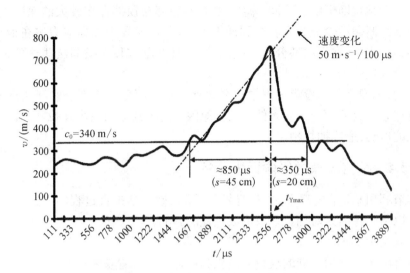

图 6.12　抽鞭过程鞭梢速度变化曲线

从图 6.12 中可以看出,在抽鞭末期激波即将形成时,鞭梢速度会在 0.85 ms 内由 340 m/s 迅速增至 744 m/s($Ma = 2.19$),加速度最大可以达到 $50\,000g$。当激波发射出去后,鞭梢速度迅速减少,约在 0.35 ms 内由最大值降至亚声速。从 Krehl 拍摄到的抽鞭过程图像中还可以看出,在抽鞭发生时,发生剧烈甩动的只有鞭梢部位一段。

2. 降落伞拉直过程中的抽打现象分析

在"神舟号"飞船回收系统的若干次空投试验中,观察到抽打现象的发生。通过对比分析,可以发现大型降落伞的抽打现象与抽鞭之间存在较多的相似之处。

(1)材料特性。降落伞伞衣为柔性体,且在拉直结束后,伞衣未充气部分尚未展开,可以近似为弹性绳索考虑。

(2)质量分布。降落伞在折叠未展开之前可以视为弹性绳,并且沿着伞顶孔方向,单位长度的伞衣质量不断减小。

(3)初始条件。大型降落伞在拉直过程中易受周围环境中随机因素的影响产生弯曲。如在"神舟号"飞船回收过程中主伞拉直后期,由于减速伞、主伞伞包两体系统速度低,质量轻,易受周围风场的影响,导致拉直过程中伞绳伞衣易产生弯曲,产生绳帆现象。

基于以上对大型降落伞拉直过程的试验现象观察和理论分析,抽打现象的形成原因可以归纳为以下两点:

(1)伞衣完全拉出瞬间存在绳帆现象,伞绳和伞衣拉直过程中的绳帆现象越严重,抽打现象也越严重;

（2）伞顶拉断绳断裂瞬间,伞绳、伞衣的底部与顶部存在较大的速度差,导致伞顶拉断绳断裂后伞绳和伞衣受到冲击力作用,进而导致纵向应力波在沿伞绳和伞衣传播过程中,在弯曲部分出现横向波速,且在伞衣顶端横向波速达到最大,从而导致伞衣顶部出现甩动。

因此,大型降落伞拉直过程中伞绳和伞衣上下部分的速度差和绳帆现象是导致抽打现象形成的两个必要条件。两个原因一起导致伞衣在伞顶拉断绳断裂后发生剧烈的甩动,形成抽打现象。

6.3.4　抽打现象的影响因素分析

本节利用 6.2 节所建立的"神舟号"飞船大型主伞拉直过程的动力学模型,仿真分析以下几种因素对抽象现象形成过程的影响。

1. 攻角的影响

降落伞拉直开始时刻的攻角对绳帆和抽打现象有着重要的影响。一般攻角越大,伞绳的偏离距离峰值越大,伞衣的抽打幅度和弧度也越大。比如,"神舟号"飞船减速伞分离拉主伞时,若减速伞初始攻角为 0°,则减速伞的中心对称轴与返回舱速度方向一致,减速伞此刻分离在阻力的作用下会拖着主伞包沿与返回舱速度相反的方向运动,此种情况下主伞伞绳和伞衣基本上呈直线拉出,不会形成绳帆和抽打现象;若减速伞在分离时刻存在一定的攻角,即减速伞的中心对称轴和返回舱速度方向存在一定的夹角,减速伞分离后会在气动力的作用下拖着主伞包偏离返回舱的速度方向,由于靠近返回舱部分的伞绳速度总是趋于与返回舱一致,故主伞包中即将被拉出的伞绳/衣部分和下部靠近返回舱的伞绳部分存在速度矢量上的不一致,易导致绳帆现象的形成,弯曲的伞衣易形成抽打现象。

2. 高空风的影响

高空风对绳帆现象和抽打现象的形成有着重要的影响。高空风易使伞绳、伞衣在拉直过程中形成绳帆现象,风速越大,绳帆和抽打现象越严重;顺风比逆风更容易形成绳帆和抽打现象。

3. 牵顶伞和剥离带的影响

主伞伞衣顶部施加捆绑绳约束会使伞衣顶部节点的拉出过程较为连续,牵顶伞和剥离带可以有效地减小伞衣的抽打速度和抽打幅度。牵顶伞不仅对伞衣的大范围甩动具有抑制作用,而且能够有效消除伞衣顶部的小范围高频甩动现象。

第 7 章

航天器降落伞减速系统动力学
参数辨识方法

在航天器降落伞减速系统动力学模型中包含了许多半理论半试验模型,例如
降落伞附加质量模型、充气模型、气动力模型等。这些模型中通常包含了一些未知
参数,例如降落伞附加质量参数、充气参数、气动力参数等,需要通过试验测量数据
辨识确定。

本章首先概述降落伞动力学参数辨识的特点和算法,然后建立基于极大似然
法的降落伞充气动力学参数辨识模型,最后建立基于遗传算法的降落伞稳定下降
阶段气动力参数辨识模型。

7.1　降落伞动力学参数辨识概述

在对降落伞动力学参数进行辨识研究时,首先需要有相关的试验测量数据,一
般通过试验设计和测量获得。降落伞系统常用的试验测量方法有拖曳试验、风洞
试验、空投或飞行试验三类,具体参考本书第 11 章内容,本章主要介绍辨识模型和
算法。

7.1.1　辨识特点

降落伞系统的运动方程具有如下特点:

(1)物伞系统模型是非线性多体动力学模型,物伞之间存在相对运动,并且降
落伞的气动力比较复杂;

(2)降落伞在下降过程中伞衣周围流场的分离引起气动力的波动,会在降落
伞的动力学参数辨识中引入随机误差;

(3)降落伞的附加质量效应不可忽略。

目前,研究人员根据所研究物伞系统的特点已经建立了各种自由度的物伞系
统动力学模型,参数辨识的主要目的是根据试验数据确定动力学模型中的待定参
数,减小仿真计算结果和实际测量数据的误差,系统参数辨识具体流程如图 7.1
所示。

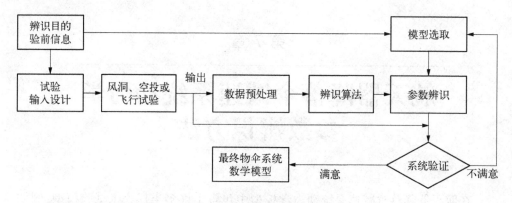

图 7.1 物伞系统辨识流程

7.1.2 辨识算法

极大似然法是参数辨识问题中应用最为广泛的方法之一,该方法的思路是将参数辨识问题转化为一个优化问题,通过优化算法选取模型参数值,使模型的输出与实测值间的偏差达到极小[79]。根据系统参数辨识理论可以知道参数的极大似然估计是渐进一致、无偏和有效的,其估值精度较高。在工程应用中,极大似然法不断地被加以改良,集中体现在算法优化、过程噪声的取舍以及灵敏度的计算几个方面。其中灵敏度矩阵的计算对极大似然法的收敛性有着较大的影响,是辨识计算中很重要的一步工作,常用的计算方法有解析计算法和中心差分法两种。解析计算需要根据系统状态方程得到各状态量对每个参数的一阶导数,然后进行数值积分求得灵敏度矩阵,这种方法的计算量较大,一般适用于简单的线性系统。中心差分法采用数值微分的方式来求解灵敏度,适用于线性系统和非线性系统,不需要针对具体模型写出每个数学表达式,通用性较好,可满足大多数应用场合的要求。但是,极大似然法也具有一定的局限性,如当目标函数不连续时根本无法求取梯度值;同时,这类方法在优化设计中都始于一组特定的参数,使得优化出的解趋向于起始点附近的局部最优解,从而给优化时的参数初值选取带来了比较大的困难,不当的初值选择会引起辨识过程发散而得不到有效的辨识结果。

卡尔曼滤波法源于卡尔曼(R. E. Kalman)在 1960 年针对线性离散系统提出的一种最小方差递推、无偏滤波方法,被称为卡尔曼滤波器[80]。1961 年卡尔曼和布西(R. Bucy)将其推广到线性连续系统[81]。1969 年,布莱森(A. E. Bryson)等将卡尔曼滤波器推广应用到非线性系统[82]。卡尔曼滤波算法采用了递推形式,因此对存储要求比较小,而且它不仅可以处理平稳过程,还可以处理非平稳以及多维问题,其最早的工程实践就是阿波罗登月计划。扩展卡尔曼滤波法被广泛应用于飞行器的气动参数辨识研究,其方法是采用增广状态参数的办法将卡尔曼滤波法用于参数辨识。由于扩展卡尔曼滤波法只是近似,它所得到的非线性系统辨识结果常出现有偏估计和发散现象特别是对过程噪声和测量噪声的随机特性不甚了解的情况尤为严重,故对算法的使用更倾向于状态估计而不是参数辨识。虽然被更多地应用于状态估计,但由于实时辨识的需求,近十年来,扩展卡尔曼滤波算法在参数辨识领域也得到了广泛的研究与应用。扩展卡尔曼滤波算法作为递推算法,与极大似然法相比较具有较高的计算效率、较短的计算时长,然而,其辨识精度却不如极大似然法。

传统的辨识算法虽然依靠其理论完善、计算量较小、收敛速度快等优点在参数辨识方面取得了成功,然而其对辅助信息的要求很高,对迭代初始值的依赖很强,且迭代结果通常是局部最优解。随着实际工程应用的复杂化、数学模型的高维化,传统的辨识算法更加乏力,与此同时,基于生物进化与群体智能的智能优化算法随着计算技术与仿生技术的发展脱颖而出。智能优化算法与传统的辨识算法相比,不依赖太多的辅助信息,如可微性、连续性或单峰性,只需要具有实际的工程应用意义即可,并且具有逃离局部最优值的能力。正因为如此,它们在许多实际应用中表现出了优异的性能。目前,应用较多的智能优化算法包括:遗传算法(genetic algorithm, GA)、蚁群算法(ant colony optimization, ACO)、粒子群算法(particle swarm optimization, PSO)、人工神经网络算法(artificial neural networks, ANN)等。此类算法以随机搜索和统计学为理论基础,鲁棒性较强,适用面很广。复杂动力学系统在使用传统的辨识算法进行参数辨识的过程当中,会面临初值选取容易陷入局部极小值等问题,而智能优化算法由于具有较强的鲁棒性和全局寻优能力,在引入参数辨识领域后便得到了广泛的应用[83-86]。

一般来讲,传统辨识方法如极大似然法具有收敛速度快、计算精度好等特点,但是对参数初值的依赖程度较高,容易陷入局部最优解,而智能优化算法则拥有较好的全局寻优能力和强鲁棒性,但是存在效率较低、计算量偏大的问题。因此将两种方法组合起来进行,可以实现高效率、高精度和全局寻优的参数辨识。

7.2　基于极大似然法的充气阶段参数辨识

极大似然法是参数辨识中最为常用的方法之一,基本思想是建立一个和未知参数相关的似然函数,极大化该似然函数从而得到系统模型的参数估计值,也就是在估计值条件下系统模型输出的概率密度函数最大限度地逼近在真值条件下实际输出的概率密度函数。

7.2.1　算法原理

对于某个给定观测量 Z,系统的参数估计即选取参数 $\hat{\theta}$ 令似然函数 L 取到极大值。

系统的状态方程为

$$\hat{\boldsymbol{\theta}} = \boldsymbol{\theta} \mid_{L = \max(\boldsymbol{\theta} \mid \boldsymbol{Z})} \tag{7.1}$$

对于一组给定的观测矢量组 $\boldsymbol{Z}$，一般选取给定 $\boldsymbol{\theta}$ 下 $\boldsymbol{Z}$ 的条件概率 $p(\boldsymbol{Z} \mid \boldsymbol{\theta})$ 作为似然函数 L。因此，极大似然估计即是通过选取参数 $\hat{\boldsymbol{\theta}}$ 使得 $\boldsymbol{Z}$ 出现的条件概率达到极大值：

$$\hat{\boldsymbol{\theta}} = \boldsymbol{\theta} \mid_{\max p(\boldsymbol{\theta} \mid \boldsymbol{Z})} \tag{7.2}$$

由于对数为单调函数，故极大似然估计也可以表示成如下形式：

$$\hat{\boldsymbol{\theta}} = \max[\ln p(\boldsymbol{\theta} \mid \boldsymbol{Z})] \tag{7.3}$$

当观测量数据足够多，根据概率论中心极限定理，可以合理地假定 $p(\boldsymbol{Z}_i \mid \boldsymbol{\theta})$ 服从于正态分布，由其均值和方差所唯一确定。记其均值（数学期望）为

$$E(\boldsymbol{Z}_i \mid \boldsymbol{\theta}) = \hat{\boldsymbol{Z}}_i \tag{7.4}$$

记其方差为

$$\mathrm{cov}(\boldsymbol{Z}_i, \boldsymbol{\theta}) = E[(\boldsymbol{Z}_i - \hat{\boldsymbol{Z}}_i)(\boldsymbol{Z}_i - \hat{\boldsymbol{Z}}_i)^{\mathrm{T}}] = E[\boldsymbol{v}(i)\boldsymbol{v}(i)^{\mathrm{T}}] = \boldsymbol{R} \tag{7.5}$$

$$p(\boldsymbol{Z}_i \mid \boldsymbol{\theta}) = \frac{1}{\sqrt{(2\pi)^{ng} \mid \boldsymbol{R} \mid}} \mathrm{e}^{-\frac{1}{2}\boldsymbol{v}(i)^{\mathrm{T}}\boldsymbol{R}^{-1}\boldsymbol{v}(i)} \tag{7.6}$$

将上式代入似然函数并取对数可得

$$-\ln L = \sum_{i=1}^{N}\left[\frac{1}{2}\boldsymbol{v}(i)^{\mathrm{T}}\boldsymbol{R}^{-1}\boldsymbol{v}(i) + \frac{1}{2}\ln \mid \boldsymbol{R} \mid + \mathrm{const}\right] \tag{7.7}$$

由以上各式推导可得到极大似然性能指标如下：

$$J = \frac{1}{2}\sum_{i=1}^{N}\left[\boldsymbol{v}(i)^{\mathrm{T}}\boldsymbol{R}^{-1}\boldsymbol{v}(i) + \frac{1}{2}\ln \mid \boldsymbol{R} \mid + \mathrm{const}\right] \tag{7.8}$$

依据极大似然法的辨识流程，首先要选定好观测量并给出观测方程，对于忽略过程噪声的一般动态系统，其参数辨识问题可以用以下非线性数学模型来描述：

$$\boldsymbol{X}(t) = f(\boldsymbol{X}(t), \boldsymbol{U}(t), \boldsymbol{\theta}) \tag{7.9}$$

$$\boldsymbol{Y}(t) = h(\boldsymbol{X}(t), \boldsymbol{U}(t), \boldsymbol{\theta}) \tag{7.10}$$

$$\boldsymbol{Z}(t_i) = \boldsymbol{Y}(t_i) + \boldsymbol{v}(t_i), \quad i = 1, 2, 3, \cdots, N \tag{7.11}$$

上述三个公式分别表示系统的状态方程、观测方程和量测方程。其中，$\boldsymbol{X}(t)$

是系统状态变量，$U(t)$ 是系统输入，$Y(t)$ 是系统输出，$Z(t)$ 为采样值，N 为数据采样点个数，$\boldsymbol{\theta}$ 为未知的降落伞系统参数，v 是零均值高斯白噪声。

辨识的准则函数为

$$J = \frac{1}{2} \sum_{i=1}^{N} \left[\boldsymbol{v}(i)^{\mathrm{T}} \boldsymbol{R}^{-1} \boldsymbol{v}(i) + \frac{1}{2} \ln | \boldsymbol{R} | \right] \tag{7.12}$$

式中，$\boldsymbol{R}$ 为观测噪声的协方差矩阵，当观测噪声的统计特性未知时，协方差矩阵 $\boldsymbol{R}$ 是一未知的常值矩阵，由极大似然原理可得到 $\boldsymbol{R}$ 阵的最优估计 $\hat{\boldsymbol{R}}$ 为

$$\hat{\boldsymbol{R}} = \frac{1}{N} \left\{ \sum_{i=1}^{N} \left[\boldsymbol{Z}(t_i) - \boldsymbol{Y}(t_i) \right] \left[\boldsymbol{Z}(t_i) - \boldsymbol{Y}(t_i) \right]^{\mathrm{T}} \right\} \tag{7.13}$$

式 (7.13) 为非线性方程，需要用迭代法进行求解，并用极大似然性能指标进行检验。当 J_k 不是极小值时必须调整 $\boldsymbol{\theta}$ 使 J_{k+1} 达到极小值，一般计算时当 $| J_{k+1} - J_k | / | J_k | < \varepsilon$（迭代精度，通常可取 $\varepsilon \leqslant 0.01$）时停止迭代，即系统参数辨识问题就是寻求待辨识参数 $\boldsymbol{\theta}$ 的估计值 $\hat{\boldsymbol{\theta}}$ 使判据函数 J 达极小值，采用牛顿-拉夫逊迭代算法求解时，计算公式为

$$\Delta \boldsymbol{\theta} = - \boldsymbol{M}^{-1} \left(\frac{\partial J}{\partial \boldsymbol{\theta}^{\mathrm{T}}} \right) \tag{7.14}$$

式中，$\boldsymbol{M} = \left[\dfrac{\partial^2 J}{\partial (\boldsymbol{\theta}^{\mathrm{T}})^2} \right]$ 称为信息矩阵。

$$\frac{\partial J}{\partial \boldsymbol{\theta}^{\mathrm{T}}} = - \sum_{i=1}^{N} \left[\boldsymbol{v}(t)^{\mathrm{T}} \boldsymbol{R}^{-1} \frac{\partial \boldsymbol{Y}(i)}{\partial \boldsymbol{\theta}^{\mathrm{T}}} \right] \tag{7.15}$$

$$\frac{\partial^2 J}{\partial (\boldsymbol{\theta}^{\mathrm{T}})^2} = - \sum_{i=1}^{N} \left\{ \left[\frac{\partial \boldsymbol{Y}(i)}{\partial \boldsymbol{\theta}^{\mathrm{T}}} \right]^{\mathrm{T}} \boldsymbol{R}^{-1} \frac{\partial \boldsymbol{Y}(i)}{\partial \boldsymbol{\theta}^{\mathrm{T}}} \right\} \tag{7.16}$$

通过观测方程组和状态方程组对待辨识参数进行求导，可以得到灵敏度方程组。采用中心差分法可以求解得到观测量关于待辨识参数的灵敏度。

7.2.2　辨识流程

降落伞系统动力学参数辨识中设计的极大似然算法流程如图 7.2 所示。

图 7.2 中初始观测数据一般取试验测量数据，计算模型中的状态初始值已知，待辨识参数初值可取过去试验结果或理论试算结果，辨识参数范围根据其物理意义和实际情况确定，当满足事先设定的迭代精度 ε 时，迭代结束。

7.2.3　降落伞充气参数辨识

本节首先建立用于降落伞充气阶段模型参数辨识的平面运动模型。

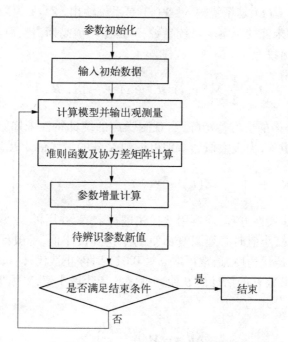

图7.2　极大似然法参数辨识流程图

1. 弹道方程

建立降落伞系统平面运动模型,做如下假设:

(1) 物伞系统运动轨迹保持在同一平面内;

(2) 降落伞非定常运动而引起的气动增量部分用附加质量来表示;

(3) 不考虑伞衣的呼吸和过度扩张效应;

(4) 忽略载荷的阻力面积;

(5) 忽略风等自然条件的影响。

简化后的降落伞系统模型在充气过程中承受的力有重力、气动阻力、惯性力和附加质量动量改变引起的作用力,平面弹道方程可以表示为如下形式:

$$\frac{\mathrm{d}}{\mathrm{d}t}\big[(m_P + m_F + m_A)v\big] = (m_P + m_F)g\sin\theta - \frac{1}{2}\rho v^2 S(C_D S) \tag{7.17}$$

$$(m_P + m_F + m_A)v\frac{\mathrm{d}\theta}{\mathrm{d}t} = -(m_P + m_F)g\cos\theta \tag{7.18}$$

式中, m_P 为降落伞质量; m_F 为航天器质量; m_A 为降落伞附加质量; v 为物伞系统的运动速度; θ 为运动轨迹的轨迹角; ρ 为大气密度; $(C_D S)$ 为降落伞阻力面积。

由于充气过程中降落伞及航天器的质量保持不变,式(7.17)还可以表示为

$$(m_P + m_F + m_A)\frac{dv}{dt} = (m_P + m_F)g\sin\theta - \frac{1}{2}\rho v^2(C_D S) - \frac{dm_A}{dt}v \quad (7.19)$$

通过系统弹道方程可以得到充气过程中开伞力 F_k 的计算公式为

$$F_k = m_F\left(g\sin\theta - \frac{dv}{dt}\right) \quad (7.20)$$

或者

$$F_k = m_P\left(\frac{dv}{dt} - g\sin\theta\right) + \frac{1}{2}\rho v^2(C_D S) + m_A\frac{dv}{dt} + \frac{dm_A}{dt}v \quad (7.21)$$

式(7.21)较式(7.20)更能清晰地反映充气过程影响开伞力的主要因素,从式(7.21)可以看出,充气过程开伞力可以表示为惯性力、伞衣阻力、附加质量动量改变引起的作用力之和。

2. 阻力面积变化模型

降落伞系统一般采用多级伞进行减速,减速伞和主伞采用收口技术可以有效避免回收系统突然承受较大过载。一次收口带条伞和环帆伞的充气过程中,阻力面积随时间的变化如图 4.7 所示。图中 t_{f1} 为降落伞的一级充气时间,t_r 为降落伞从初始充气到解除收口时刻的时间,t_{f2} 为降落伞的二级充气时间。伞衣的阻力面积在一级充气时间段可近似认为是线性变化的,在保持收口期间,环帆伞存在缓慢充气的现象,阻力面积保持一定的增长,而带条伞的阻力面积基本没有变化。在解除收口后的充气阶段,降落伞的阻力面积迅速地增加,在充气张满时达到最大值。

降落伞阻力面积在充气阶段的变化规律可用如下公式表示为

$$\psi = \psi_{i-1} + (\psi_i - \psi_{i-1})\left(\frac{t - t_1}{t_2 - t_1}\right)^n, \quad i = 1, 2 \quad (7.22)$$

式中,ψ_0、ψ_1、ψ_2 分别为初始充气阻力面积、收口阻力面积和全张满阻力面积;t_1 为伞衣拉直或解除收口的时刻;t_2 为降落伞完全张满的时刻;n 为充气模型指数。

3. 附加质量模型

降落伞这类非流线型物体是由流场分离产生较大阻力,附加质量一般通过试验或者近似的数值方法来确定,仿真计算中通常采用工程估算方法,计算时将降落伞的附加质量分为内含质量和表观质量两个部分,包含于伞衣内部的空气质量为内含质量,伞衣外部跟随降落伞一起运动的空气质量为表观质量。表观质量与内含质量满足恒定比例关系,因此附加质量可以表示为

$$m_A = (1 + k_A)\rho V \quad (7.23)$$

式中,V 为伞衣内部体积,内含质量按照半球加倒置锥台体计算;k_A 为表观质量与

内含质量之比,与具体的伞型有关。

式(7.17)~式(7.23)给出的动力学模型可以在给定初始条件及具体参数后开展分析,也可以在给定试验数据后作为模型辨识未知的降落伞系统参数。

4. 辨识模型

根据极大似然法的辨识流程,参数辨识第一步要选定观测量并给出系统的观测方程。由于降落伞在充气阶段的可测量数据少,而降落伞系统速度的变化率直接影响过载的大小,故初步可以选择降落伞系统的下降速度作为观测量进行辨识。

基于降落伞系统平面运动模型,辨识模型状态方程的表达式如下:

$$\begin{cases} \dot{V}(t) = (m_P + m_F)g\sin\theta - \dfrac{1}{2}\rho V^2(t)(C_D S) - \dfrac{\mathrm{d}m_A}{\mathrm{d}t}V(t) \\ \dot{H}(t) = V(t) \\ \dot{\theta}(t) = \dfrac{-(m_P + m_F)g\cos\theta}{(m_P + m_F + m_A)V(t)} \end{cases} \tag{7.24}$$

其中,待辨识的参数为

$$\rho = \{\psi_0, \psi_1, \psi_2, n, k_A\} \tag{7.25}$$

利用以上辨识模型,结合图 7.2 所示极大似然法参数辨识流程即可对降落伞充气阶段的待辨识参数进行辨识研究。

7.3 基于遗传算法的稳定下降阶段参数辨识

遗传算法借鉴生物的进化思想,通过计算机模拟物种繁殖过程中父代遗传基因的重新组合与优胜劣汰自然选择机制的联合作用解决科学与工程中的复杂问题。遗传算法是一种有效的解决最优化问题的方法,于 1975 年由 Holland 根据生物进化论和遗传学的思想提出,是一种全局的启发式优化算法[83]。作为一种解决复杂系统优化问题的有效方法,遗传算法具有简单、易操作、鲁棒性强等优点。由于降落伞系统非线性动力学方程组较为复杂,且其观测数据通常并不完备,利用传统方法建立显式的辨识方程组较为困难,而遗传算法作为一种自适应概率搜索算法,适合此类问题的求解。

7.3.1 算法原理

遗传算法模拟了自然选择和遗传中发生的复制、交叉和变异等现象,从任一初始种群出发,通过随机选择、交叉和变异操作,产生一群更适应环境的个体,使群体进化到搜索空间中越来越好的区域,这样一代一代地不断繁衍进化,最后收敛到一群最适应环境的个体,求得问题的最优解。

遗传算法的运算流程包括编码、初始群体生成、适应度值评价检测、选择、交叉、变异六部分,其中的基本操作包括选择、交叉和变异。基本遗传算法(simple genetic algorithm, SGA)是以群体中的所有个体为对象,只使用三种最基本的遗传算子:选择算子、交叉算子和变异算子对种群个体进行操作,遗传操作易于执行,其他遗传算法均是在基本遗传算法的基础上发展而来的。

SGA 的数学模型可表示为

$$SGA = (C, E, P_0, N, \Phi, \Gamma, \Psi, T)$$

其中, C 表示编码方式; E 表示适应度评价函数; P_0 表示初始种群; N 表示种群大小; Φ 表示选择算子; Γ 表示交叉算子; Ψ 表示变异算子; T 表示遗传进化终止条件。虽然基本遗传算法对很多问题的求解无法得到令人满意的结果,但其作为其他类型遗传算法的基础,还是在遗传算法领域占据了重要的地位。

7.3.2　辨识流程

图 7.3 是降落伞气动力参数辨识中设计的遗传算法流程,其中降落伞的动力学计算模块主要在计算适应度中实现[75]。

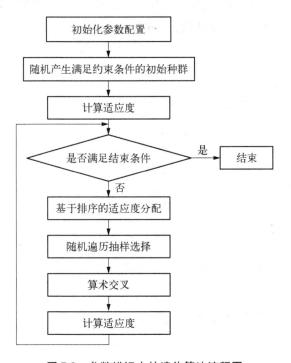

图 7.3　参数辨识中的遗传算法流程图

遗传算法的一个特点是它仅使用所求问题的目标函数就可以得到下一步的有关搜索信息。而对目标函数值的使用是通过评价个体的适应度来体现的,度量个体适应度的函数就称为适应度函数。遗传算法中适应度函数对算法性能影响较大,适应度函数用于计算个体的适应度,而适应度在遗传算法中用来度量群体中的个体在优化计算时的优良程度。由于适应度越大的个体被认作是越优良的个体,故定义适应度函数为

$$F = \begin{cases} C_{\max} - J \\ 0 \end{cases} \tag{7.26}$$

式中,$C_{\max}$ 为一个大于 J 值的数,J 为目标函数,其表达式为

$$J = \sum_{i=1}^{n} \int [\theta_{ci}(t) - \theta_{mi}(t)]^2 \mathrm{d}t \tag{7.27}$$

式中,n 表示观测量数目;$\theta_{ci}(t)$ 表示仿真计算的观测量时间历程;$\theta_{mi}(t)$ 表示实际测量的观测量时间历程。式(7.26)、式(7.27)的含义就是通过遗传算法辨识出一组降落伞的气动力参数,使观测量的计算结果和实际观测结果之间的偏差最小,即目标函数 J 达到最小。

在遗传算法中处理约束条件的常用方法主要有如下三种:搜索空间限定法、可行解变换法、罚函数法。选取搜索空间限定法处理待辨识参数的约束,待辨识参数可表示为

$$\vartheta = \{\vartheta_1, \vartheta_2, \cdots, \vartheta_n\}^{\mathrm{T}} \tag{7.28}$$

参数辨识的目标就是获得一组优化参数 $\hat{\vartheta}$,使得

$$\hat{\vartheta} = \arg\min_{\vartheta} J(\vartheta) \tag{7.29}$$

$$\text{subject to} \begin{cases} \vartheta_1^{\min} \leqslant \vartheta_1 \leqslant \vartheta_1^{\max} \\ \vartheta_2^{\min} \leqslant \vartheta_2 \leqslant \vartheta_2^{\max} \\ \qquad \vdots \\ \vartheta_n^{\min} \leqslant \vartheta_n \leqslant \vartheta_n^{\max} \end{cases} \tag{7.30}$$

以上即是利用遗传算法辨识降落伞气动力参数的模型,辨识模型中涉及降落伞减速系统的动力学方程,建模过程参见第3、4章。

7.3.3　降落伞气动力参数辨识

1. 辨识流程

在辨识过程中,降落伞系统动力学参数辨识的目标函数不仅要使位移、速度等

状态量的计算结果和测量值之间的偏差量最小,而且要使姿态、张力等状态量与测量值之间的偏差最小,是一个典型的复杂系统优化问题。在辨识过程中,可以将降落伞动力学参数辨识问题视为一个单目标优化问题(single-objective optimization problem, SOP),也可以将降落伞系统动力学参数辨识视为一个多目标优化问题(multi-objective optimization problem, MOP),设计多目标遗传算法对其进行辨识研究,两种方法的辨识流程见图 7.4。

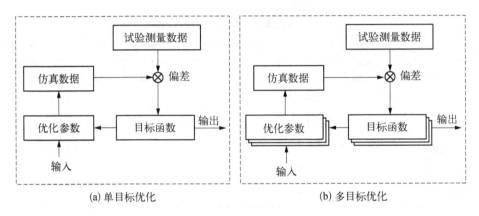

(a) 单目标优化　　　　　　　　　　　　(b) 多目标优化

图 7.4　辨识准则及流程

2. 降落伞气动力模型

降落伞的气动力模型与一般飞行器的气动力模型比较有其自身的特点,常用的有以下两种模型。

1) 第一种气动力模型

NASA 在针对航天飞机火箭助推器回收使用的名义直径约 40 m 的 20°锥形带条伞进行动力学建模时,采用以下多项式气动力形式[48]:

$$\begin{cases} C_\mathrm{T} = x_0 + x_1\alpha + x_2\alpha^2 + x_3\alpha^3 + x_4\alpha^4 \\ C_\mathrm{N} = y_0 + y_1\alpha + y_2\alpha^2 + y_3\alpha^3 \end{cases} \tag{7.31}$$

式中, C_T、C_N 分别是降落伞的轴向气动力系数和法向气动力系数,用降落伞总攻角 α 的多项式函数表示。

2) 第二种气动力模型

Wolf 在分析降落伞气动力对物伞系统稳定性的影响,采用以下非线性函数形式:

$$\begin{cases} C_\mathrm{N}(\alpha) = \alpha_0 C_{\mathrm{N}\alpha}(\alpha/\alpha_0)(\alpha^2/\alpha_0^2 - 1) \\ C_\mathrm{T}(\alpha) = C_{\mathrm{T}0} + \dfrac{1}{2}C_{\mathrm{T}\alpha}\alpha_0(\alpha^2/\alpha_0^2 - 1) \end{cases} \tag{7.32}$$

式中，α_0 表示降落伞摆动时的稳定滑翔攻角；$C_{N\alpha}$ 和 $C_{T\alpha}$ 分别表示轴向力和法向力系数随攻角变化曲线在平衡攻角 α_0 处的斜率。

3. 辨识方法

NASA 针对火箭助推器回收使用的名义直径约 40 m 的 20° 锥形带条伞气动力参数进行了试验测量，并利用多项式函数拟合了试验数据，气动力模型如式 (7.31) 所示。该型锥形带条伞的气动力拟合参数如表 7.1 所示。

表 7.1 锥形带条伞的气动力拟合参数

	C_T		C_N
x_0	0.575 5	y_0	2.172×10^{-12}
x_1	-1.637×10^{-11}	y_1	0.379 5
x_2	$-0.809 1$	y_2	-9.339×10^{-12}
x_3	3.483×10^{-11}	y_3	0.363 1
x_4	0.422 8	—	—

图 7.5 是该型号锥形带条伞轴向力系数和法向力系数的试验数据及其拟合曲线的对比。

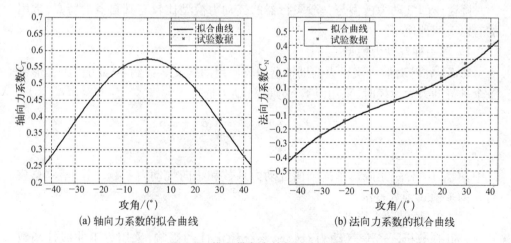

(a) 轴向力系数的拟合曲线　　　　　　(b) 法向力系数的拟合曲线

图 7.5 锥形带条伞的气动力系数

通过表 7.1 可以看出，由于降落伞的对称性，其拟合参数中 x_1、x_3、y_0、y_2 均为极小值，在研究中一般将其忽略，即取 $x_1 = x_3 = y_0 = y_2 = 0$，采用以下简化的气动力形式：

$$\begin{cases} C_\mathrm{T} = x_0 + x_2\alpha^2 + x_4\alpha^4 \\ C_\mathrm{N} = y_1\alpha + y_3\alpha^3 \end{cases} \tag{7.33}$$

4. 针对单目标的辨识

利用式(7.33)作为降落伞的气动力模型,辨识气动力参数 ϑ,即

$$\vartheta = \{x_0, x_2, x_4, y_1, y_3\}^\mathrm{T} \tag{7.34}$$

采用搜索空间限定法来处理待辨识参数的约束条件,如式(7.30)所示,搜索空间的确定需要根据先验信息或经验确定。

为了分析待辨识参数对不同观测状态参数的敏感程度,选择不同的目标函数来辨识降落伞气动力参数,在辨识过程中取目标函数如下式所示:

$$J = \int [\theta_\mathrm{c}(t) - \theta_\mathrm{m}(t)]^2 \mathrm{d}t \tag{7.35}$$

其中, $\theta_\mathrm{c}(t)$ 表示计算得到的某个观测参数的时间历程; $\theta_\mathrm{m}(t)$ 表示试验测量的该参数的时间历程。分别取降落伞系统在地面惯性坐标系中的位移分量 x、y、z,速度分量 V_x、V_y、V_z 和俯仰角 θ、偏航角 ϕ 作为观测参数 $\theta_\mathrm{c}(t)$,计算分析各观测参数作为局部目标函数时降落伞气动力系数的辨识精度及误差。通过对不同局部目标函数的辨识误差分析, x_0 和 y_1 的辨识相对误差较小,其次是 x_2 和 y_3,辨识效果较差的是 x_4。这反映了降落伞的气动力系数模型中总攻角 α 的低阶项系数容易辨识,且辨识精度较高,而其高阶项的系数的辨识精度较差。因此,可以采用以下辨识思路:在建立待辨识参数的约束空间时,可以在第一次参数辨识过程中重点关注降落伞气动力参数的低阶项系数,而在第二次辨识过程中根据第一次辨识的结果缩小其低阶项系数的搜索空间,辨识重点放在稍高阶项的系数,循环逼近,直到所有系数辨识完毕,这种辨识方法可称为逐步逼近辨识方法。

5. 针对多目标的辨识

在辨识过程中考虑将不同的局部目标函数融合,则辨识问题就成为一个多目标优化问题。针对多目标多准则辨识问题的处理方法有权重系数法、并列选择法、排序选择法、共享函数法、混合法等,最常用的是权重系数法。

对于一个多目标优化问题,若给其各个子目标函数 $f_i(x)(i = 1, 2, \cdots, p)$ 赋予不同的权重 $\omega_i(i = 1, 2, \cdots, p)$,其中各 ω_i 的大小代表子目标 $f_i(x)$ 在多目标优化问题中的重要程度。则各子目标函数的线性加权和可表示为

$$u(f(x)) = \sum_{i=1}^{p} \omega_i f_i(x) \tag{7.36}$$

若以这个线性加权和作为多目标优化问题的评价函数,则多目标优化问题就转化为一个单目标优化问题。权重系数法就是在这个评价函数的基础上,对每个

个体取不同的权重系数,然后利用选择算法求出多目标优化问题的解。

在降落伞气动力参数辨识中取全局目标函数为

$$J = \sum_{i=1}^{8} \omega_i \int [\theta_{ci}(t) - \theta_{mi}(t)]^2 \mathrm{d}t \tag{7.37}$$

式中, $\omega_i(i = 1, 2, \cdots, 8)$ 分别表示以降落伞位移分量 x、y、z 和速度分量 V_x、V_y、V_z 及俯仰角 θ、偏航角 ϕ 作为子目标函数的权重。$\omega_i(i = 1, 2, \cdots, 8)$ 的取值可以利用针对各局部目标函数辨识的效果进行取值,辨识效果好的权重较高,辨识效果差的权重较低,并且满足:

$$\sum_{i=1}^{8} \omega_i = 1 \tag{7.38}$$

基于多目标辨识算法的仿真研究进一步表明,利用逐步缩小参数搜索空间的逐步逼近辨识方法可以明显地提高降落伞气动力参数的辨识效果和精度。

以上研究方法可进一步应用到降落伞减速系统其他动力学参数辨识中。由于在实际降落伞系统试验中,试验考察的目的不尽相同,装载的测量设备也不一样,故测量数据一般没有那么完备。因此,本节提出的参数辨识方法也适用于不完全测量信息条件下的航天器降落伞减速系统动力学参数辨识。

第8章

航天器降落伞减速系统试验光测图像分析方法

光学测量是航天器降落伞减速系统试验中的重要测量方法。光学测量能够记录试验过程信息,进而对降落伞工作过程进行回溯或定量分析。航天器降落伞减速系统工作过程中需要经历伞衣伞绳折叠展开、拉直、充气才能展开成最终的工作状态,在此期间伞衣和伞绳会出现柔性结构大变形,加之各部分之间存在的摩擦力或非定常气动力作用,使得传统机械及电传感器的安装极为困难,导致对拉直充气过程中状态参数的准确测量极为困难。非接触式光学测量方法由于不需要在测量对象上加载传感器,对安装环境要求较少,并且几乎不会对目标的结构外形和工作过程产生任何影响,因此成为降落伞类柔性体结构大变形工作过程的主要测量方法[87]。

本章首先对光测图像分析的基本原理进行介绍,然后介绍航天器降落伞减速系统空投试验中机载光学图像的分析方法,最后介绍空投试验中地面光测图像的分析方法。

8.1 光测图像分析的基本原理

8.1.1 坐标系定义

为了建立降落伞减速系统与投影图像之间的对应关系,需要建立以下坐标系:图像坐标系、摄像机坐标系、世界坐标系,如图 8.1 所示。

图像坐标系原点 O_T 处于图像左上角位置,$O_T X_T$ 轴沿图像横向指向图像右侧,$O_T Y_T$ 轴沿图像竖向指向图像下方,图像坐标系一般以像素为坐标单位。

摄像机坐标系原点 O_S 位于摄像机光心,$O_S Z_S$ 轴方向即为摄像机光轴方向,$O_S X_S$ 轴与 $O_S Y_S$ 轴分别与图像坐标系 $O_T X_T$ 轴及 $O_T Y_T$ 轴平行。

世界坐标系为大地固连坐标系,选当地北天东坐标系 $O_E X_E Y_E Z_E$ 为世界坐标系,其中,$O_E X_E$ 轴指向当地北方向,$O_E Y_E$ 轴沿当地铅垂线方向指向上,$O_E Z_E$ 轴指向当地正东方向,与 $O_E X_E$ 轴、$O_E Y_E$ 轴共同组成右手坐标系。

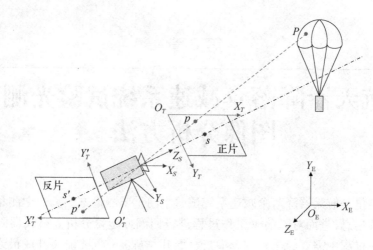

图 8.1 摄像机投影坐标系

8.1.2 光学成像基本原理

对于空间任意一点 P，将其在世界坐标系中的坐标记为 $(x_E, y_E, z_E)^T$，在摄像机坐标系中的坐标记为 $(x_S, y_S, z_S)^T$，则两个坐标系之间存在如下坐标转换关系：

$$
\begin{bmatrix} x_S \\ y_S \\ z_S \\ 1 \end{bmatrix} = \begin{bmatrix} \boldsymbol{R} & \boldsymbol{t} \\ \boldsymbol{0}^T & 1 \end{bmatrix} \begin{bmatrix} x_E \\ y_E \\ z_E \\ 1 \end{bmatrix} \tag{8.1}
$$

式中，$\boldsymbol{t} = [t_x, t_y, t_z]^T$ 为 O_E 与 O_S 之间的平移向量；$\boldsymbol{0}$ 为 3×1 零向量；$\boldsymbol{R}$ 为摄像机坐标系与世界坐标系之间的转换矩阵，由于摄像机坐标系与世界坐标系之间可以通过绕 $O_E Y_E$ 轴与 $O_E X_E$ 轴先后转过 γ 和 θ 进行转换，故 $\boldsymbol{R}$ 的表达式为

$$
\boldsymbol{R} = \begin{bmatrix} \cos\gamma & 0 & -\sin\gamma \\ 0 & \cos\theta & \cos\gamma\sin\theta \\ \sin\gamma\cos\theta & -\sin\theta & \cos\gamma\cos\theta \end{bmatrix} \tag{8.2}
$$

摄像机采用中心透视模型，即空间任意点 P 与摄像机光心以及其在像平面上点 p 始终处于同一直线上。经过摄像机成像之后，物体会在镜头另一侧的像平面形成反片，如图 8.1 中 $X_T' Y_T'$ 平面，为表述更为直观，研究中可以采用镜头前侧的正片 $X_T' Y_T'$ 平面作为研究对象。摄像点 p 在图像坐标系中的坐标为 $(x_T, y_T)^T$，摄像机光轴与图像交点 s 点在图像中坐标为 $(x_0, y_0)^T$，图像中 $O_T X_T$ 轴、$O_T Y_T$ 轴方向每

个像素代表物理距离分别为 dX 和 dY，根据相似理论可知：

$$
\begin{bmatrix} x_T \\ y_T \\ 1 \end{bmatrix} = \frac{1}{z_S} \begin{bmatrix} f/dX & 0 & x_0 & 0 \\ 0 & f/dY & y_0 & 0 \\ 0 & 0 & 1 & 0 \end{bmatrix} \begin{bmatrix} x_S \\ y_S \\ z_S \\ 1 \end{bmatrix} = \frac{1}{z_S} \begin{bmatrix} f_x & 0 & x_0 & 0 \\ 0 & f_y & y_0 & 0 \\ 0 & 0 & 1 & 0 \end{bmatrix} \begin{bmatrix} x_S \\ y_S \\ z_S \\ 1 \end{bmatrix} \tag{8.3}
$$

式中，f 为摄像机镜头焦距；f_x 与 f_y 分别为镜头在 $O_T X_T$ 及 $O_T Y_T$ 方向的等效焦距。将式(8.3)代入式(8.1)中，可得到世界坐标系中任意点与其在图像坐标系中像点之间的坐标转换关系，即摄影测量中的共线方程：

$$
\begin{cases} \dfrac{x_T - x_0}{f_x} = \dfrac{r_{11}x_E + r_{12}y_E + r_{13}z_E + t_x}{r_{31}x_E + r_{32}y_E + r_{33}z_E + t_z} \\[3mm] \dfrac{y_T - y_0}{f_y} = \dfrac{r_{21}x_E + r_{22}y_E + r_{23}z_E + t_y}{r_{31}x_E + r_{32}y_E + r_{33}z_E + t_z} \end{cases} \tag{8.4}
$$

式中，r_{ij} 为坐标转换矩阵 $\boldsymbol{R}$ 中各个元素。

8.1.3 双目视觉基本原理

当测量中采用两台摄像机从不同视角对同一目标进行拍摄测量时即为双目视觉方法，与单台摄像机相比，双目视觉由于增加了一台不同视角的摄像机，因此得到的测量信息更加丰富，通过两台摄像机的相对位置关系求解，可以得到目标物体在空间分布的三维信息。双目视觉根据摄像机安装位置可以划分为一般双目视觉和平行双目视觉，前者在安装时对两台摄像机相对位置姿态没有任何要求，后者则要求安装时两台摄像机光轴相互平行。下面仅对一般双目视觉投影原理进行阐述，其原理可以表示为图8.2所示形式。

与单台摄像机相似，对于空间坐标为 $(x_E, y_E, z_E)^T$ 的任意一点 P，设其在两台摄像机坐标系中的坐标记分别为 $(x_{Sl}, y_{Sl}, z_{Sl})^T$ 与 $(x_{Sr}, y_{Sr}, z_{Sr})^T$，则

$$
\begin{bmatrix} x_{Sl} \\ y_{Sl} \\ z_{Sl} \\ 1 \end{bmatrix} = \begin{bmatrix} \boldsymbol{R}_l & \boldsymbol{t}_l \\ \boldsymbol{0}^T & 1 \end{bmatrix} \begin{bmatrix} x_E \\ y_E \\ z_E \\ 1 \end{bmatrix} \tag{8.5}
$$

$$
\begin{bmatrix} x_{Sr} \\ y_{Sr} \\ z_{Sr} \\ 1 \end{bmatrix} = \begin{bmatrix} \boldsymbol{R}_r & \boldsymbol{t}_r \\ \boldsymbol{0}^T & 1 \end{bmatrix} \begin{bmatrix} x_E \\ y_E \\ z_E \\ 1 \end{bmatrix} \tag{8.6}
$$

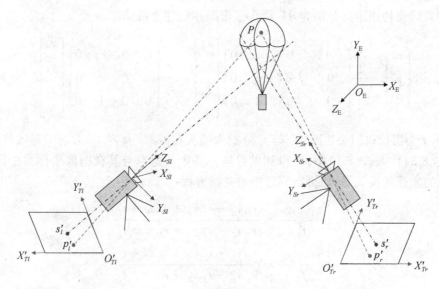

图 8.2　双目视觉投影原理图

式中，R_l 和 R_r 分别为两台摄像机坐标系与世界坐标系之间的转换矩阵。

摄像点 p 在两台摄像机对应的图像坐标系中的成像点坐标分别为 $(x_{Tl}, y_{Tl})^T$ 和 $(x_{Tr}, y_{Tr})^T$，摄像机光轴与图像交点在图像中坐标分别为 $(x_{0l}, y_{0l})^T$ 和 $(x_{0r}, y_{0r})^T$，则可以写出如下的共线方程组：

$$
\begin{cases}
\dfrac{x_{Tl} - x_{0l}}{f_{xl}} = \dfrac{l_{11}x_E + l_{12}y_E + l_{13}z_E + t_{xl}}{l_{31}x_E + l_{32}y_E + l_{33}z_E + t_{zl}} \\[2mm]
\dfrac{y_{Tl} - y_{0l}}{f_{yl}} = \dfrac{l_{21}x_E + l_{22}y_E + l_{23}z_E + t_{yl}}{r_{31}x_E + r_{32}y_E + r_{33}z_E + t_z} \\[2mm]
\dfrac{x_{Tr} - x_{0r}}{f_{xr}} = \dfrac{r_{11}x_E + r_{12}y_E + r_{13}z_E + t_{xr}}{r_{31}x_E + r_{32}y_E + r_{33}z_E + t_{zr}} \\[2mm]
\dfrac{y_{Tr} - y_{0r}}{f_{yr}} = \dfrac{r_{21}x_E + r_{22}y_E + r_{23}z_E + t_{yr}}{r_{31}x_E + r_{32}y_E + r_{33}z_E + t_{zr}}
\end{cases}
\tag{8.7}
$$

式中，f_{xl}、f_{yl} 和 f_{xr}、f_{yr} 分别为两台摄像机镜头在各自 X_T 及 Y_T 方向的等效焦距；l_{ij}、r_{ij} 为坐标转换矩阵 R_l 和 R_r 中各元素。方程组中共有 3 个未知变量，但有 4 个方程，因此是超定方程组，可以采用最小二乘法求解得到目标空间坐标的唯一解。

8.2　机载光测图像分析方法

机载光测图像是通过安装在航天器设备舱的光学测量设备拍摄的录像，由于拍摄时距离降落伞很近,因此机载录像具有很高的分辨率,能够清晰记录到降落伞开伞过程的工作细节,但由于拍摄时跟随航天器运动,机载光测图像中只能采集到器伞系统的相对运动情况,为得到完整的测量信息,机载光学设备通常需要和全球导航卫星系统(Global Navigation Satellite System, GNSS)、姿态传感器、地面设备相互配合使用,在对试验录像进行定量分析时,机载光测图像主要用于分析降落伞充气过程伞衣投影面积变化情况以及降落伞与航天器相对摆动角度信息。本节将系统阐述机载光测图像一般处理方法。

8.2.1　机载光测图像的特点

航天器降落伞减速系统与航天器之间采用吊带连接,为避免航天器的自旋运动对降落伞的正常工作产生影响,在吊带与伞绳分叉带连接位置使用了旋转接头。舱上摄像机则以一定的倾角固定于航天器顶部。试验中物伞系统结构及舱上摄像机安装情况如图 8.3(a)所示。图 8.3(b)为典型机载录像降落伞充气过程图像。

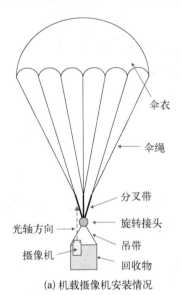
(a) 机载摄像机安装情况

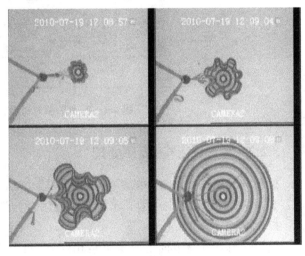
(b) 充气过程图像

图 8.3　机载光测图像

从图 8.3 可以看出,机载光测图像具有如下特点:

(1) 降落伞减速系统工作过程中,摄像机拍摄的降落伞位置、姿态及形状会出现无规则变化;

(2) 受安装情况限制,降落伞系统中的吊带、旋转接头会对伞衣形成遮挡,录像中的内嵌字幕等同样也会造成观测目标部分缺失;

(3) 受摄像机镜头视野范围限制,伞衣充满后部分区域会超出镜头视野边界。

由上可知,机载光测图像在图像测量前,除了需要进行常规的图像增强,还需要对遮挡及缺失部位进行修复操作。因此,机载光测图像处理需要包含如下步骤:

（1）图像预处理,包括图像增强、灰度变换、计算图像尺寸与真实物理空间的比例因子、确定图像与物理空间对应关系,以及干扰因素识别;

（2）目标区域分割,主要包括伞衣区域识别以及遮挡区域修复;

（3）数据测量分析,主要采用图像测量方法计算伞衣区域投影面积。

基于上述步骤,可以将机载光测图像处理流程表示为图 8.4 所示形式。

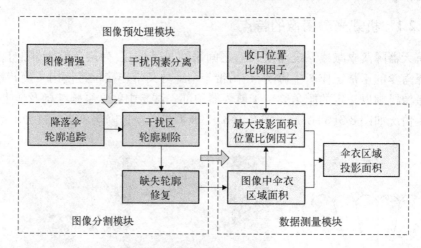

图 8.4　舱上录像分析流程

8.2.2　机载光测图像预处理

机载光测图像预处理中的灰度变换及图像增强方法可参考一般的数字图像处理方法,本书主要介绍比例因子求解及干扰因素分离方法。

1. 比例因子求解

设摄像机在任意方向上成像焦距相同,空间中两点在摄像机坐标系中坐标分别为 $(x_{S1}, y_{S1}, z_{S1})^{\mathrm{T}}$ 与 $(x_{S2}, y_{S2}, z_{S2})^{\mathrm{T}}$,根据 8.1 节单摄像机成像模型,可以将两点在图像中的距离与其在物理空间的距离表示为如下关系式:

$$\begin{bmatrix} x_{S1} - x_{S2} \\ y_{S1} - y_{S2} \end{bmatrix} = \frac{1}{f'} \begin{bmatrix} x_{T1}z_{S1} - x_{T2}z_{S2} \\ y_{T1}z_{S1} - y_{T2}z_{S2} \end{bmatrix} \tag{8.8}$$

式(8.8)表明,空间中两点在图像中的成像距离与二者之间 $O_S Z_S$ 向坐标密切相关,而利用图像测距,必须首先获取两点在摄像机坐标系中 $O_S Z_S$ 向坐标信息。

由于机载光测图像中目标物体相对单一,在降落伞减速系统工作的不同阶段部件种类、空间位置变化较大,通常难以找到尺寸和位置相对固定的空间参照物,但在伞衣完全充满后稳定下降阶段的伞衣顶部区域,或者收口型降落伞在保持收口阶段的伞衣底部,形状和尺寸相对固定,均可以作为图像分析时的参照物。以下即以收口型伞衣为例,详细阐述比例因子求解过程。

充气过程中伞衣视为半球与倒圆锥台的组合体,充满后的伞衣视为球冠结构,如图 8.5 所示:

(1) 摄像机光轴与伞衣对称轴保持一致,忽略摄像机镜头光轴与伞衣对称轴之间的夹角;

(2) 忽略充气过程中吊带、伞绳、伞衣以及收口绳出现的拉伸变形。

如图 8.5 所示,沿光轴方向伞衣不同截面位置的图像比例因子总可以表示为与光心间距离的函数,在收口阶段,伞衣收口位置与摄像机光心的距离 h_{rf} 为

$$h_{rf} = \sqrt{l_s^2 - r_{rf}^2} + h_b \tag{8.9}$$

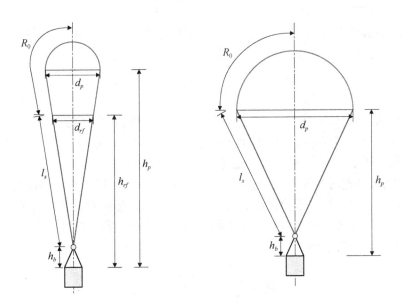

图 8.5　充气过程伞衣形状示意图

R_0. 伞衣长度;l_s. 伞绳长度;h_b. 伞绳汇交点与光心间距离;
d_p. 伞衣最大投影截面直径;d_{rf}. 伞衣收口位置直径

由此可以写出收口位置图像比例因子的计算公式为

$$k(h_{rf}) = \frac{l_{rf}}{\pi d_{rf}'} \tag{8.10}$$

式中, d_{rf}' 为图像中测量得到的伞衣收口位置直径。

通过几何关系可知伞衣最大投影截面位置与光心之间的距离 h_p 可以表示为

$$h_p = \begin{cases} \sqrt{(l_s + R_0 - 0.5\pi r_p)^2 - r_p^2} + h_b, & R_0 > 0.5\pi r_p \\ \sqrt{l_s^2 - r_p^2} + h_p, & R_0 \leqslant 0.5\pi r_p \end{cases} \tag{8.11}$$

式中，h_b 为伞绳汇交点与光心间距离，相对于 h_p 为一小量，计算时近似为 0。由式 (8.8) 可知，伞衣最大投影截面位置比例因子与收口位置比例因子满足以下关系：

$$k(h_p) = \frac{h_p}{h_{rf}} k(h_{rf}) \tag{8.12}$$

结合以上内容可以得到关于 h_p 的二次方程式，进而求得最大投影截面处对应的比例因子。

2. 干扰因素识别

机载录像中的干扰因素主要包括内嵌字幕、吊带及分叉带、旋转接头等拍摄时位于镜头与降落伞之间会对降落伞产生遮挡的因素。

内嵌字幕具有高的亮度和固定的位置，因此可以采用二值化后对序列图像求交集的方法得到其在图像中的分布区域：

$$D_C = \bigcap_{i=1}^{n} g_i \tag{8.13}$$

式中，D_C 为字幕区域；g_i 为二值化后的序列光测图像；n 为序列图像帧数。

吊带及分叉带则会随着降落伞工作形状位置不断变化，由于在录像中具有鲜明的颜色特征，可以利用色彩空间信息将其从图像中分离，具体方法是：在舱上录像处理之前，首先对图像中吊带及分叉带区域进行采样，得到色彩基准值，通过将图像中各个像素点与基准值进行比较，以确定该像素点是否隶属于吊带及分叉带区域。设图像中任一像素点在色彩空间中的矢量为 $\boldsymbol{x}_i$，采样得到的基准矢量为 $\bar{\boldsymbol{x}}$，则判别准则可以表示为

$$D_L = \begin{cases} 1, & \|\boldsymbol{x}_i - \bar{\boldsymbol{x}}\| \leqslant T \\ 0, & \|\boldsymbol{x}_i - \bar{\boldsymbol{x}}\| > T \end{cases} \tag{8.14}$$

式中，D_L 为分离得到的吊带及分叉带区域。

旋转接头同样是录像分析时需要排除的干扰因素。在舱上录像中，旋转接头的位置与投影形状会随着充气过程的进行出现变化，由于舱上录像中旋转接头颜色与伞衣中部分纹理区域颜色十分接近，因此无法利用简单的位置、形状及颜色特征将其从图像中分离。但从图像中还可以发现，旋转接头与连接绳相连形成特有的横"V"字形状，因此可以利用这一特征，在舱上录像处理之前可以从任一帧图像中提取如图 8.6 所示位置图像作为模板，采用图像匹配方法得到模板区域

图 8.6
旋转接头模板

在各帧图像中的位置。由于每帧图像中旋转接头形状并不完全一致,在得到其分布位置后还需采用区域生长方法以得到接头区域的精确范围,因此,旋转接头的分割过程分为以下两步:

(1) 采用图像匹配方法确定模板在图像中的位置;

(2) 利用区域生长算法,得到图像中旋转接头区域。

图像匹配方法是图像识别中常用方法,通过比较待匹配图像与模板之间的相似度,以确定待匹配图像与模板之间的相对关系。图像匹配方法大致可以分为两类,即基于区域的匹配与基于特征的匹配。基于区域的方法在匹配时依赖图像区域统计信息,计算过程中充分考虑了各像素点与其邻域像素的相互关系,匹配定位准确,但是计算量相对偏大,常用的方法为灰度相关匹配;基于特征的方法在匹配时以图像边缘、角点、拐点、纹理等特征作为匹配依据,匹配结果不会受图像光照等影响,具有较好的鲁棒性,但匹配结果依赖于特征点的选取质量,并且定位精度相对较差。为确保录像中旋转接头能够准确分离,此处分析时可以采用灰度相关的匹配方法。

常用的灰度相关匹配方法主要包括以下几种。

1) 区域相关归一化积匹配方法(normalized product correlation, Nprod)

区域相关归一化积匹配方法通过求解图像与模板之间的相关系数,进而确定模板在图像中的位置。记图像大小为 $m \times n$, 模板大小为 $r \times c$, 则图像中各个位置对应的相关系数为

$$R(a, b) = \frac{\sum_{i=1}^{r} \sum_{j=1}^{c} x(a, b)_{ij} y_{ij}}{\sqrt{\sum_{i=1}^{r} \sum_{j=1}^{c} x(a, b)_{ij}^2} \sqrt{\sum_{i=1}^{r} \sum_{j=1}^{c} y_{ij}^2}}, \quad 1 \leqslant a \leqslant m - r, 1 \leqslant b \leqslant n - c$$

$$(8.15)$$

式中, $x(a, b)_{ij}$ 为图像中以 (a, b) 为起点、大小与模板相同的子图像中第 i 行第 j 列处像素点的灰度值; y_{ij} 为模板中第 i 行第 j 列位置像素点的灰度值。

根据图像匹配原理可知,图像中各个大小为 $r \times c$ 的子图像与模板相关系数越大,表明该部分与模板越相似,该位置即为模板最佳匹配位置。

2) 平方差方法(square difference, SD)

平方差方法在计算时比较图像中各部分与模板之间的方差,图像中各个位置对应的方差 $P(a, b)$ 可以表示为

$$P(a, b) = \sum_{i=1}^{r} \sum_{j=1}^{c} [x(a, b)_{ij} - y_{ij}]^2, \quad 1 \leqslant a \leqslant m - r, 1 \leqslant b \leqslant n - c \quad (8.16)$$

图像中最小方差位置即为模板在图像中的最佳匹配位置。

3) 最小绝对值方法(absolute difference, AD)

最小绝对值方法与平方差方法差异不大,比较时均是通过逐点比较图像中各个部分与模板之间的灰度值差异以确定模板最佳匹配位置,但在计算图像差异时利用了图像与模板间像素点灰度差的绝对值 $Q(a, b)$:

$$Q(a, b) = \sum_{i=1}^{r} \sum_{j=1}^{c} | x(a, b)_{ij} - y_{ij} |, \quad 1 \leqslant a \leqslant m - r, 1 \leqslant b \leqslant n - c$$

(8.17)

模板在图像中的最佳匹配结果对应于绝对值之和最小位置。

对同一幅图像,上述三种方法匹配结果完全一致,但 Nprod 方法耗时较长,而 SD 方法及 AD 方法耗时较少。为进一步提高计算效率,匹配过程还可以采用金字塔式分层逐级搜索方法,具体步骤为:

(1) 将原始图像及模板图像划分为 L 层,以 $2^L \times 2^L$ 尺寸对图像和模板进行区域划分,并对图像和模板每个划分的 $2^L \times 2^L$ 区域取平均值,由此得到第 L 级大小为 $(m/2^L) \times (n/2^L)$ 的图像和第 L 级大小为 $(r/2^L) \times (c/2^L)$ 的模板,利用上述图像和模板进行粗匹配,得到第 L 级匹配位置;

(2) 采用同样方法得到第 $L-1$ 级图像和模板,并基于第 L 级匹配结果进行再次匹配,得到第 $L-1$ 级匹配位置;

(3) 迭代计算直至第 0 级,此时匹配即可得到模板在图像中的精确位置。

采用分层匹配算法仅需在尺寸最小的最高级图像中进行全图搜索,其余各级搜索区域则大大减小,并且不影响最终匹配结果的准确性。图 8.7 给出了利用本

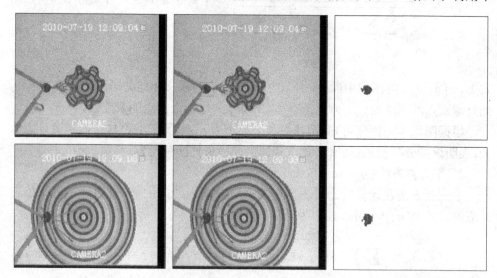

图 8.7　旋转接头匹配分割结果

节方法处理的机载光测图像中旋转接头分离结果。

8.2.3　伞衣区域分割

1. 伞衣区域轮廓检测

机载光测图像中的降落伞区域形成了一封闭区域,在数字图像处理中,对于封闭区域外部轮廓的检测可以采用主动轮廓方法、图搜索方法及边界追踪方法。其中,主动轮廓方法通过不断改变初始设定轮廓的形状最终逼近图像中的目标轮廓,由于轮廓变形过程涉及偏微分方程的求解,因此方法实现过程复杂,并且需要较长的计算时间。图搜索方法通过在图中搜索对应最小代价通路寻找闭合边界,所需计算量也非常大。边界追踪方法则从边界中选择任意一点作为起点,通过对其周围像素点进行比较,最终得到完整的闭合边界,与上述两种方法相比,边界追踪方法具有简单快速的特点,因此在封闭边界的获取中得以广泛应用。以下即对边界追踪方法中的爬虫法进行详细阐述。

爬虫法通常采用 Freeman 链码标记边界点,在边界点位置周围 8 个方向搜索下一边界点。令搜索方向采用逆时针方向,则 8-方向链码可以采用如图 8.8(a)所示形式表示,图 8.8(b)则为采用链码表示的正八边形边界。采用链码方式表示边界不仅简单方便,并且还可直接用于求解边界内部区域面积。由于此处轮廓追踪完成之后还需要进行干扰区边界点的删除和缺失部分边界点修复,因此追踪过程还需要保存边界点在图像中的坐标信息。

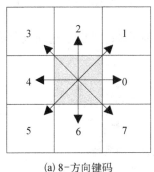

(a) 8-方向键码　　　　(b) 正八边形边界

图 8.8　Freeman 链码示意图

采用爬虫法对舱上录像中降落伞区域外部轮廓的追踪步骤如下:

(1) 在机载光测图像中各帧图像进行灰度变换和二值化操作;

(2) 选取图像中伞衣区域任意边界点作为边界追踪起点;

(3) 采用图 8.8(a)定义的链码方向对起点周围 8 个方向像素进行搜索,若像素点对应的一阶导数不为 0,则将其标记为新的边界点,之后以该点为中心对其周围 8 个方向像素点进行搜索；

（4）当最终搜索得到的边界点为边界起点时，搜索过程结束；

（5）对搜索得到的边界点逐点进行判断，剔除位于吊带、分叉带、旋转接头及内嵌字幕区域的边界点。

为避免搜索过程中噪声点及分支点的影响，可以在搜索前对图像进行形态学操作。采用上述方法即可得到部分缺失的伞衣区域外部轮廓。

2. 伞衣缺失轮廓修复

伞衣区域轮廓可以视为多段首尾相连的样条曲线，因此，缺失部分边界同样可以采用曲线形式表示。由于缺乏被遮挡及超出边界部分图像信息，对缺失边缘的修复过程仅能以视觉感受最佳作为评价准则，这意味着恢复后的轮廓应满足"光顺"要求，拟合曲线应具备二阶几何连续性。基于此，本节在进行恢复时将缺失部分边界表示为三次曲线形式，而后分别采用了最小二乘法、Hermite 插值和 Akima 插值三种方法进行缺失部分拟合。

如图 8.9 所示中部存在缺失的自由曲线，将缺失部分两个端点分别记为点 i 与点 j，缺口位置轮廓采用三次曲线拟合，为提高拟合曲线的准确性，拟合时选取缺口处变化范围较大的坐标作为自变量，因此拟合曲线可以表示为如下形式：

$$
\begin{cases}
y = a_3 x^3 + a_2 x^2 + a_1 x + a_0, & |x_i - x_j| \geqslant |y_i - y_j| \\
x = b_3 y^3 + b_2 y^2 + b_1 y + b_0, & |x_i - x_j| < |y_i - y_j|
\end{cases}
\tag{8.18}
$$

式中，a_k、$b_k(k = 0, 1, 2, 3)$ 为三次曲线各项系数，可以通过缺失部分两端边界点信息求得。

图 8.9　中部存在缺失的曲线

为比较上述拟合方法对不同类型边界的拟合效果，选取椭圆、自由曲线边界及正六边形缺失轮廓进行拟合恢复，拟合结果与真实轮廓的对比如图 8.10 所示。从图中可以看出，三种插值方法对椭圆及自由曲线轮廓缺失部分的拟合结果较好，与最小二乘法结果相比，Hermite 插值及 Akima 插值得到的拟合曲线与原有边界的衔接更为光滑，但对正六边形缺失轮廓，当轮廓缺失部分位于角点位置附近时，拟合曲线与真实轮廓之间存在较大差异。考虑到充气过程中伞衣轮廓相对光滑，上述方法已经可以满足机载光测图像的分析要求。

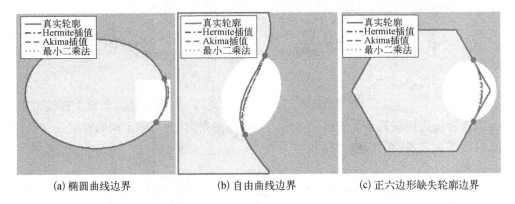

| (a) 椭圆曲线边界 | (b) 自由曲线边界 | (c) 正六边形缺失轮廓边界 |

图 8.10　不同类型缺失边界拟合结果

8.2.4　机载光测图像分析

机载光测图像分析主要包括降落伞减速系统工作过程中的伞衣面积测量和伞衣摆角测量。

1. 伞衣偏角求解

降落伞充气过程中,航天器与降落伞之间相对姿态不断变化,摄像机光轴与伞衣对称轴之间的夹角也会随之改变。设伞衣对称轴始终通过伞衣顶部顶孔中心,图像分析时即可通过伞衣顶孔偏离图像中心的距离求得伞衣倾角。鉴于伞衣顶孔及伞衣第一环为独特的同心圆结构,图像分析时可以采用图像匹配方法得到顶孔区域在图像中的位置,并计算其重心坐标。设图像中顶孔区域重心偏离图像中心的距离为 d_{Tv},则伞衣摆角 θ_c 可通过下式计算:

$$\theta_c = \arcsin(k_v d_{Tv}/h_v) \tag{8.19}$$

式中, k_v 为顶孔位置对应的比例因子; h_v 为伞衣顶孔与镜头之间的距离。

2. 伞衣面积测量

利用伞衣区域封闭轮廓可以计算伞衣投影面积,在图像分析中,面积求解通常通过统计封闭轮廓内像素点的个数进行。目前采用封闭轮廓求解区域面积的方法大致分为两类:一类直接利用边界点信息对封闭轮廓内面积进行计算,常用的有格林公式法、Freeman 链码方法等;另一类则将面积计算问题转化为封闭轮廓内区域填充问题,通过统计填充后封闭轮廓内部包围的像素点个数得到区域面积,如等高线方法、漫水法等。下面对格林公式法、Freeman 链码方法及轮廓填充面积方法进行阐述。

格林公式法以微积分中的格林定理为基础,通过对封闭轮廓求积分得到轮廓内区域面积。利用格林公式法计算面积时需要标记边界点的连接顺序。此外,由于图像中的边界点为离散点，计算时需要采用离散化的格林公式：

$$A_c = \frac{1}{2}\oint(x_T \mathrm{d}y_T - y_T \mathrm{d}x_T) = \frac{1}{2}(x_{T_{Nb}}y_{T_1} - x_{T_1}y_{T_{Nb}}) + \frac{1}{2}\sum_{i=1}^{N_b-1}(x_{T_i}y_{T_{i+1}} - x_{T_{i+1}}y_{T_i})$$

$$(8.20)$$

式中，(x_{T_i}, y_{T_i}) 为第 i 个边界点在图像中的坐标；N_b 为边界点的个数。直接采用离散格林公式计算其实并未将全部的边界点考虑在内，为得到正确的计算结果，计算时需要在上式中引入修正项：

$$A_c = \frac{1}{2}(x_{T_{Nb}}y_{T_1} - x_{T_1}y_{T_{Nb}}) + \frac{1}{2}\sum_{i=1}^{N_b-1}(x_{T_i}y_{T_{i+1}} - x_{T_{i+1}}y_{T_i}) + \left\lfloor\frac{N_b}{2}\right\rfloor + 1 \quad (8.21)$$

式中，$\lfloor \cdot \rfloor$ 为向下取整符号。

基于 Freeman 链码的面积计算方法计算时需要保存边界点 Freeman 链码及坐标位置，而后通过查询相应的链码进出表以确定边界点类型，进而得到封闭轮廓内区域面积。表 8.1 为行搜索条件下链码进出表，表中 c_i 为第 i 个边界点对应链码值，1 代表边界点为左边界点，2 代表边界点为右边界点，3 代表边界点为突出的孤立点，0 则代表统计时对应的无效边界点。

表 8.1　行搜索链码进出表

c_{i-1} \ c_i	0	1	2	3	4	5	6	7
0	0	2	2	2	2	0	0	0
1	0	2	2	2	2	3	0	0
2	0	2	2	2	2	3	3	0
3	0	2	2	2	2	3	3	3
4	1	0	0	0	0	1	1	1
5	1	3	0	0	0	1	1	1
6	1	3	3	0	0	1	1	1
7	1	3	3	3	0	1	1	1

根据链码进出表可以将封闭轮廓内区域面积表示为如下形式：

$$A_c = -\sum_{i=1}^{N_1}(x_{T_i}[1] - 1) + \sum_{j=1}^{N_2}x_{T_j}[2] + N_3 \quad (8.22)$$

式中，$x_{T_i}[1]$ 为链码进出表中取值为 1 的第 i 个边界点在图像中 X_T 方向坐标；$x_{T_j}[2]$ 为链码进出表中取值为 2 的第 j 个边界点在图像中 X_T 方向坐标；N_1、N_2 与 N_3 分别代表了链码进出表中取值分别为 1、2、3 的边界点总个数。式 (8.22) 的物理意义在于统计图像中每一行左右侧边界点之间的像素点个数以及孤立像素点个数，进而统计整个封闭区域内部像素点个数。

轮廓填充面积方法首先需要将封闭轮廓包围区域进行填充，再统计填充区域内像素点个数。

尽管上述方法的实现形式不同，但对于同一封闭轮廓，不同方法求得的结果并无差异，实际应用中选取任意方法均可。

图像直接测量得到的是伞衣在摄像机光轴法向平面的投影面积 A_{Tc}，伞衣真实投影面积 A_c 还应考虑伞衣摆角 θ_c 的影响：

$$A_c = \frac{A_{Tc}}{\cos \theta_c} \qquad (8.23)$$

采用本节方法对航天器降落伞减速系统机载光测图像进行分析，得到如图 8.11 所示主伞充气过程伞衣区域识别结果，图中伞衣边缘位置圆点表示缺失部分轮廓端点。从图中可以看出，本节分析方法对伞衣受遮挡及缺失部分的恢复取得了较好的结果。

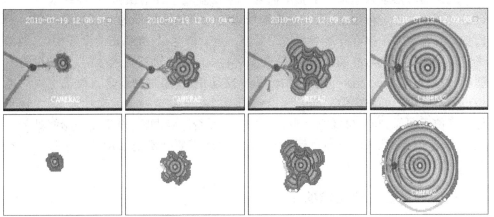

图 8.11　空投试验舱上录像伞衣区域分割结果

基于上述结果测量得到的伞衣充气过程投影面积变化曲线如图 8.12 所示，从图中可以看出，该降落伞伞衣投影面积在充气过程中大致分为三个阶段：第一阶段从充气开始至伞衣处于收口状态为止，持续时间为 2 秒，在此期间，伞衣投影面积近似线性增加；第二阶段为伞衣收口阶段，在该阶段，伞衣投影面积变化不大；第三阶段为解除收口阶段,在该阶段,伞衣投影面积迅速增加并达到全过程最大值,持续时间约为 5 秒,之后,伞衣投影面积曲线呈震荡趋势。

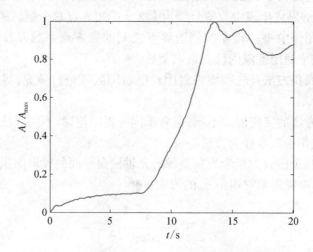

图 8.12　机载光测图像伞衣投影面积变化曲线

8.3　地面光测图像分析方法

　　航天器降落伞减速系统试验中通常会采用安装于高清摄像机、经纬仪等光学设备对试验过程进行拍摄,采用这类地面设备拍摄的图像即为地面光测图像。地面拍摄图像能够拍摄到降落伞与航天器整体运动情况,与机载光学设备相比,地面光学设备的校测相对容易,因此更适合于对物伞空间运动情况的分析,如获取拉直速度、拉直后伞衣顶部抽打速度、物伞系统摆动角度,通过测量伞衣直径也可以近似得到伞衣投影面积。但地面光测设备拍摄时物伞系统处于运动状态,为确保目标始终位于图像中心,摄像机镜头会跟随物伞系统不断调整,设备姿态始终处于变化之中。为得到准确的空间目标姿态,观测时还需要准确记录设备姿态信息。本节将系统阐述地面光测图像处理的方法。

8.3.1　地面光测图像的特点

　　图 8.13 为航天器降落伞系统空投试验时地面录像中降落伞开伞过程图像,从图中可以看出,地面光测图像具有以下特点:
　　(1) 拍摄时摄像机距离物伞系统较远,拍摄过程为远景拍摄;
　　(2) 图像中仅能观察到物伞系统,缺乏其他参照物;
　　(3) 物伞系统在图像中的位置、姿态不固定,开伞过程中伞绳伞衣形状会出现大幅变化;

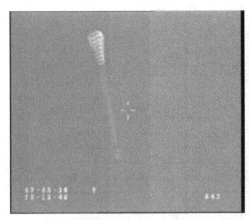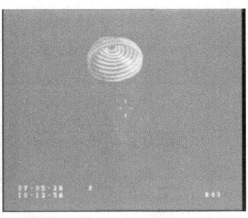

图 8.13　地面光测图像中降落伞开伞过程

（4）图像中存在光标及内嵌字幕。

根据地面录像特点，为研究问题方便，在对拉直、开伞过程图像进行分析时可以采用以下假设：

（1）由于拉直及开伞过程时间较短，而拍摄时镜头与目标距离较远，可以认为开伞过程摄像机姿态角保持不变；

（2）拉直过程伞绳伞衣处于同一平面内。

开伞过程的录像分析过程可以简单表述如下：首先采用图像分割方法识别地面录像各帧图像中的降落伞区域，而后对分割结果进行图像分析及投影变换，得到伞衣拉直充气过程中的姿态、形状及运动参数等所需信息。与机载光测图像分析相似，地面光测图像分析同样可以表示为如图 8.14 所示三个步骤：

（1）图像预处理。主要用于确定图像空间与物理空间的对应关系，排除图像中存在的干扰因素，提高待分割图像的质量；

（2）目标区域分割。主要用于实现图像中降落伞区域的分割，为满足不同类型地面光测图像分析的需要，目标区域分割时需要多种鲁棒性好的处理方法；

（3）图像数据测量。主要用于对分割后得到的降落伞图像进行分析测量，以得到降落伞拉直后顶部运动速度、开伞过程姿态、形状等信息。

8.3.2　地面光测图像的预处理

地面光测图像的预处理同样包括图像增强、比例因子求解和干扰因素识别。

地面光测设备拍摄时距离航天器较远，航天器降落伞减速系统在空间平面内沿光轴方向的尺寸相对镜头与航天器距离为一小量，因此图像处理时可以采用弱透视模型，即认为目标中任意点在距离镜头的 z_s 均相同，此时若镜头在任意方向具

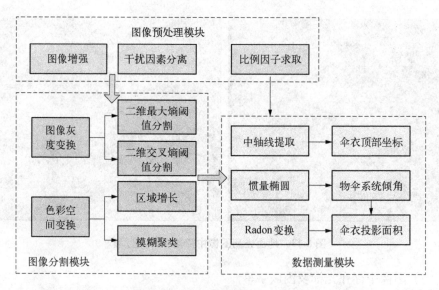

图 8.14 地面光测图像分析过程

有相同的焦距,则图像中任意像素点位置的比例因子 k 均相等,此时两像素点之间的投影关系可以简化为

$$\begin{bmatrix} x_{T1} - x_{T2} \\ y_{T1} - y_{T2} \end{bmatrix} = k \begin{bmatrix} x_{S1} - x_{S2} \\ y_{S1} - y_{S2} \end{bmatrix} \tag{8.24}$$

地面光测图像比例因子求解的关键依然是在图像中找到尺寸已知的参照物。通常而言,地面光测设备能够拍摄到整个航天器,而航天器尺寸信息已知,结构外形固定,符合参照物的选取标准,但当航天器尺寸较小时,由于镜头距离较远,设备分辨率有限,加之光照因素影响,会导致航天器在图像中占比极小,外形轮廓相对模糊,尺寸测量偏差大,此时应该选择其他尺寸较大的物体作为参照物。如收口型降落伞依然可以选择以伞衣底部作为参照物。

设收口绳长度为 l_d,图像测量得到的降落伞收口部位直径为 d_s,则图像中比例因子可通过以下公式求得

$$k = \frac{l_d}{\pi d_s} \tag{8.25}$$

地面光测图像中的内嵌字幕识别方法与机载光测图像相同,同样采用序列图像求交集方法,此处不再赘述。

8.3.3 降落伞区域分割

降落伞区域分割是地面光测图像分析中最为核心的内容,分割结果将直接决

定最终的图像分析结果是否有效。与机载光测图像不同,地面光测图像拍摄中受光照、安装位置等因素影响较大,因此即便针对同一目标,不同时间、不同设备拍摄得到的图像在色彩、亮度及降落伞伞衣特征方面均存在显著差异,此时,采用单一分割方法则无法满足不同图像的分析要求,实际处理中可能需要针对不同类型图像采用不同分割方法。此外,考虑到开伞过程图像序列较多,为快速得到准确的处理结果,图像分割方法还需要兼顾兼容性、鲁棒性及计算效率的分析要求。综合考虑上述因素,本节在综合对比不同类型分割方法后,提供了四种适用于地面录像的图像分割方法,以下即对各个方法进行详细论述,并对最终实现效果与图像分割中常用的 Otsu 方法进行对比。

1. 二维最大熵阈值方法

二维最大熵阈值方法是一种快速有效的图像阈值分割方法。与一维阈值分割方法相比,二维最大熵阈值方法在分割时能够同时考虑图像两维信息,并且将目标图像与背景图像的熵值作为阈值选取准则,从而使得分割效果较传统方法明显改善,分割结果更加准确合理,因此在图像分析领域得以广泛应用。在进行图像分割时,二维信息通常选用图像各像素点的灰度信息以及邻域平均灰度值分布信息。

设图像尺寸为 $m \times n$,灰度级数为 L,图像中坐标为 $(x_T, y_T)^T$ 的像素点处灰度值为 $g(x_T, y_T)$,则其周围范围为 $n_n \times n_n$ 的图像邻域内图像灰度平均值为

$$g_n(x_T, y_T) = \frac{1}{n_n^2} \sum_{k_1=-(n_n-1)/2}^{(n_n-1)/2} \sum_{k_2=-(n_n-1)/2}^{(n_n-1)/2} g(x_T + k_1, y_T + k_2) \tag{8.26}$$

式中,n_n 通常为奇数,一般情况下可以取值为 3。

在求得邻域内灰度图像值之后,对于坐标为 $(x_T, y_T)^T$ 的像素点,可以采用广义图像 $[g(x_T, y_T), g_n(x_T, y_T)]$ 描述其灰度信息,从而将图像的灰度直方图由一维扩展至二维领域。对广义图像进行分割时,定义二维矢量 $[S, T]^T$ 为分割阈值,则二维阈值函数可以表示为

$$f_{S,T} = \begin{cases} b_0, & g(x_T, y_T) \leqslant S, \ g_n(x_T, y_T) \leqslant S \\ b_1, & g(x_T, y_T) > S, \ g_n(x_T, y_T) > S \end{cases} \tag{8.27}$$

采用 r_{ij} 表示图像中像素点灰度-邻域灰度对 (i, j) 出现的频数,则其出现的联合概率密度 p_{ij} 可以表示为

$$p_{ij} = \frac{r_{ij}}{mn} \tag{8.28}$$

由此可得如图 8.15 所示二维灰度直方图,直方图中每一点函数值即为 r_{ij}。当

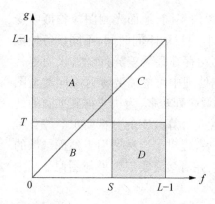

图 8.15　二维灰度-邻域灰度直方图

采用二维矢量 $[S, T]^{\mathrm{T}}$ 对图像进行分割时,直方图将会被分为四个部分。由于目标图像及背景图像具有同态性,因此像素点灰度值与邻域灰度值相差不大,在二维直方图中一般位于对角线附近,即图中的 B 区和 C 区;而对于图像边缘及噪声等在图像中存在突变的区域,在二维直方图中与对角线距离较远,主要分布于图中 A 区和 D 区。因此,B 区和 C 区即为分离得到的目标区和背景区。

根据定义可知,图像中像素点隶属于 B 区和 C 区的先验概率分别为

$$\begin{cases} P_B = \displaystyle\sum_{i=0}^{S}\sum_{j=0}^{T} p_{ij} \\ P_C = \displaystyle\sum_{i=S+1}^{L-1}\sum_{j=T+1}^{L-1} p_{ij} \end{cases} \tag{8.29}$$

定义 B 区和 C 区对应的二维后验熵为

$$\begin{cases} H_B = -\displaystyle\sum_{i=0}^{S}\sum_{j=0}^{T} \frac{p_{ij}}{P_C}\ln\frac{p_{ij}}{P_C} \\ H_C = -\displaystyle\sum_{i=S+1}^{L-1}\sum_{j=S+1}^{L-1} \frac{p_{ij}}{P_B}\ln\frac{p_{ij}}{P_B} \end{cases} \tag{8.30}$$

与之相类似,可以写出图像中像素点隶属于 A 区和 D 区的概率 P_A 和 P_D,以及两区对应的二维后验熵 H_A 和 H_D。二维最大熵阈值分割方法认为,图像中边缘及噪声部分像素点很少,在计算最大熵时可以将该部分忽略不计,从而可得

$$P_B + P_C = 1 \tag{8.31}$$

最大熵的判别准则可以写为

$$H(S, T) = \max(H_B + H_C) \tag{8.32}$$

另一种较为常用的最大熵判别函数为

$$H(S, T) = \max\{\min_{i,j}(H_B, H_C)\} \tag{8.33}$$

求解图像最大熵阈值需要采用穷尽搜索算法,对所有可能的 (S, T) 进行计算,为提高计算效率,图像处理时采用适用于最大熵阈值求解的快速搜索算法。以

B 区为例,根据式(8.29)可以写出先验概率 P_B 的递推公式为

$$\begin{cases} P_B(0,\,0) = p_{00} \\ P_B(S,\,0) = P_B(S-1,\,0) + p_{S0} \\ P_B(0,\,T) = P_B(0,\,T-1) + p_{0T} \\ P_B(S,\,T) = P_B(S,\,T-1) + P_B(S-1,\,T) - P_B(S-1,\,T-1) + p_{0T} \end{cases}$$

(8.34)

记

$$\bar{\mu}_B(S,\,T) = \sum_{i=0}^{S} \sum_{j=0}^{L} p_{ij} \ln p_{ij}$$

(8.35)

则 B 区对应的后验熵 H_B 可以表示成 P_B 与 $\bar{\mu}_B$ 的函数:

$$H_B(S,\,T) = -\frac{1}{P_B} \bar{\mu}_B(S,\,T) + \ln P_B$$

(8.36)

对于 $\bar{\mu}_B$,可以采用如下公式进行迭代求解:

$$\begin{cases} \bar{\mu}_B(0,\,0) = 0 \\ \bar{\mu}_B(S,\,0) = \bar{\mu}_B(S-1,\,0) + p_{S0} \ln p_{S0} \\ \bar{\mu}_B(0,\,T) = \bar{\mu}_B(0,\,T-1) + p_{0T} \ln p_{0T} \\ \bar{\mu}_B(S,\,T) = \bar{\mu}_B(S-1,\,T) + \bar{\mu}_B(S,\,T-1) - \bar{\mu}_B(S-1,\,T-1) + p_{ST} \ln p_{ST} \end{cases}$$

(8.37)

与 B 区递推结果类似,可以得到 C 区概率及灰度均值的递推公式。采用递推公式可以大大减少二维最大熵分割法运算时间,提高分割算法的计算效率。

2. 二维交叉熵阈值方法

与最大熵阈值分割方法相似,交叉熵阈值分割同样采用熵值作为阈值选择的依据,但交叉熵方法在阈值计算时采用的优化准则与最大熵方法完全不同。最大熵方法着眼于使分割后目标区域与背景区域中像素点灰度值分布尽量均匀,而交叉熵方法在图像分割时借鉴了 Otsu 方法的思想,强调阈值的选择应使目标区域与背景区域之间信息差异最大。

二维交叉熵阈值分割方法同样利用图像灰度-邻域灰度分布密度函数定义图像信息熵,相关计算公式可以参考二维最大熵阈值方法中的内容。定义 $P_B(S)$、$P_C(S)$ 分别为图像灰度阈值为 S 时 B 区和 C 区的先验概率,$\mu_B(S)$、$\mu_C(S)$ 分别为对应的灰度均值,根据定义可以写出:

$$\begin{cases} P_B(S) = \sum_{i=0}^{S} \sum_{j=0}^{T} p_{ij} = P_B(S, T) \\[2mm] P_C(S) = \sum_{i=S+1}^{L-1} \sum_{j=T+1}^{L-1} p_{ij} = P_C(S, T) \\[2mm] \mu_B(S) = \dfrac{\sum\limits_{i=0}^{S} \sum\limits_{j=0}^{T} i p_{ij}}{\sum\limits_{i=0}^{S} \sum\limits_{j=0}^{T} p_{ij}} = \dfrac{\sum\limits_{i=0}^{S} \sum\limits_{j=0}^{T} i p_{ij}}{P_B(S, T)} = \mu_{B0} \\[2mm] \mu_C(S) = \dfrac{\sum\limits_{i=S+1}^{L-1} \sum\limits_{j=T+1}^{L-1} i p_{ij}}{\sum\limits_{i=S+1}^{L-1} \sum\limits_{j=T+1}^{L-1} p_{ij}} = \dfrac{\sum\limits_{i=S+1}^{L-1} \sum\limits_{j=T+1}^{L-1} i p_{ij}}{P_C(S, T)} = \mu_{C0} \end{cases} \tag{8.38}$$

定义 $P_B(T)$、$P_C(T)$ 分别为邻域图像灰度阈值为 T 时 B 区和 C 区的先验概率,$\mu_B(T)$、$\mu_C(T)$ 分别为与之对应的灰度均值,同样可以写出:

$$\begin{cases} P_B(T) = \sum_{i=0}^{S} \sum_{j=0}^{T} p_{ij} = P_B(S, T) \\[2mm] P_C(T) = \sum_{i=S+1}^{L-1} \sum_{j=T+1}^{L-1} p_{ij} = P_C(S, T) \\[2mm] \mu_B(T) = \dfrac{\sum\limits_{i=0}^{S} \sum\limits_{j=0}^{T} j p_{ij}}{\sum\limits_{i=0}^{S} \sum\limits_{j=0}^{T} p_{ij}} = \dfrac{\sum\limits_{i=0}^{S} \sum\limits_{j=0}^{T} j p_{ij}}{P_B(S, T)} = \mu_{B1} \\[2mm] \mu_C(T) = \dfrac{\sum\limits_{i=S+1}^{L-1} \sum\limits_{j=T+1}^{L-1} j p_{ij}}{\sum\limits_{i=S+1}^{L-1} \sum\limits_{j=T+1}^{L-1} p_{ij}} = \dfrac{\sum\limits_{i=S+1}^{L-1} \sum\limits_{j=T+1}^{L-1} j p_{ij}}{P_C(S, T)} = \mu_{C1} \end{cases} \tag{8.39}$$

根据交叉熵定义,可以写出一维情况阈值为 S 时最大交叉熵准则函数为

$$D(S) = P_B(S)\mu_B(S)\ln\mu_B(S) + P_C(S)\mu_C(S)\ln\mu_C(S) \tag{8.40}$$

一维情况下邻域灰度阈值为 T 时准则函数为

$$D(T) = P_B(T)\mu_B(T)\ln\mu_B(T) + P_C(T)\mu_C(T)\ln\mu_C(T) \tag{8.41}$$

由于熵具有可加性,因此可以建立二维情况下以 $[S, T]^{\mathrm{T}}$ 为分割阈值时对应

的准则函数：

$$D(S, T) = D(S) + D(T) \tag{8.42}$$

最佳阈值的选取应满足：

$$(S^*, T^*) = \arg\left[\max_{0 \leqslant i, j \leqslant L-1} (D(S, T)) \right] \tag{8.43}$$

求解图像交叉熵阈值同样需要采用递推公式节省计算时间。以 B 区为例，其先验概率的递推公式与式(8.34)相同。若记

$$\begin{cases} \bar{\mu}_{B0}(S, T) = \mu_{B0} P_B(S, T) = \sum_{i=S+1}^{L-1} \sum_{j=T+1}^{L-1} i p_{ij} \\ \bar{\mu}_{B1}(S, T) = \mu_{B1} P_B(S, T) = \sum_{i=S+1}^{L-1} \sum_{j=T+1}^{L-1} j p_{ij} \end{cases}$$

由此可以得到 B 区灰度均值的递推公式：

$$\begin{cases} \bar{\mu}_{B0}(0, 0) = 0 \\ \bar{\mu}_{B0}(S, 0) = \bar{\mu}_{B0}(S-1, 0) + S p_{S0} \\ \bar{\mu}_{B0}(0, T) = \bar{\mu}_{B0}(0, T-1) + T p_{0T} \\ \bar{\mu}_{B0}(S, T) = \bar{\mu}_{B0}(S-1, T) + \bar{\mu}_{B0}(S, T-1) - \bar{\mu}_{B0}(S-1, T-1) + S p_{ST} \end{cases} \tag{8.44}$$

$$\begin{cases} \bar{\mu}_{B1}(0, 0) = 0 \\ \bar{\mu}_{B1}(S, 0) = \bar{\mu}_{B1}(S-1, 0) + 0 p_{S0} \\ \bar{\mu}_{B1}(0, T) = \bar{\mu}_{B1}(0, T-1) + T p_{0T} \\ \bar{\mu}_{B1}(S, T) = \bar{\mu}_{B1}(S-1, T) + \bar{\mu}_{B1}(S, T-1) - \bar{\mu}_{B1}(S-1, T-1) + T p_{ST} \end{cases} \tag{8.45}$$

3. 最优阈值区域生长方法

区域生长方法是图像分割时常用的一种串行图像分割方法，其基本思想是以某种相似准则为基准，通过将种子点邻域像素点与选取的种子点相比较，将符合相似准则的像素点划入种子区域，进而实现整幅图像的分割。

地面光测图像中的天空背景具有单一色彩结构，且与降落伞之间存在明显的色彩差，因此，可以利用色彩空间信息进行区域生长，将背景区域从图像中分离，从而得到降落伞系统图像。考虑到在诸多色彩空间中，CIE Lab 色彩空间与人类的感知最为接近，并且能够将不同色彩之间的差异表示为 ab 两维空间中两点的欧氏距离，因此，可以采用像素点在 ab 空间的色彩信息制定区域生长准则。

设种子点在 ab 空间信息为 $(s_a, s_b)^T$，对于其邻域 R^s 中任意一点 r_i，将其在 ab 空间取值记为 $(r_{ai}, r_{bi})^T$，则传统区域生长准则可以表示为

$$\sqrt{(r_{ai} - s_a)^2 + (r_{bi} - s_b)^2} \leqslant T \tag{8.46}$$

式中，T 为分割阈值。

采用式(8.46)表示的相似准则判断时仅仅考虑了像素点自身信息，而忽略了像素点与邻域像素点之间关系，当图像中存在噪声及异常值时，往往得不到正确的分割结果。为提高方法的抗噪能力，计算时可以将生长准则改进为如下形式：

$$\sqrt{(\bar{r}_{ai} - s_a)^2 + (\bar{r}_{bi} - s_b)^2} \leqslant T \tag{8.47}$$

式中，$(\bar{r}_{ai}, \bar{r}_{bi})^T$ 为考虑邻域空间加权的像素点 ab 空间色彩值，其表达式分别为

$$\begin{cases} \bar{r}_{ai} = \dfrac{1}{\alpha + 1}\left(r_{ai} + \dfrac{\alpha}{N_{R_i}}\sum_{j \in R_i} r_{aj}\right) \\ \bar{r}_{bi} = \dfrac{1}{\alpha + 1}\left(r_{bi} + \dfrac{\alpha}{N_{R_i}}\sum_{j \in R_i} r_{bj}\right) \end{cases} \tag{8.48}$$

式中，R_i 为第 i 个像素点邻域；N_{R_i} 为邻域内像素点个数；α 为加权系数。

初始种子点的选择关系到区域生长能否顺利进行。在地面光测图像中，物伞系统作为图像拍摄的主体，一般位于图像中央区域，图像两侧边缘位置均为天空背景，因此，处理时可以选取图像边缘处位置作为初始种子区域，并以该区域内像素点在 ab 空间的均值作为初始种子点信息：

$$(s_a, s_b) = \left(\frac{1}{N_s}\sum_{i=1}^{N_s} s_{ai}, \frac{1}{N_s}\sum_{i=1}^{N_s} s_{bi}\right) \tag{8.49}$$

式中，N_s 为种子区域像素点个数。随着种子区域的不断扩大，种子点信息也应不断更新，以提高算法处理背景色彩存在渐变情况下的适用性。当图像中不再有像素点满足生长法则时，生长过程结束。

生长阈值是区域生长分割中的另一重要因素，不同阈值情况下图像分割结果可能存在很大差异，而不合理的阈值更会导致错误的分割结果。由于图像分割效果可以采用分割后目标图像及背景图像在各自色彩区域内分布的紧凑程度作为评价指标，因此，最优阈值的选择应使得目标区域及背景区域内像素与其均值的偏离程度最小。鉴于此，本节在图像分割时采用背景和目标的方差之和作为阈值的评价指标。记目标区域为 A，背景区域为 B，则最优阈值 T^* 的选择应当满足：

$$T^* = \mathrm{argmin}\left[\,\mathrm{var}(A) + \mathrm{var}(B)\,\right] \tag{8.50}$$

式中，$\mathrm{var}(A)$ 与 $\mathrm{var}(B)$ 分别代表目标区域与背景区域方差。

地面光测图像拍摄的降落伞拉直开伞过程包含成百上千幅图像,如果每幅图像处理时均进行最优阈值计算会耗费大量的资源,为提高计算效率,图像处理时可以对前几幅图像进行方差分析,之后将分析得到的最优阈值作为整个分析过程中最优阈值。

4. 考虑空间约束的快速模糊 C 均值聚类方法

模糊 C 均值聚类方法(fuzzy C-means, FCM)是一种无监督聚类方法。在进行图像分割时,FCM 方法仅靠图像像素点之间的相似程度作为划分准则,将图像中像素点划分成若干子集。与硬聚类方法相比,基于模糊数学建立的 FCM 方法能够保存原始图像像素点更多的信息,建立起像素点对于不同类别的不确定性描述,分割效果更符合实际情况,因此被广泛应用于航天、医学等诸多图像处理领域。

对地面录像的初步分析表明,录像中的伞衣区域在 ab 色彩空间具有较好的一致性,并且与周围天空背景存在明显差异,因此,可以采用 ab 色彩空间信息对图像进行聚类分割。将图像中第 i 个像素点表示为 ab 色彩空间中二维矢量 $\boldsymbol{x}_i = (x_{ai}, x_{bi})^{\mathrm{T}}$,设第 k 类聚类中心为 $\boldsymbol{v}_k = (v_{ak}, v_{bk})^{\mathrm{T}}$,则 FCM 算法的目标函数为

$$J_m = \sum_{i=1}^{N} \sum_{k=1}^{c} u_{ik}^m d_{ik}^2 \tag{8.51}$$

式中,N 为图像中像素点个数;c 为聚类数;m 为加权系数,取值一般在 1.5~2.5 范围内;u_{ik} 为隶属度函数,满足 $\sum_{k=1}^{c} u_{ik} = 1$;$d_{ik}$ 为像素点与聚类中心之间的度量距离,在 ab 色彩空间通常为欧氏距离:

$$d_{ik}^2 = \| \boldsymbol{x}_i - \boldsymbol{v}_k \|^2 \tag{8.52}$$

采用拉格朗日方法可以得到隶属度函数及聚类中心的表达式为

$$u_{ik} = \frac{1}{\sum_{j=1}^{c} \left(\dfrac{d_{ik}}{d_{jk}} \right)^{\frac{2}{m-1}}} \tag{8.53}$$

$$v_{ik} = \frac{\sum_{i=1}^{N} u_{ik}^m \boldsymbol{x}_{ik}}{\sum_{i=1}^{N} u_{ik}^m} \tag{8.54}$$

地面录像中包含了各类噪声,而传统的 FCM 方法在分割含噪图像时往往不能得到准确的分割结果,为提高 FCM 方法的抗噪性,聚类分割时还需要考虑像素点邻域像素的色彩信息,此时第 i 个像素点对应的色彩矢量表达式为

$$\bar{x}_i = \frac{x_i + \sum\limits_{j \in N_i} S_{ij} x_j}{1 + \sum\limits_{j \in N_i} S_{ij}} \tag{8.55}$$

式中，N_i 为第 i 个像素点的邻域；S_{ij} 为邻域加权系数，可以表示为空间距离加权系数与色彩加权系数之积：

$$S_{ij} = S_{s\_ij} \times S_{g\_ij} \tag{8.56}$$

式中，S_{s_ij} 为空间距离加权系数，与邻域像素点与第 i 个像素之间的距离成反比：

$$S_{s\_ij} = \exp\left[-\frac{(x_{Ti} - x_{Tj})^2 + (y_{Ti} - y_{Tj})^2}{\lambda_s}\right]$$

式中，λ_s 为一设定值，$(x_i, y_i)^{\mathrm{T}}$ 及 $(x_j, y_j)^{\mathrm{T}}$ 分别为第 i 个像素点及第 j 个像素点在图像坐标系中的坐标。

S_{g_ij} 为色彩加权系数，与邻域像素点与第 i 个像素之间的色彩差异成反比：

$$S_{g\_ij} = \exp\left(-\frac{\|x_i - x_j\|^2}{\lambda_g \times \sigma_{g\_i}^2}\right) \tag{8.57}$$

式中，λ_g 为设定常数；σ_{g_i} 则反映了第 i 个像素点与邻域像素点之间的相似性关系，其表达式为

$$\sigma_{g\_i} = \sqrt{\frac{\sum\limits_{j \in N_i} \|x_i - x_j\|^2}{n_i}} \tag{8.58}$$

式中，n_i 为邻域内像素点个数。

采用聚类算法对图像进行分割时，计算时间与图像大小密切相关。为此，对于一维灰度图像通常采用灰度直方图代替像素点，以达到快速分割的目的。当图像为二维图像时，灰度直方图映射方法已不具任何优势，实现模糊聚类的快速分割采用如下处理方法：

（1）帧间求差，确定物伞系统在图像中的大致位置，并生成子图像作为聚类分析对象；

（2）采用聚类方法对子图像的缩比图像进行模糊聚类分割；

（3）将上一步得到的聚类中心值作为初始聚类中心，进而对子图像进行聚类分析，并得到最终聚类分割结果。

5. 不同方法结果比较

图 8.16 和图 8.17 给出了采用本节四种方法对地面光测图像进行降落伞区域分

割情况对比,从图中可以看出,无论针对收口阶段还是充满阶段,本节方法得到的降落伞区域更为完整,在处理序列图像时鲁棒性更好,能够满足地面光测图像处理的要求。

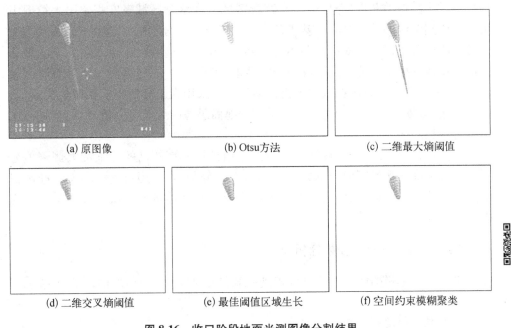

(a) 原图像　　　　　　　　(b) Otsu方法　　　　　　(c) 二维最大熵阈值

(d) 二维交叉熵阈值　　　(e) 最佳阈值区域生长　　　(f) 空间约束模糊聚类

图 8.16　收口阶段地面光测图像分割结果

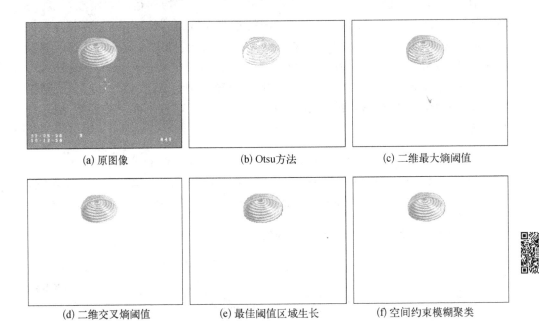

(a) 原图像　　　　　　　　(b) Otsu方法　　　　　　(c) 二维最大熵阈值

(d) 二维交叉熵阈值　　　(e) 最佳阈值区域生长　　　(f) 空间约束模糊聚类

图 8.17　全充满阶段地面光测图像分割结果

本节提供的四种图像分割方法中,二维最大熵阈值分割方法及二维交叉熵阈值分割方法根据图像熵信息给出分割阈值,分割过程消耗时间最少,但由于分割过程仅考虑了图像的灰度信息,因此在背景区域与降落伞区域亮度相差不大情况下可能会得到错误的分割结果。基于色彩空间进行图像分割的区域生长方法及模糊聚类方法充分考虑了伞衣区域与目标区域之间的色彩差异,在绝大多数架次地面录像的图像分析中均能得到准确的分割结果,但相比之下,这两种方法计算时间较长,尤其是区域生长方法在录像分析初期仍需要采用人工分析方法获取最优阈值,相比之下,模糊聚类方法最适用于开伞过程地面录像的无监督分析,但在四种方法中耗时最长。

在实际的地面录像分析过程中,可以选用计算效率较高的二维最大熵阈值分割方法及二维交叉熵阈值分割方法对图像进行分割,若采用灰度空间无法准确识别图像中的伞衣区域,则可以考虑基于图像色彩空间信息的区域生长方法或者模糊聚类方法。

8.3.4　地面光测图像分析

通过地面光测图像分析还可以得到拉直结束伞衣顶部运动速度、物伞系统摆动角度等信息。

1. 伞衣顶部运动速度测量方法

伞衣顶部运动速度可用于表征拉直结束后伞衣顶部横向运动的剧烈程度,是降落伞拉直过程动态性能描述与评估所需的重要参数,在降落伞拉直结束初充气完成之前,伞衣尚未展开,可以首先采用图像处理方法得到图像中伞绳伞衣区域中轴线,采用多条相互连接的直线段对中轴线进行拟合。设共有 n_f 条拟合线段,第 i 条线段在 $O_E X_E$ 轴、$O_E Y_E$ 轴与 $O_E Z_E$ 轴的投影长度分别为 Δx_{Ei}、Δy_{Ei} 与 Δz_{Ei},则根据摄像机投影方程式可知,图像中各条线段在水平及竖直方向上的长度 Δx_{Ti} 与 Δy_{Ti} 满足:

$$\Delta x_{Ei} \begin{bmatrix} \Delta x_{Ti} \\ \Delta y_{Ti} \end{bmatrix} = k \begin{bmatrix} \cos\gamma & 0 & -\sin\gamma \\ 0 & \cos\theta & \cos\gamma\sin\theta \\ \sin\gamma\cos\theta & -\sin\theta & \cos\gamma\cos\theta \end{bmatrix} \begin{bmatrix} \Delta x_{Ei} \\ \Delta y_{Ei} \\ \Delta z_{Ei} \end{bmatrix} \tag{8.59}$$

不失一般性,令 $\gamma = 0°$,上式可以简化为

$$\begin{bmatrix} \Delta x_{Ti} \\ \Delta y_{Ti} \end{bmatrix} = k \begin{bmatrix} 1 & 0 & 0 \\ 0 & \cos\theta & \sin\theta \\ 0 & -\sin\theta & \cos\theta \end{bmatrix} \begin{bmatrix} \Delta x_{Ei} \\ \Delta y_{Ei} \\ \Delta z_{Ei} \end{bmatrix} \tag{8.60}$$

根据降落伞减速系统结构尺寸信息可以得到以下关系式:

$$\sum_{i=1}^{n_f} \sqrt{(\Delta x_{Ei}^2 + \Delta y_{Ei}^2 + \Delta z_{Ei}^2)} = l_s + R_0 \tag{8.61}$$

式中，l_s 为伞绳与吊带长度之和；R_0 为伞衣名义半径。

设拉直结束伞绳伞衣处于同一平面内，可以得到如下的补充方程：

$$\frac{\Delta x_{Ei}}{\Delta z_{Ei}} = \frac{\Delta x_{Ti}}{\Delta z_{Ti}} \tag{8.62}$$

以上公式中共包含 $3n_f$ 个方程，由此可以求得 n_f 条线段在空间三个方向的长度分量，进而求得伞衣顶部相对于吊挂点的空间坐标，并采用离散差分方法得到伞衣顶部相对于吊挂点的运动速度。

2. 物伞系统空间摆角测量

地面光测录像中拉直结束后的降落伞可以视为轴对称体，因此，可以通过测量伞衣对称轴倾角的方法确定图像中物伞系统空间摆角。对于摆角测量，图像测量中可以采用中轴线法或者惯量椭圆法，其中，中轴线法首先需要通过目标外部轮廓或特征点获取伞衣中轴线方程，计算过程较为复杂；惯量椭圆方法根据图像中像素点的区域分布特性求解与目标具有相同矩特性的惯量椭圆，继而通过椭圆长短轴斜率计算对称轴倾角求解过程相对简单，准确度高，并且具有较高的抗干扰能力，以下即对惯量椭圆法求解物伞系统空间摆角过程进行阐述。

目标区域在图像坐标系中的灰度重心 $(C_x, C_y)^{\mathrm{T}}$ 可以表示为

$$\begin{cases} C_x = \sum_{i=1}^{N_c} g_i x_{Ti} \Big/ \sum_{i=1}^{N_c} g_i \\ C_y = \sum_{i=1}^{N_c} g_i y_{Ti} \Big/ \sum_{i=1}^{N_c} g_i \end{cases} \tag{8.63}$$

式中，g_i 为图像中第 i 个像素点的灰度值；$(x_{Ti}, y_{Ti})^{\mathrm{T}}$ 为该像素点在图像坐标系中的坐标；N_c 为伞衣区域像素点个数。由于轴对称体的对称轴一定通过图像重心，因此图像绕其自身对称轴的转动惯量 I_L 可以表示为

$$I_L = \sum_{i=1}^{N_c} g_i d_i^2 = A\alpha^2 + B\beta^2 - 2H\alpha\beta \tag{8.64}$$

式中，α 和 β 为对称轴对应的方向余弦，其余各项参数定义如下：

$$A = \sum_{i=1}^{N_c} g_i (x_{Ti} - C_x)^2$$

$$B = \sum_{i=1}^{N_c} g_i (y_{Ti} - C_y)^2$$

$$H = \sum_{i=1}^{N_c} g_i (x_{Ti} - C_x)(y_{Ti} - C_y)$$

在求解对称轴方向时,可以假定目标区域像素点灰度值均为 1。对应的惯量椭圆两个主轴方向可通过求特征值方法得出,两个主轴斜率 k_a 与 k_b 可以采用以下公式求解:

$$\begin{cases} k_a = \dfrac{1}{2H} \left[(A - B) - \sqrt{(A - B)^2 + 4H^2} \right] \\ k_b = \dfrac{1}{2H} \left[(A - B) + \sqrt{(A - B)^2 + 4H^2} \right] \end{cases} \tag{8.65}$$

由此可以得出对称轴与水平方向的夹角 ϕ 为

$$\phi = \begin{cases} \arctan k_a, & A < B \\ \arctan k_b, & A > B \end{cases} \tag{8.66}$$

至此,本章系统建立了降落伞空投试验的机载光测图像分析方法和地面观测图像分析方法,模型和分析方法也可应用到其他类型降落伞减速系统试验光测图像的相关运动参数分析。

第9章

航天器翼伞减速系统动力学

传统降落伞减速系统具有"随风飘"的特性,落点散布较大,无法实现定点着陆。为此,人们对具有一定滑翔性能和可操控的滑翔伞进行了大量的研究,以实现人员、物资或载荷的定点着陆[88, 89]。

早在 1930 年,德国人霍夫曼就发明了具有滑翔性能的"霍夫曼三角形伞"。到了 20 世纪 50 年代,随着航空跳伞运动的发展,要求降落伞具有更好的滑翔性能,于是经过研究,人们在普通圆形降落伞上开了各种不对称的排气孔和环缝,使降落伞的滑翔能力得到一定程度的提高,但这些伞型最大升阻比只不过达到 0.8 左右。1964 年法国的勒穆瓦涅发明了一种"勒穆瓦涅伞",他将圆形伞衣的伞顶用中心绳拉下一定高度,使充气后的伞衣更为扁平,并在伞衣前后开了一系列帆状缝口,从而产生一定的升力。这种伞的升阻比达到 1.2。

20 世纪 60 年代,美国在研制"双子星座号"载人飞船过程中,曾提出采用滑翔伞作为着陆手段,推出了龙骨式翼伞方案,并开展了大量研制工作。后来由于可靠性等原因而未被采用。通过该型号的研制,后来又衍生出单、双龙骨翼伞和帆式翼伞等。

1954 年,法国人贾必特在发明了一种命名为"parafoil"的冲压式翼伞。冲压式翼伞由于具有良好的滑翔性能和可操纵性,很快在体育界获得了应用,后来被空降部队用作伞兵伞和投物伞。

滑翔伞通常按照升阻比的大小分为三大类[3]:

(1) 低性能滑翔伞,其升阻比不大于 1.0,它一般是在传统的降落伞上开一些不对称的缝口而构成;

(2) 中等性能滑翔伞,其升阻比为 1.0~2.0,它的主要代表为在"勒穆瓦涅伞"基础上发展起来的帆伞;

(3) 高性能滑翔伞,其升阻比大于 2.0,此类滑翔伞主要有龙骨式翼伞(parawing)和与之结构相近的帆翼(sailwing),冲压式翼伞和与之结构相近的半冲压式翼伞(volplane)。

目前实际应用的绝大多数滑翔伞都是冲压式翼伞,通常简称其为翼伞(parafoil)。由于翼伞具有可操纵性,因此也称为可操纵翼伞(steerable parafoil/

parachute）、可机动翼伞（maneuverable parafoil）、可制导翼伞（guided parafoil）或可控翼伞（controllable parafoil）等。如无特别说明，本书统一用"翼伞"指代"冲压式翼伞"。

翼伞由于其系统的复杂性、可靠性，以及重量和体积等问题，到目前为止，在航天器减速着陆方面的实际应用还很少，然而由于翼伞能像普通降落伞一样折叠包装，而且具有良好的滑翔性能、操纵性和稳定性，并能实现鸟儿般的"雀降"，因此，翼伞系统在体积和重量要求不是太苛刻的飞行器精确定点回收、军民用物资精确空投、人员装备空降和民用产业等方面还是具有较广阔的应用前景。同时，考虑到翼伞的结构和性能均与普通降落伞存在很大的差异，故本章单独对翼伞的结构及其系统动力学进行论述。

本章首先对翼伞的结构组成、气动性能、减速和雀降性能、开伞控制、折叠包装以及工作过程进行概述，然后分别建立翼伞系统的六自由度、八自由度和十二自由度动力学模型，最后介绍翼伞系统航迹设计中经典的质点模型以及分段航迹设计方法。

9.1　翼伞概述

9.1.1　典型结构

冲压式翼伞主要由伞衣、伞绳、操纵绳、稳定幅、吊带、收口装置等组成。图 9.1 为典型的冲压式翼伞结构示意图。

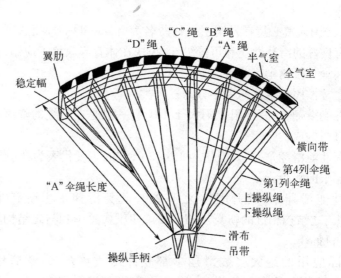

图 9.1　典型冲压式翼伞结构示意图

翼伞伞衣(图 9.2)是一种双层结构的柔性矩形翼,上、下翼面是由不透气的涂层织物制成的,中间连以具有翼型的肋片并分隔成若干气室,伞衣前缘开有切口便于空气进入形成"冲压空气",维持气室的内压以保持翼型。肋片开有通气孔,便于各气室间空气流通保证伞衣迅速充气和各气室压力均匀。肋片分两种:一种下面连有伞绳,称为承载肋片。它的作用除了保证伞衣充气后具有翼形外,还将作用在上、下翼面上的气动力通过伞绳传递到吊带上。另一种仅连接上、下翼面使伞衣充气后保持翼形,称为非承载肋片或成形肋片。习惯上将两承载肋片间的气室看作一个气室,故通常一个气室含有两个"半气室"。通常也用气室数量来命名冲压式翼伞。

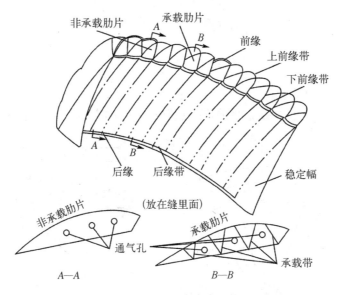

图 9.2　冲压式翼伞伞衣结构图

翼伞的伞绳沿展向和弦向装于下翼面各点,各排伞绳长度不等,以构成安装角,使翼伞在稳定滑翔迎角状态下飞行。翼伞后缘连有操纵绳,通过操纵使后缘下偏形成襟翼偏角,从而改变气动力和力矩,实现翼伞在空中的机动飞行和雀降着陆。

9.1.2　翼伞的主要术语及定义

翼伞与普通降落伞的工作原理和结构形式大不相同,其主要的名词术语及其定义如下。

(1)翼型截面积:给定的翼肋部件的截面积,如图 9.3 所示。

(2)展长 b:在翼伞上表面距前缘 150 mm 处,沿翼展方向测量,测量时施加

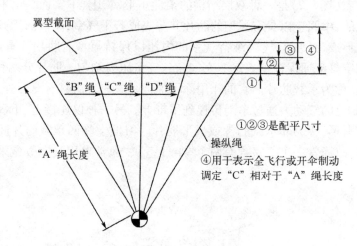

图 9.3　冲压式翼伞侧剖面

25 N 张力所测得的长度。

（3）弦长 c：翼型截面上最前面一点到最后点的直线长度，如图 9.4 所示。

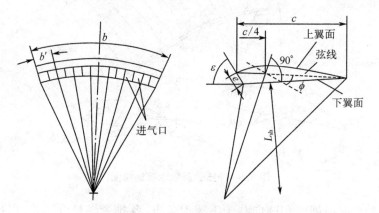

图 9.4　翼伞基本结构参数

（4）平面面积：冲压式翼伞成品翼弦尺寸乘以翼展尺寸的积。

（5）展弦比 λ：$\lambda = \dfrac{b}{c} = \dfrac{b^2}{A_s}$，式中 A_s 为翼伞伞衣面积，矩形翼伞 $A_s = bc$。

（6）伞绳特征长度 L_{sh}：是指伞绳汇交点（或各伞绳延长线的交点）与下翼面的垂直距离。

（7）切口角度 ε：前缘的切割线与下翼面上前后缘连线的夹角。

（8）切口长度 e：前缘的切割线与上、下翼面交点间线段的长度。

（9）气室：由上下翼面和两相邻翼肋所形成的隔室。每个气室通常由非承力翼肋划分成两个半气室。全气室从左到右排顺序号。使用左和右表示相应的半气室。

（10）翼肋：为纵向垂直面的织物构件,安装在伞衣上、下翼面之间,使伞衣形成翼型。翼肋有承力与非承力之分。伞绳连接到承力翼肋上。

（11）侧向孔：在肋幅上开的小孔,使各气室保持气压平衡。

（12）稳定幅：安装在伞衣下翼面两侧,起到如同机翼上的端板作用。它一般始于伞衣前缘附近至伞衣后缘为止。

（13）伞绳连接挂肋：将伞绳载荷沿受力翼肋分散传递的垂直织物构件,如图9.5所示。挂肋的下缘在伞绳连接位置之间通常呈现悬链线的形状,该挂肋有时也称为"三角旗"。

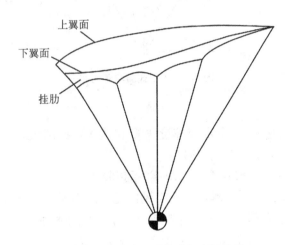

图9.5　承力翼肋通过挂肋与伞绳连接

（14）操纵绳（亦称控制绳或制动绳）：用于操纵和调节降落伞的前进速度。操纵绳通常与伞衣后缘连接,分左右两组,每组由上操纵绳和下操纵绳两部分组成。每一边上操纵绳通常由 3~6 根绳组成,集中连接到同一边的一根下操纵绳上。

（15）1/4 弦点：位于从前缘到后缘沿着弦线距离的 25% 处,如图9.6所示。

（16）铅垂线：由 1/4 弦点和作为终点的连接环汇交点所形成的直线,如图9.6所示。

（17）参考线：通过 1/4 弦点,与铅垂线成直角的线条,如图9.6所示。

（18）配平线：以最前面的伞绳和最后面的伞绳连接点（非操纵绳连接点）作为端点所形成的直线,如图9.6所示。

（19）安装角：在参考线和弦线之间的夹角称为安装角。垂线和弦线之间的夹角减去 90° 也可以得到安装角。安装角用 φ 表示。当弦线相对于参考线朝上

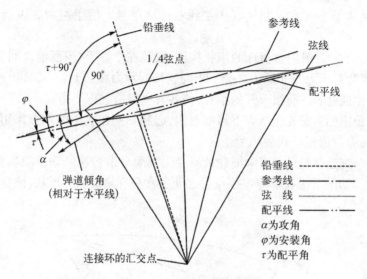

图 9.6　冲压式翼伞参考系

时, φ 为正。

（20）迎角（攻角）：在自由流速度矢量和弦线之间的夹角称为迎角，用 α 表示。当弦线相对于下滑轨迹朝上时为正。

（21）弹道倾角：一般在有风情况下，系指降落伞有效载荷的飞行弹道与水平线之间的夹角。弹道倾角和滑翔角在无风情况下是相等的，用 θ 表示。

（22）滑翔角：在静止空气中有效载荷的下滑轨迹和水平线之间的夹角，用 γ 表示。按惯例，滑翔速度矢量在水平线之下， γ 为负值。

（23）配平角：参考线与配平线之间的夹角称为配平角，用 τ 表示。垂线和配平线之间的夹角减去 $90°$ 也可以求得这一角度。相对于参考线，配平线朝上， τ 为正。

（24）滑翔比：在静止空气中移动的水平距离与移动的垂直距离之比。它与升阻比（ L/D ）可互换使用。

（25）雀降：指着陆前通过迅速拉下操纵绳，使伞衣迎角在短时间内增大，达到失速状态，从而冲压式翼伞以接近于零的水平速度和垂直速度的方式着陆。

9.1.3　气动力特性

翼伞的升阻力曲线如图 9.7 所示。翼伞剖面的升力曲线具有以下特点：

（1）在一定迎角范围内升力与迎角基本呈线性关系；

（2）剖面失速较早，大约为 $8.4°$ ，以后升力开始下降；

（3）失速后分离现象非常复杂，随迎角的增加，升力是先下降后再一次增加，

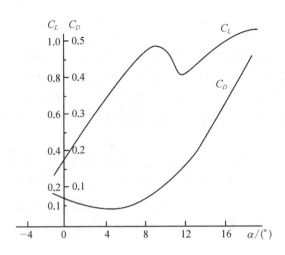

图 9.7　开有切口的翼剖面升、阻特性曲线

形成另一个峰值。

冲压式翼伞的翼剖面阻力曲线和普通机翼剖面不一样。由于在负迎角和小正迎角时下表面是分离的,尾流较宽,阻力系数较大。但在此范围内随迎角的增加,上表面流动附体,下表面流动分离减弱,尾流变窄,阻力系数反而下降,并在上表面升力下降前的某个迎角下达到最小值。只有当正迎角较大,上表面后缘发生分离,并随着迎角的增加而加剧时,阻力系数才急剧增加。所以翼伞剖面阻力特性如下:

(1) 负迎角和小的正迎角时阻力系数比较高;

(2) 阻力系数最小值发生在整个剖面失速前的那个小正迎角,此时升力系数并不小。

冲压式翼伞剖面升阻比曲线的特性是:在剖面失速前,升阻比随迎角增大而增大,在失速前附近达到最大值,后又重新下降。

9.1.4　减速和雀降性能

1. 减速性能

冲压式翼伞可以通过同时拉下两根操纵绳来实现减速,减速的大小和操纵行程有关。如果以达到失速前(但未失速)的行程作为全行程,通常对人用翼伞,当拉下 25% 的全行程时,翼伞可获得最小的垂直下降速度而前进速度并不减小,此时可得到最大的滑翔距离。当拉下 50% 的全行程时,前进速度将是全滑翔的 1/2,而下降速度也比全滑翔时稍小。当拉下全行程时(未失速),下降速度和前进速度均将减到最小值,如果不拉操纵绳,而是拉下前吊带,则由于翼伞迎角减小,伞衣会以比全滑翔时更大的前进速度和下降速度滑翔。

2. 雀降性能

1) 失速和动力失速

当拉下翼伞的操纵绳达到全行程后再继续拉下一些,此时翼伞的前进速度突然消失而表现为垂直下降,速度将会从最小值迅速增大到某一极值,伞衣产生摆动,这一状态称为失速。这是因为翼伞后缘弯曲到一定程度后,上翼面的气流完全分离,升力突然消失和阻力迅速增加到某值所致,退出失速状态的方法是将操纵绳缓缓放回。

如果突然拉下操纵绳,在伞衣上引起一个突加的阻力使伞衣迅速减速,而此时伞衣下面的物体由于惯性仍向前运动,结果使翼伞的迎角增大。此新的迎角先在很短的时间内产生很大的升力,接着升力突然消失或伞衣由于失去前进速度而失速,这种状态称为动力失速。

2) 雀降

雀降是翼伞的一种重要性能。当翼伞以滑翔状态接近地面时,如果以较快的速度将两操纵绳同时拉下,在很短的时间内翼伞的前进速度和垂直着陆速度将会先迅速减小到极小值(接近零)。如果开始操纵的高度选择适当,使落地时的速度正好达到极小值,此种操纵着陆称为雀降着陆。

雀降在本质上是一种操控下的动力失速。当较快拉下操纵绳时伞衣的气动外形发生变化,升力系数和阻力系数迅速增大(在失速前),但由于惯性,物伞系统的速度仍然很大,很大的速度和很大的升、阻力系数会在伞衣上产生很大的升力和阻力,结果使伞衣迅速减速直到新的稳定平衡状态为止。

9.1.5 开伞控制方法

为了获得较高的滑翔比,一般翼伞伞衣(气动力发生面)都采用不透气或超低透气量的涂层或轧光织物制造。同时为了获得理想的气动外形,伞绳的配置也与传统降落伞不同,除了伞衣周边有伞绳外,在伞衣中间也有数排伞绳,且各伞绳长度也不全相同,这些就导致翼伞的充气时间要较传统降落伞快得多,开伞冲击载荷也随之增大。

为了减小开伞动载,设计人员通常采用控制展开伞衣阻力面积的方法来实现。由于冲压式翼伞的伞衣形状不与中轴线相对称,所以不能简单地移植普通降落伞的常规收口方法。目前比较常用的有如下三种方法。

1. 引导伞控制收口方法

引导伞控制的收口方法最早用于运动伞。它是在翼伞下翼面周边和靠近中心位置安装许多收口环,排成矩形圈,收口绳穿过这些收口环,然后与引导伞连接绳相连。开伞时,由于引导伞的阻力作用在收口绳上,将伞衣收拢,形成小圈,阻滞了伞衣展开。随着伞衣的展开,其扩张力大于引导伞的阻力,使收口绳圈不断扩展,翼伞随之张开。最终引导伞在伞衣的遮蔽下失效,落在上翼面。实践表明,这种方法除非包伞过程特别仔细,不然很容易出现收口绳缠绕和卡死现象。此外,由于翼伞开伞较慢,若用于大展弦比的翼伞或翼型相对厚度较小的翼伞,开伞过程就更迟缓。如今这种方法在运动翼伞上几乎被淘汰,而较多使用滑布收口方法。

2. 滑布收口方法

滑布是用一块矩形织物制成,必须具有大透气量,其周边用薄型织带加强,四个角落各有一定直径的金属圆环或布圈。滑布尺寸一般是展向为翼展的 1/10,弦向为弦长的 1/5。滑布的尺寸也可以由伞绳构型来确定。翼伞的四组伞绳穿过滑布的相应环圈,使滑布沿着伞绳可以自由滑动。包伞时,将滑布拉至紧靠伞衣下翼面处。翼伞充气时,由于受到滑布阻滞,减缓了伞衣展开速度。伞衣横向扩张时,由伞绳产生的轴向分力,将滑布往下推移,而滑布的气动阻力是将滑布往上推动,双向力相互作用的结果减缓了滑布下滑的速度,使伞衣缓慢展开,从而达到降低开伞动载的目的。

滑布收口相当于是一种无级收口的方法,不过,它的下滑过程是随机的,有时可能会停止在伞绳的某一位置,这样将影响工作可靠性。解决办法是在滑布上设一根操纵绳,一旦出现非正常现象,可将滑布拉到正常位置。

由滑布收口衍生出一种十字带收口,它是将矩形的滑布演变成十字带形式。此外,还有将引导伞与滑布或十字带相连接,如同引导伞控制收口方法,借助引导伞的阻力控制滑布或十字带的下滑速度来限制开伞动载。

3. 中幅收缩方法

中幅收缩方法的工作原理是利用冲压式翼伞的特殊构形,把它收缩成手风琴状,用延期切割器切断收缩绳索后,伞衣依靠气动力沿展向扩展成形。如同普通降落伞一样,可采用一次或多次收缩,逐级开伞,主要取决于对开伞动载限制程度。这种方法对伞衣面积有确定的收缩比率,因此对开伞动载能够有效地控制。而且,由于伞绳没有滑布之类的附加物,所以不影响翼伞的机动操作。这种方法的关键技术在于如何实现气室有序的扩展,且不产生剧烈的动荡。

9.1.6　折叠包装

翼伞的伞包的结构设计与普通降落伞的隔腔式伞包相似。伞包内部,伞衣与伞绳由内封包盖片分隔开来。在伞包储藏伞绳的部位,其内侧根据伞绳的长度,设数排扣襻带,用作连接伞绳捆绑带使用。内封包通常靠集束伞绳回折后,穿过内封包盖片的扣襻来实现。外封包靠封包绳锁紧。

翼伞伞衣为非轴对称结构,其伞衣折叠包装与普通降落伞大不相同。它是先从一侧端部的肋幅开始,将肋幅展平,然后沿翼展方向,以手风琴方式,逐幅折叠整齐。折叠完毕,再从弦向方向折叠。伞绳和吊带的包装捆绑方式可参考普通降落伞的包装。

9.1.7 工作过程

翼伞的工作过程一般可分为两个阶段：一是开伞阶段，二是归航控制阶段。以 X-38 所用大型翼伞回收系统的工作过程为例说明如下，图 9.8 是开伞阶段，图 9.9 是归航控制阶段。当 X-38 飞行器处于海拔约 7 km 高度，速度约 145 m/s 时，弹伞筒将直径 2.74 m 的引导伞弹出，开伞程序启动。引导伞开伞后立即从伞舱尾部将直径 18.29 m 的减速伞拉出。为减小开伞动载，减速伞采用两级收口技术，即减速伞的充气过程分两次完成。减速伞在初始收口充气状态，通过凯夫拉材料的吊带两点连接于飞行器的尾部。在保持收口充满的状态时，切割器切开两点连接的吊带，系统转换为四点连接。然后，减速伞解除收口并再次充气，系统达到全张满的稳定状态。开伞程序启动后大约 55 s，减速伞与飞行器分离并同时拉出翼伞。翼伞采用中幅收口技术来降低开伞动载，初始充气张满的第一级有 11 个气室。翼伞完成从弹道飞行到滑翔飞行的转换后逐级沿展向打开 4 个收口级，解除收口的时间分别为伞绳拉直后的 8 s、12 s、16 s 和 20 s。当翼伞完全张满后，X-38 飞行器以大约 5.64 m/s 的垂直速度和 18.29 m/s 的水平速度下降，系统进入归航控制阶段。在归航控制中翼伞系统可通过地面指挥系统给机载制导控制系统发出指令，

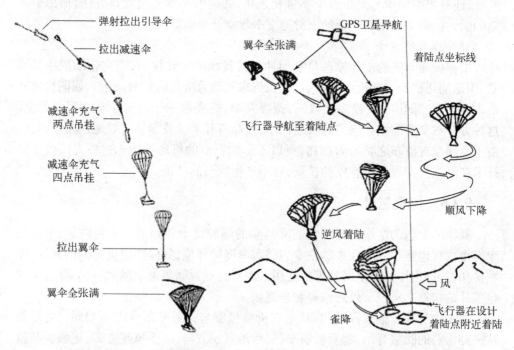

图 9.8　大型翼伞系统的开伞过程　　　　图 9.9　大型翼伞系统的自主归航过程

也可利用 GNC 系统来实施自主归航控制。自主归航控制通常可以分为三段：向心飞行段——飞向着陆区；能量控制段——以某种方式保持在着陆区附近盘旋；逆风着陆段——当着陆条件满足时，首先实施逆风控制使系统逆风飞行，在达到雀降高度时实施雀降着陆控制。X－38 翼伞回收系统从 7 925 m 高度开始投放直到着陆，总的飞行时间大约 10 min。

9.2　翼伞系统的动力学模型

9.2.1　几何参数

不同型号的翼伞结构各异，其描述参数也有不同，为了便于对翼伞附加质量及运动特性进行研究，在此给出统一的翼伞几何描述参数。图 9.10～图 9.12 给出了翼伞几何外形的示意图，相关的几何描述参数如下。

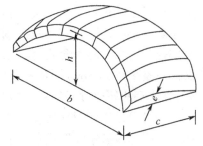

（1）展长 b：伞衣充满后的水平投影沿翼展方向的长度。

（2）弦长 c：伞衣充满后的水平投影沿弦向的长度。

（3）展弦比 AR：$AR = b/c$。

（4）厚度 e：翼剖面的上弦线和下弦线间最远距离。

图 9.10　翼伞伞衣尺寸示意图

（5）名义拱高 h：伞衣展向圆弧的顶点到两端点连线的距离。

（6）汇交点 C：伞绳的虚拟交汇点，亦为圆弧形伞衣对应的圆心。

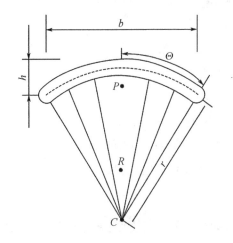

图 9.11　翼伞的正视图

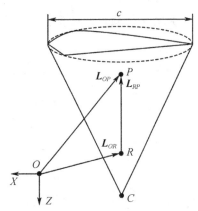

图 9.12　翼伞的侧视图

（7）名义绳长 r：汇交点到伞衣的距离。

（8）展向弯曲弧度 Θ：圆弧形伞衣所对应的圆心角的 $1/2$。

建模中采用以下基本约定和假设：

（1）用 $\boldsymbol{L}_{A_1\text{-}A_2}$ 表示点 A_1 到点 A_2 的矢径，$[x_{A_1\text{-}A_2}, y_{A_1\text{-}A_2}, z_{A_1\text{-}A_2}]$ 为其在 3 个坐标轴的分量，如图 9.12 中 $\boldsymbol{L}_{RP}$ 为点 R 到点 P 的距离矢量；

（2）伞体系的坐标平面 OXZ 与翼伞的纵向对称面重合；

（3）假设翼伞伞衣的侧剖面为前后对称的椭圆形（如图 9.12 的虚线所示），则翼伞具有两个对称面，一个是沿弦向的纵向对称面，另一个是沿展向的前后对称面。

9.2.2　附加质量

对翼伞附加质量的处理目前有三种方法：一是标量法，将附加质量看作一个只计质量不计重量的质量块（因为空气的重力和浮力相平衡），附加质量的质心位于伞衣的形心，其大小有的取为伞衣的内含质量加上伞衣所排开气体质量的 $1/2$，有的仅取为伞衣的内含质量。二是采用 Lissaman 等[90] 所给出的附加质量矩阵形式。三是采用 Barrows[91] 所提供的附加质量矩阵形式。由附加质量的基本概念可知，方法一的处理过于简单。方法三是在方法二的基础上改进而得到的，并且与 CFD 的计算结果的对比误差小于 2%。因此，本节中翼伞的附加质量采用 Barrows 提供的附加质量矩阵形式来表示。

Barrows 给出了伞体系的坐标原点 O 位于纵向对称面内任意位置时对该点的附加质量的计算方法。他是在平直翼附加质量计算式的基础上，考虑翼伞展向圆弧形弯曲的影响，得到翼伞的平动附加质量分量与绕各主惯轴的转动附加质量分量，然后通过坐标的平移和转换得到相对于 O 点的附加质量，其结果与 CFD 的计算结果十分接近，已应用于美军精确制导空投系统（precision guidance airdrop system，PGAS）的仿真。

平直翼附加质量的计算公式如下：

$$\begin{cases} a_{f,11} = \rho k_A \pi (e^2 b/4) \\ a_{f,22} = \rho k_B \pi (e^2 c/4) \\ a_{f,33} = \rho [AR/(1+AR)] \pi (c^2 b/4) \\ a_{f,44} = 0.055 \rho [AR/(1+AR)] b^3 c^2 \\ a_{f,55} = 0.030\,8 \rho [AR/(1+AR)] c^4 b \\ a_{f,66} = 0.055 \rho b^3 e^2 \end{cases} \tag{9.1}$$

其中，下标 f 代表平直翼（flap wing）；ρ 为当地的大气密度；k_A、k_B 为三维效应的修正因子，通常取 $k_A = 0.85$，$k_B = 1.0$。

考虑翼面的展向为圆弧形,则翼伞至少存在两个中心,一个是滚转中心 R,另一个是俯仰中心 P。它们都位于翼伞伞衣的两个对称面的交线上,与汇交点 C 共线(图 9.11),到 C 点的距离分别为

$$x_{P-C} = y_{P-C} = 0, \ z_{P-C} = \frac{\int_{-\Theta}^{\Theta} r^2 \cos \theta \mathrm{d}\theta}{\int_{-\Theta}^{\Theta} r \mathrm{d}\theta} = \frac{r \sin \Theta}{\Theta} \tag{9.2}$$

$$x_{R-C} = y_{R-C} = 0, \ z_{R-C} = \frac{z_{P-C} a_{f,22}}{a_{f,22} + a_{f,44}/r^2} \tag{9.3}$$

对式(9.1)进行修正,得到展向为圆弧形的翼伞的平动附加质量分量与绕各主惯轴的转动附加质量分量如下:

$$\begin{cases} m_{a,11} = \left[1 + (8/3)(h^*)^2 \right] a_{f,11} \\ m_{a,22} = (r^2 a_{f,22} + a_{f,44})/z_{P-C}^2 \\ m_{a,33} = a_{f,33} \\ I_{a,11} = (z_{P-R}^2/z_{P-C}^2) r^2 a_{f,22} + (z_{R-C}^2/z_{P-C}^2) a_{f,44} \\ I_{a,22} = a_{f,55} \\ I_{a,33} = \left[1 + 8(h^*)^2 \right] a_{f,66} \end{cases} \tag{9.4}$$

下标 a 表示与附加质量相关,式中:

$$h^* = \frac{r(1 - \cos \Theta)}{2r \sin \Theta} \approx \frac{\Theta}{4} \tag{9.5}$$

定义:

$$\boldsymbol{M}_a = \begin{bmatrix} m_{a,11} & 0 & 0 \\ 0 & m_{a,22} & 0 \\ 0 & 0 & m_{a,33} \end{bmatrix} \tag{9.6}$$

$$\boldsymbol{J}_a = \begin{bmatrix} I_{a,11} & 0 & 0 \\ 0 & I_{a,22} & 0 \\ 0 & 0 & I_{a,33} \end{bmatrix} \tag{9.7}$$

经过坐标变换和基于对称性假设的简化,相对于坐标原点 O 的附加质量 $\boldsymbol{A}_{a,O}$ 的计算式为

$$A_{a,O} = \begin{bmatrix} M_a & -M_a(L_{O-R}^{\times} + L_{R-P}^{\times}B_2) \\ (B_2L_{R-P}^{\times} + L_{O-R}^{\times})M_a & J_{a,O} \end{bmatrix} \tag{9.8}$$

其中，B_2 为选择矩阵，下标 2 表示矢量与其相乘的结果是只保留第二项而其余项为零；矩阵 $L_{A_1-A_2}^{\times}$ 是一个反对称阵，反映的是与右侧矢量的叉乘操作。具体各项的表达式为

$$B_2 = \begin{bmatrix} 0 & 0 & 0 \\ 0 & 1 & 0 \\ 0 & 0 & 0 \end{bmatrix} \tag{9.9}$$

$$L_{A_1-A_2}^{\times} = \begin{bmatrix} 0 & -z_{A_1-A_2} & y_{A_1-A_2} \\ z_{A_1-A_2} & 0 & -x_{A_1-A_2} \\ -y_{A_1-A_2} & x_{A_1-A_2} & 0 \end{bmatrix} \tag{9.10}$$

$$J_{a,O} = J_a - L_{O-R}^{\times}M_aL_{O-R}^{\times} - L_{R-P}^{\times}M_aL_{R-P}^{\times}B_2 - Q - Q^{\mathrm{T}} \tag{9.11}$$

$$Q = B_2L_{R-P}^{\times}M_aL_{O-R}^{\times} \tag{9.12}$$

9.2.3 六自由度模型

1. 基本假设

（1）翼伞是展向对称的，伞衣完全张满后具有固定的形状（后缘的下偏操纵除外）。

（2）载荷为旋成体，其所受的阻力远大于升力，对其升力忽略不计。

（3）载荷与翼伞刚性连接成为一个整体。

（4）伞衣的压心和质心重合，位于弦向距前缘 1/4 处。

（5）平面大地。

2. 几何参数及质量特性

翼伞完全展开后展向呈圆弧形，如图 9.13 所示，设伞衣的质量为 m_s；伞绳的长度为 L_l，总质量为 m_l；吊带的长度为 L_{ris}，总质量为 m_{ris}；吊带与翼伞对称面的夹角为 ν；连接带与吊带相连的两个吊点间的距离为 D；两吊点间距离的中点距载荷质心的距离为 h_f；连接带的总质量为 m_{str}；载荷的质量为 m_w。则翼伞系统（包括伞衣、伞绳、吊带、连接带和载荷）的质心到载荷质心的距离 h_{O_t-w} 为

$$h_{O_t-w} = \frac{1}{m_s + m_l + m_{\mathrm{ris}} + m_{\mathrm{str}} + m_w}$$
$$\times \left\{ \begin{array}{l} m_{\mathrm{ris}}(0.5L_{\mathrm{ris}}\cos\nu + h_f) + m_l[(L_{\mathrm{ris}} + 0.5L_l)\cos\nu + h_f] \\ + m_s[(L_{\mathrm{ris}} + L_l)\cos\nu + h_f] + 0.5m_{\mathrm{str}}h_f \end{array} \right\} \tag{9.13}$$

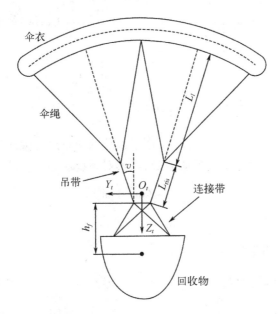

图 9.13　翼伞系统的结构尺寸示意图

同样的方法可以得出系统质心到其他各部分质心的距离,如到伞衣质心的距离 h_{O_t-s}、到伞绳质心的距离 h_{O_t-l}、到吊带质心的距离 $h_{O_t-\mathrm{ris}}$。

由于伞衣内所含流体产生的转动惯量已经包括在附加质量中,因此在计算伞衣的转动惯量时,可以忽略厚度和圆弧形弯曲,将整个伞衣简化为矩形的薄板,则伞衣对系统质心的惯量张量为

$$\boldsymbol{J}_s = m_s \begin{bmatrix} \dfrac{1}{12}b^2 + h_{O_t-s}^2 & 0 & \dfrac{1}{4}ch_{O_t-s} \\[3mm] 0 & \dfrac{7}{48}c^2 + h_{O_t-s}^2 & 0 \\[3mm] \dfrac{1}{4}ch_{O_t-s} & 0 & \dfrac{1}{12}b^2 + \dfrac{7}{48}c^2 \end{bmatrix} \qquad (9.14)$$

伞绳和吊带都看作均质刚性杆,它们对系统质心的转动惯量分别为

$$\begin{cases} I_{l,x} = m_l \left\{ \dfrac{1}{12}L_l^2 + h_{O_t-l}^2 + \left[\dfrac{D}{2} + \left(L_{\mathrm{ris}} + \dfrac{1}{2}L_l \right) \sin \nu \right]^2 \right\} \\[4mm] I_{l,y} = m_l \left[h_{O_t-l}^2 + \dfrac{1}{12}(L_l \cos \nu)^2 \right] \\[4mm] I_{l,z} = \dfrac{m_l}{4} \left[L_l \sin \nu + 2 \left(\dfrac{D}{2} + L_{\mathrm{ris}} \sin \nu \right) \right]^2 \end{cases} \qquad (9.15)$$

$$\begin{cases} I_{\mathrm{ris},\,x} = m_{\mathrm{ris}} \left[\dfrac{1}{12} L_{\mathrm{ris}}^2 + h_{O_t-\mathrm{ris}}^2 + \left(\dfrac{D}{2} + \dfrac{1}{2} L_{\mathrm{ris}} \sin \nu \right)^2 \right] \\[2mm] I_{\mathrm{ris},\,y} = m_{\mathrm{ris}} \left[h_{O_t-\mathrm{ris}}^2 + \dfrac{1}{12} (L_{\mathrm{ris}} \cos \nu)^2 \right] \\[2mm] I_{\mathrm{ris},\,z} = \dfrac{m_{\mathrm{ris}}}{4} (D + L_{\mathrm{ris}} \sin \nu)^2 \end{cases} \tag{9.16}$$

连接带和载荷整个看作一个质点,由于载荷的质量远远大于连接带的质量,可以认为该质点的位置就在载荷的质心处,则其对系统质心的转动惯量为

$$I_{w,\,x} = I_{w,\,y} = (m_w + m_{\mathrm{str}}) L_{O_t-w}^2$$

$$I_{w,\,z} = 0$$

翼伞系统真实质量的惯量张量为

$$\boldsymbol{J}_{r,\,MC} = \boldsymbol{J}_s + \begin{bmatrix} I_{l,\,x} + I_{\mathrm{ris},\,x} + I_{w,\,x} & 0 & 0 \\ 0 & I_{l,\,y} + I_{\mathrm{ris},\,y} + I_{w,\,y} & 0 \\ 0 & 0 & I_{l,\,z} + I_{\mathrm{ris},\,z} + I_{w,\,z} \end{bmatrix}$$

$$\tag{9.17}$$

3. 坐标系定义

主要使用的坐标系有四个,均为右手坐标系,如图 9.14 所示。

体坐标系 $O_t X_t Y_t Z_t$,原点 O_t 位于翼伞系统的质心,$O_t Z_t$ 轴过载荷的质心,指向载荷一方,$O_t X_t Z_t$ 为翼伞的几何对称面,$O_t X_t$ 指向伞衣前缘,$O_t Y_t$ 轴与其他两坐标轴构成右手系。

大地坐标系 $O_e X_e Y_e Z_e$,原点 O_e 取空间某一固定点(通常取伞衣完全展开后,系统质心所在位置),$O_e Z_e$ 轴铅垂向下;$O_e X_e Y_e$ 与水平面平行,水平轴的方向根据初始条件来选取。

牵连大地系 $O_d X_d Y_d Z_d$,原点 O_d 固连于翼伞系统的质心位置,其他各轴与大地系的相应轴平行。

气流坐标系 $O_q X_q Y_q Z_q$,原点 O_q 位于翼伞的压心,$O_q X_q$ 为相对气流的方向,$O_q Z_q$ 在翼伞的几何对称面内,指向伞衣的下翼面,$O_q Y_q$ 轴与其他两轴构成右手系。

牵连大地系到体坐标系的转化关系通过三个欧拉角来确定:偏航角 ψ,俯仰角 θ,滚转角 ζ,转动次序为先绕 Z 轴旋转,再绕 Y 轴,最后绕 X 轴,即"3 - 2 - 1"次序,如图 9.15 所示。ψ 是牵连大地系 X_d 轴与体系 X_t 轴在水平面的投影 X' 之间的夹角;θ 是 X' 与体系 X_t 轴的夹角;ζ 是俯仰后的 Z' 轴与体系 Z_t 轴的夹角。牵连大地系到体坐标系的坐标转换矩阵 $\boldsymbol{B}_{d-t}$ 为

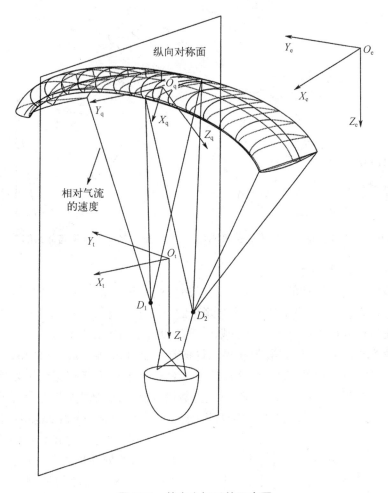

图 9.14　基本坐标系的示意图

$$\boldsymbol{B}_{\mathrm{d-t}} = \begin{bmatrix} \cos\theta\cos\psi & \cos\theta\sin\psi & -\sin\theta \\ \sin\zeta\sin\theta\cos\psi - \cos\zeta\sin\psi & \sin\zeta\sin\theta\sin\psi + \cos\zeta\cos\psi & \sin\zeta\cos\theta \\ \cos\zeta\sin\theta\cos\psi + \sin\zeta\sin\psi & \cos\zeta\sin\theta\sin\psi - \sin\zeta\cos\psi & \cos\zeta\cos\theta \end{bmatrix}$$

$$(9.18)$$

　　气流坐标系到体坐标系的转化关系由攻角 ε 和侧滑角 β 来确定,如图 9.16 所示。β 是气流系 X_{q} 轴与其在纵向对称面的投影 X'' 之间的夹角;ε 是 X'' 与体系 X_{t} 轴的夹角。气流坐标系到体坐标系的坐标转换矩阵 $\boldsymbol{B}_{\mathrm{q-t}}$ 为

$$\boldsymbol{B}_{\mathrm{q-t}} = \begin{bmatrix} \cos\varepsilon\cos\beta & \cos\varepsilon\sin\beta & -\sin\varepsilon \\ -\sin\beta & \cos\beta & 0 \\ \sin\varepsilon\cos\beta & \sin\varepsilon\sin\beta & \cos\varepsilon \end{bmatrix} \qquad (9.19)$$

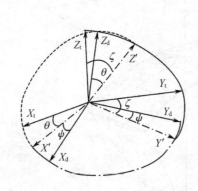

图 9.15　牵连大地系与体系的关系图

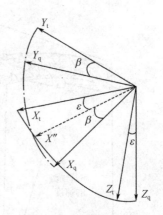

图 9.16　气流系与体系的关系图

4. 翼伞气动力和力矩计算

　　获得翼伞气动特性的方法可以分为飞行试验、风洞试验和数值计算三种。飞行试验非常重要,但其投资较大,能够测量的量又十分有限,一般只用于试验验证。目前做飞行试验最多的是 X－38 计划中着陆段所采用的大型翼伞系统。风洞试验也因翼伞为柔性体,且具有滑翔和操纵性的缘故而比较难实现。目前翼伞气动特性的数值计算方法仍处于发展阶段,数值计算的结果还不能够完全满足实际翼伞系统设计和分析的需求。无论是试验还是数值计算,目前都主要获取翼伞纵向的气动特性参数,为了分析单侧下偏的转弯运动,广泛采用的还是分片处理的工程方法。所以,计算翼伞的气动力和力矩将采用试验数据和工程分段处理相结合的方法。

　　针对翼伞气动特性的风洞试验数据可以作为翼伞气动力建模的基础,假设这些试验数据不仅适用于稳态流中的整个翼面,而且适用于动态情况下沿翼展方向的每一段翼面[92]。由于转弯时气流速度及攻角沿展向的变化较大,而且升力实际上是沿展向呈椭圆分布的,采用 Goodrick[93] 的处理方法:将翼伞沿展向分为相等的 8 片,如图 9.17 所示,各片上的升力系数从外到里依次乘以因子 0.6、1.0、1.16、1.24;每片依据当地的速度和攻角来计算相应的气动力和力矩;最后合成整个翼伞所受的气动力和气动力矩。

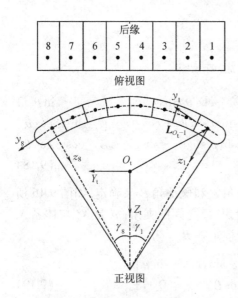

图 9.17　气动力分片计算示意图

各分片上气动力的计算式为

$$
\begin{cases}
\boldsymbol{F}_{L_i} = k_i C_{Li} (0.5\rho S_i \sqrt{u_i^2 + w_i^2}) \begin{bmatrix} w_i \\ 0 \\ -u_i \end{bmatrix} \\[4mm]
\boldsymbol{F}_{D_i} = -C_{Di} (0.5\rho S_i V_i) \begin{bmatrix} u_i \\ v_i \\ w_i \end{bmatrix}
\end{cases}
\tag{9.20}
$$

其中,下标 $i(i = 1, 2, \cdots, 8)$ 表示对应第 i 片的量; k_i 为乘积因子; S_i 为面积; ρ 为当地的大气密度; u、v、w 是分片的压心处的速度矢量在自身的体坐标系下的分量;合速度 $V = \sqrt{u^2 + v^2 + w^2}$; C_L、C_D 为升力和阻力系数。需要指出, C_L 和 C_D 是通过试验测量数据的插值得到的,而试验所测量的攻角 α 是纵向对称面内来流的反方向与翼伞下翼面的夹角,它不同于气流系与体系间相互转换所定义的攻角 ε,如图 9.18 所示,它们之间的关系为

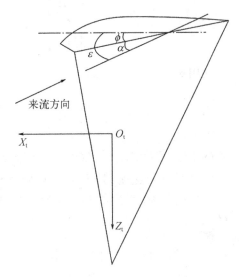

$$
\varepsilon = \alpha + \phi \tag{9.21}
$$

其中, ϕ 定义为翼伞伞衣的下翼面与体坐标系 X_t 轴的夹角,通常称为安装角(rigging angle)。

图 9.18　安装角示意图

总的翼伞伞衣所受气动力和对体坐标系原点 O_t 的气动力矩为

$$
\boldsymbol{F}_{\text{aero}} = \sum_{i=1}^{8} \boldsymbol{B}_{i-O_t} (\boldsymbol{F}_{D_i} + \boldsymbol{F}_{L_i}) \tag{9.22}
$$

$$
\boldsymbol{M}_{\text{aero}} = \sum_{i=1}^{8} \boldsymbol{L}_{O_t-i}^{\times} \boldsymbol{B}_{i-O_t} (\boldsymbol{F}_{L_i} + \boldsymbol{F}_{D_i}) \tag{9.23}
$$

其中, $\boldsymbol{B}_{i-O_t}$ 是第 i 段分片自身的体坐标系与整个翼伞系统的体坐标系之间的变换矩阵,它们之间的转换角 γ_i 的含义如图 9.17 所示,则

$$
\boldsymbol{B}_{i-O_t} = \begin{bmatrix} 1 & 0 & 0 \\ 0 & \cos\gamma_i & \sin\gamma_i \\ 0 & -\sin\gamma_i & \cos\gamma_i \end{bmatrix} \tag{9.24}
$$

5. 翼伞系统动力学方程

系统的动力学方程可以根据动量和动量矩定理来得到。翼伞系统总的动量和动量矩由两部分组成,一部分是由真实质量产生,另一部分是由附加质量引起。

若真实质量的质心点 MC 与所选择的坐标系原点 O 不重合,令 L_{O-MC} 为点 O 到点 MC 的矢径, $J_{r, MC}$ 为真实质量相对点 MC 的转动惯量,则真实质量相对于坐标原点 O 的动量 $P_{r, O}$ 和动量矩 $H_{r, O}$ 可以表示为

$$P_{r, O} = m_r V_{MC} = m_r (V_O - L_{O-MC}^{\times} W) \tag{9.25}$$

$$\begin{aligned} H_{r, O} &= J_{r, MC} W + L_{O-MC}^{\times} P_{r, O} \\ &= m_r L_{O-MC}^{\times} V_O + (J_{r, MC} - m_r L_{O-MC}^{\times} L_{O-MC}^{\times}) W \\ &= m_r L_{O-MC}^{\times} V_O + J_{r, O} W \end{aligned} \tag{9.26}$$

用矩阵形式表示为

$$\widehat{P}_{r, O} = \begin{bmatrix} P_{r, O} \\ H_{r, O} \end{bmatrix} = \begin{bmatrix} m_r E & -m_r L_{O-MC}^{\times} \\ m_r L_{O-MC}^{\times} & J_{r, O} \end{bmatrix} \begin{bmatrix} V_O \\ W \end{bmatrix} = A_{r, O} \begin{bmatrix} V_O \\ W \end{bmatrix} \tag{9.27}$$

式(9.25)、式(9.26)和式(9.27)中,下标 r 表示与真实质量(real mass)相关; V_O、W 分别表示 O 点速度和角速度; E 为 3×3 的单位矩阵。

根据翼伞附加质量的表示式(9.8),附加质量对应的动量 $P_{a, O}$ 和动量矩 $H_{a, O}$ 为

$$\widehat{P}_{a, O} = \begin{bmatrix} P_{a, O} \\ H_{a, O} \end{bmatrix} = A_{a, O} \begin{bmatrix} V_O \\ W \end{bmatrix} = \begin{bmatrix} M_a & -M_a(L_{O-R}^{\times} + L_{R-P}^{\times} B_2) \\ (B_2 L_{R-P}^{\times} + L_{O-R}^{\times}) M_a & J_{a, O} \end{bmatrix} \begin{bmatrix} V_O \\ W \end{bmatrix} \tag{9.28}$$

系统的动量 P_T 和动量矩 H_T 为式(9.27)和式(9.28)之和。根据动量和动量矩定理,可得

$$\begin{aligned} \frac{\partial P_T}{\partial t} + W^{\times} P_T &= \dot{P}_{a, O} + \dot{P}_{r, O} + W^{\times} P_{r, O} + W^{\times} P_{a, O} \\ &= F_{\text{aero}} + F_{\text{ex}} \end{aligned} \tag{9.29}$$

$$\begin{aligned} \frac{\partial H_T}{\partial t} + V_O^{\times} P_T + W^{\times} H_T &= \dot{H}_{a, O} + \dot{H}_{r, O} + V_O^{\times} P_{r, O} + W^{\times} H_{r, O} + V_O^{\times} P_{a, O} + W^{\times} H_{a, O} \\ &= M_{\text{aero}} + M_{\text{ex}} \end{aligned} \tag{9.30}$$

其中,下标 aero 代表与传统气动力系数、静导数有关的气动力的作用;下标 ex 代表气动力以外的外力的作用,对翼伞系统而言只有重力。

将式(9.29)和式(9.30)左侧的非导数项移到右侧后展开,令

$$F_{r,nl} = -W^{\times}P_{r,O} = -W^{\times}m_r(V_O - L_{O-MC}^{\times}W) \tag{9.31}$$

$$F_{a,nl} = -W^{\times}P_{a,O} = -W^{\times}M_a(V_O - DW) \tag{9.32}$$

其中, $D = L_{O-R}^{\times} + L_{R-P}^{\times}B_2$。

$$\begin{aligned}M_{r,nl} &= -V_O^{\times}P_{r,O} - W^{\times}H_{r,O}\\ &= -V_O^{\times}m_r(V_O - L_{O-MC}^{\times}W) - W^{\times}m_rL_{O-MC}^{\times}V_O - W^{\times}J_{r,O}W\end{aligned} \tag{9.33}$$

$$\begin{aligned}M_{a,nl} &= -V_O^{\times}P_{a,O} - W^{\times}H_{a,O}\\ &= -V_O^{\times}M_a(V_O - DW) + W^{\times}D^TM_aV_O - W^{\times}J_{a,O}W\end{aligned} \tag{9.34}$$

式(9.33)的第一项 $V_O^{\times}m_rV_O$ 等于零,因为是两个平行矢量的叉乘。而式(9.34)的第一项也等于零,因为 $V_O^{\times}M_aV_O$ 是稳态量,通常已经包含在气动力矩 M_{aero} 中。所以上式可以简化为

$$M_{r,nl} = m_rL_{O-MC}^{\times}V_O^{\times}W - W^{\times}J_{r,O}W \tag{9.35}$$

$$M_{a,nl} = V_O^{\times}M_aDW + W^{\times}D^TM_aV_O - W^{\times}J_{a,O}W \tag{9.36}$$

因此,翼伞系统的动力学方程可以表示为

$$\begin{bmatrix}\dot{V}_O\\ \dot{W}\end{bmatrix} = [A_{r,O} + A_{a,O}]^{-1}\begin{bmatrix}F_{\text{aero}} + F_{\text{ex}} + F_{r,nl} + F_{a,nl}\\ M_{\text{aero}} + M_{\text{ex}} + M_{r,nl} + M_{a,nl}\end{bmatrix} \tag{9.37}$$

其中, $A_{r,O}$ 如式(9.27)所示; $A_{a,O}$ 为式(9.8)表示的翼伞附加质量矩阵; F_{aero} 和 M_{aero} 为气动力及力矩; F_{ex}、M_{ex} 为重力及力矩,而 $F_{r,nl}$、$F_{a,nl}$、$M_{r,nl}$、$M_{a,nl}$ 分别对应式(9.31)、式(9.32)、式(9.35)和式(9.36)。

9.2.4　八自由度刚性铰接模型

如果需要分析载荷和伞体之间的相对运动,那么就需要把两者分开来考虑,建立至少两体的动力学模型。本节不考虑伞绳、吊带、连接带等的变形,伞体(包括伞衣、伞绳和吊带)和载荷(包括载荷和连接带)之间的连接方式为两点铰接,建立了物伞系统的八自由度刚性铰接模型(伞体具有六个自由度,载荷具有两个相对伞体的转动自由度)。下面给出了此模型的主要建模过程。

1. 基本假设

(1)由于伞绳、吊带和连接带所选用的材料通常强度大、变形小,可以将它们看作长度不变的绳索。

(2)伞体和载荷之间通过吊带和连接带铰接在一起,接点有两个。

（3）翼伞完全展开后，伞衣保持固定的外形不变（控制操纵时需下偏的伞衣后缘部分除外），不考虑伞衣的柔性。

（4）伞衣的质心和压心重合，一般位于弦向距前缘 1/4 处。

（5）因载荷为旋成体，其所受的阻力远大于升力，对其升力忽略不计。

（6）忽略因两体间的相对偏航（即扭转）运动所引起的伞体转动惯量及质心、重心位置的变化。

（7）平面大地。

由于未考虑各种绳索的变形，此模型限制了两体间的相对滚转和相对位移（指两体各自的质心相对于铰接点的位置变化），只存在相对偏航和相对俯仰运动。

2. 坐标系的建立

使用的坐标系有五个，其中大地坐标系 $O_eX_eY_eZ_e$、牵连大地系 $O_dX_dY_dZ_d$ 和气流坐标系 $O_qX_qY_qZ_q$ 的定义参见 9.2.3 节，伞体坐标系 $O_sX_sY_sZ_s$ 和物体坐标系 $O_wX_wY_wZ_w$ 的定义如下。

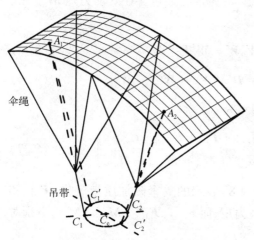

伞体坐标系 $O_sX_sY_sZ_s$，原点 O_s 位于翼伞的质心（包括伞衣、伞绳及吊带的质量），O_sZ_s 轴通过吊带与连接带的两铰接点 C_1、C_2 间连线的中点 C_c（图 9.19 和图 9.20），指向载荷一方，$O_sX_sZ_s$ 为翼伞的几何对称面，O_sX_s 指向伞衣前缘，O_sY_s 轴与其他两轴构成右手系。

物体坐标系 $O_wX_wY_wZ_w$，原点 O_w 位于载荷的质心，O_wZ_w 为载荷的对称轴，方向向下，$O_wX_wZ_w$ 是载荷的一个对称面，当翼伞系统稳定滑翔时此对称面与

图 9.19 翼伞系统中物-伞相对扭转的示意图

翼伞的几何对称面重合，O_wY_w 的方向由右手系决定。

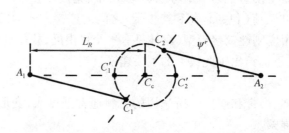

图 9.20 翼伞系统中物-伞相对扭转的尺寸关系图

牵连大地系到伞体坐标系的坐标转换矩阵 $\boldsymbol{B}_{d-s}$ 的形式参见式(9.18),只需用伞体的偏航、俯仰和滚转角(ζ_s , θ_s , φ_s)替换相应的参数。

物体坐标系到伞体坐标系的坐标转换矩阵 $\boldsymbol{B}_{w-s}$ 为式(9.38),其中 ψ^r 、θ^r 分别为伞体系与物体系间的相对偏航角和相对俯仰角。

$$\boldsymbol{B}_{w-s} = \begin{bmatrix} \cos\theta^r\cos\psi^r & -\sin\psi^r & \sin\theta^r\cos\psi^r \\ \cos\theta^r\sin\psi^r & \cos\psi^r & \sin\theta^r\sin\psi^r \\ -\sin\theta^r & 0 & \cos\theta^r \end{bmatrix} \tag{9.38}$$

3. 物伞系统运动方程

为表述方便,将附加质量的计算式(9.8)表示为

$$A_f = \begin{bmatrix} a_{11} & 0 & 0 & 0 & a_{15} & 0 \\ 0 & a_{22} & 0 & a_{24} & 0 & 0 \\ 0 & 0 & a_{33} & 0 & 0 & 0 \\ 0 & a_{24} & 0 & a_{44} & 0 & 0 \\ a_{15} & 0 & 0 & 0 & a_{55} & 0 \\ 0 & 0 & 0 & 0 & 0 & a_{66} \end{bmatrix} \tag{9.39}$$

由于在翼伞附加质量的计算中假设了两个对称面(展向的左右对称和弦向的前后对称),所以需要确定的附加质量的个数减少为 8 个。

1) 伞体动力学方程

伞体动力学方程建立的过程与六自由度翼伞系统动力学方程相同,在 9.2.3 节中有详细说明。在此为便于消除两体间的约束,表现形式有所不同。

$$\frac{\delta \boldsymbol{P}_s}{\delta t} + \boldsymbol{W}_s \times \boldsymbol{P}_s = \boldsymbol{G}_s + \boldsymbol{F}_s^q + \boldsymbol{T} \tag{9.40}$$

$$\frac{\delta \boldsymbol{H}_s}{\delta t} + \boldsymbol{W}_s \times \boldsymbol{H}_s + \boldsymbol{V}_s \times \boldsymbol{P}_s = \boldsymbol{M}_s^q + \boldsymbol{L}_{O_s-Cc} \times \boldsymbol{T} + \boldsymbol{M}_c \tag{9.41}$$

其中,下标 s 表示与伞体坐标系相关的项; $\boldsymbol{G}_s$ 为伞体所受重力; $\boldsymbol{F}_s^q$ 、$\boldsymbol{M}_s^q$ 分别表示伞体所受的气动力和气动力矩; $\boldsymbol{T}$ 表示伞体受到的来自吊带的拉力; $\boldsymbol{M}_c$ 为吊带的拉力相对于吊带与载荷相连的两交点 C_1 、C_2 连线的中点 C_c 的力矩; $\boldsymbol{L}_{O_s-Cc}$ 表示从伞体坐标系的原点 O_s 到点 C_c 的矢径; $\boldsymbol{P}_s$ 、$\boldsymbol{H}_s$ 为伞体的动量和动量矩,表示为

$$\begin{bmatrix} \boldsymbol{P}_s \\ \boldsymbol{H}_s \end{bmatrix} = \left[\begin{array}{ccc|ccc} m_s + a_{11} & 0 & 0 & 0 & a_{15} & 0 \\ 0 & m_s + a_{22} & 0 & a_{24} & 0 & 0 \\ 0 & 0 & m_s + a_{33} & 0 & 0 & 0 \\ \hline 0 & a_{24} & 0 & I_{s,x} + a_{44} & 0 & -I_{s,xz} \\ a_{15} & 0 & 0 & 0 & I_{s,y} + a_{55} & 0 \\ 0 & 0 & 0 & -I_{s,xz} & 0 & I_{s,z} + a_{66} \end{array} \right] \begin{bmatrix} \boldsymbol{V}_s \\ \boldsymbol{W}_s \end{bmatrix}$$

$$= \begin{bmatrix} \boldsymbol{A}_1 & \boldsymbol{A}_2 \\ \boldsymbol{A}_3 & \boldsymbol{A}_4 \end{bmatrix} \begin{bmatrix} \boldsymbol{V}_s \\ \boldsymbol{W}_s \end{bmatrix} \tag{9.42}$$

其中，m_s 为伞体的质量，包括伞衣、伞绳和吊带；$I_{s,x}$、$I_{s,y}$、$I_{s,z}$ 为伞体的转动惯量矩，$I_{s,xz}$ 为伞体的转动惯量积。

2）载荷动力学方程

$$\frac{\delta \boldsymbol{P}_w}{\delta t} + \boldsymbol{W}_w \times \boldsymbol{P}_w = \boldsymbol{G}_w + \boldsymbol{F}_w^q - \boldsymbol{T} \tag{9.43}$$

$$\frac{\delta \boldsymbol{H}_w}{\delta t} + \boldsymbol{W}_w \times \boldsymbol{H}_w = \boldsymbol{M}_w^q - \boldsymbol{L}_{O_w-Cc} \times \boldsymbol{T} - \boldsymbol{M}_c \tag{9.44}$$

其中，下标 w 表示与物体坐标系相关的项；$\boldsymbol{G}_w$ 为载荷所受重力；$\boldsymbol{F}_w^q$、$\boldsymbol{M}_w^q$ 分别表示载荷所受的气动力和气动力矩；$\boldsymbol{P}_w$、$\boldsymbol{H}_w$ 为载荷的动量和动量矩，表示为

$$\begin{bmatrix} \boldsymbol{P}_w \\ \boldsymbol{H}_w \end{bmatrix} = \left[\begin{array}{ccc|ccc} m_w & 0 & 0 & 0 & 0 & 0 \\ 0 & m_w & 0 & 0 & 0 & 0 \\ 0 & 0 & m_w & 0 & 0 & 0 \\ \hline 0 & 0 & 0 & I_{w,x} & 0 & 0 \\ 0 & 0 & 0 & 0 & I_{w,y} & 0 \\ 0 & 0 & 0 & 0 & 0 & I_{w,z} \end{array} \right] \begin{bmatrix} \boldsymbol{V}_w \\ \boldsymbol{W}_w \end{bmatrix} \tag{9.45}$$

其中，m_w 为载荷的质量，包括载荷和连接带；$I_{w,x}$、$I_{w,y}$、$I_{w,z}$ 为载荷的转动惯量。

为了去除 $\boldsymbol{T}$ 和 $\boldsymbol{M}_c$，将载荷的方程（9.43）、方程（9.44）分别与伞体方程（9.40）、方程（9.41）相加，并用矩阵形式表示为

$$\boldsymbol{A}_1 \dot{\boldsymbol{V}}_s + \boldsymbol{A}_2 \dot{\boldsymbol{W}}_s + \boldsymbol{B}_{w-s} m_w \boldsymbol{E} \dot{\boldsymbol{V}}_w$$

$$= \boldsymbol{B}_{d-s}(\boldsymbol{G}_s + \boldsymbol{G}_w) + \boldsymbol{F}_s^q + \boldsymbol{B}_{w-s} \boldsymbol{F}_w^q - \boldsymbol{W}_s^\times (\boldsymbol{A}_1 \boldsymbol{V}_s + \boldsymbol{A}_2 \boldsymbol{W}_s) - \boldsymbol{B}_{w-s} \boldsymbol{W}_w^\times m_w \boldsymbol{V}_w \tag{9.46}$$

$$A_3 \dot{V}_s + A_4 \dot{W}_s + B_{w-s} I_w \dot{W}_w + L_{O_s-Cc}^{\times} m_w B_{w-s} \dot{V}_w - B_{w-s} L_{O_w-Cc}^{\times} m_w \dot{V}_w$$

$$= M_s^q + B_{w-s} M_w^q - W_s^{\times}(A_3 V_s + A_4 W_s) - V_s^{\times}(A_2 W_s) - B_{w-s} W_w^{\times} I_w W_w$$

$$+ \left[L_{O_s-Cc}^{\times} - (B_{w-s} L_{O_w-Cc})^{\times} \right] \left[B_{d-s} G_w + B_{w-s}(F_w^q - W_w^{\times} m_w V_w) \right] \tag{9.47}$$

需要说明，在式（9.47）中已经去除了与气动力相重复的附加质量项 $V_s^{\times}(A_1 V_s)$。上角标"×"表示此项为反映矢量叉乘的反对称矩阵。

3）约束方程

（1）运动约束。

点 C_c（图 9.20）的速度是唯一确定的，则伞体和载荷间存在 C_c 点的速度约束方程：

$$V_s + W_s \times L_{O_s-Cc} = V_w + W_w \times L_{O_w-Cc} \tag{9.48}$$

对式（9.48）求导，可以得到加速度约束方程：

$$\dot{V}_s - L_{O_s-Cc}^{\times} \dot{W}_s - B_{w-s}(\dot{V}_w - L_{O_w-Cc}^{\times} \dot{W}_w)$$

$$= B_{w-s} \left[W_w^{\times}(V_w + W_w^{\times} L_{O_w-Cc}) \right] - W_s^{\times}(V_s + W_s^{\times} L_{O_s-Cc}) \tag{9.49}$$

根据相对运动关系，可以得到两体角速度间的关系：

$$W_w = W_s + \tau_s + \kappa_w \tag{9.50}$$

其中，τ_s 是相对偏航角速度，在伞体坐标系中表示为 $[0, 0, \dot{\psi}^r]$；而 κ_w 是相对俯仰角速度，在物体坐标系中表示为 $[0, \dot{\theta}^r, 0]$。对式（9.50）求导，得角加速度约束方程：

$$B_{w-s} \dot{W}_w - \dot{W}_s - \dot{\tau}_s - B_{w-s} \dot{\kappa}_w = W_s^{\times} B_{w-s} W_w + \tau_s^{\times} B_{w-s} \kappa_w \tag{9.51}$$

（2）力的约束。

翼伞系统两体发生相对扭转后的特点如图 9.19 和图 9.20 所示，图中的 C_1、C_2 为吊带与连接带的汇交点，C_c 点为 C_1 和 C_2 两点连线的中点，C_1'、C_2' 为发生相对扭转前 C_1、C_2 的位置，A_1、A_2 是吊带的反向延长线与伞衣的交点。由于绳索的拉力必须沿着绳索的方向，T_{C_1}、T_{C_2} 在伞体系的分量存在如下关系：

$$\begin{cases} \dfrac{T_{xi}}{T_{yi}} = \dfrac{L_r \sin \psi^r}{(L_R - L_r \cos \psi^r)} \\[3mm] T_{zi} = \dfrac{(L_R - L_r) z_{Cc-C}}{L_r(L_R - L_r \cos \psi^r)} \mid T_{yi} \mid \end{cases}, \quad i = 1, 2 \tag{9.52}$$

其中，L_r 为两铰接点间距离的一半；L_R 是伞体过伞绳虚拟汇交点 C 的对称轴与吊带的反向延长线在伞衣上的交点间的距离；绕伞体系的 z 轴正向旋转时，ψ^r 为正。

则 $\boldsymbol{T}$ 和 $\boldsymbol{M}_{\mathrm{c}}$ 在伞体坐标系下的分量形式可表示为

$$
\boldsymbol{T} = \boldsymbol{T}_{C_1} + \boldsymbol{T}_{C_2} = \begin{bmatrix} -\dfrac{L_r \sin \psi^r}{L_R - L_r \cos \psi^r}(\mid T_{y1} \mid -\mid T_{y2} \mid) \\[2mm] -(\mid T_{y1} \mid -\mid T_{y2} \mid) \\[2mm] \dfrac{(L_R - L_r) z_{Cc-C}}{L_r(L_R - L_r \cos \psi^r)}(\mid T_{y1} \mid +\mid T_{y2} \mid) \end{bmatrix}
\tag{9.53}
$$

$$
\boldsymbol{M}_{\mathrm{c}} = \boldsymbol{r}_1 \times \boldsymbol{T}_{C_1} + \boldsymbol{r}_2 \times \boldsymbol{T}_{C_2} = \begin{bmatrix} \dfrac{(L_R - L_r) z_{Cc-C} \cos \psi^r}{L_R - L_r \cos \psi^r}(\mid T_{y1} \mid -\mid T_{y2} \mid) \\[3mm] \dfrac{(L_R - L_r) z_{Cc-C} \sin \psi^r}{L_R - L_r \cos \psi^r}(\mid T_{y1} \mid -\mid T_{y2} \mid) \\[3mm] \dfrac{L_R L_r \sin \psi^r}{L_R - L_r \cos \psi^r}(\mid T_{y1} \mid +\mid T_{y2} \mid) \end{bmatrix}
$$
$$
\tag{9.54}
$$

将式(9.53)和式(9.54)代入伞体的运动方程(9.40)和方程(9.41)可以得到另外两个方程(同样需要注意去除与气动力相重复的附加质量项):

$$
(m_{\mathrm{s}} + a_{11}) \dot{v}_{\mathrm{s},x} + a_{15} \dot{w}_{\mathrm{s},y} + \frac{L_r \sin \psi^r}{L_r \cos \psi^r - L_R}[(m_{\mathrm{s}} + a_{22}) \dot{v}_{\mathrm{s},y} + a_{24} \dot{w}_{\mathrm{s},x}]
$$
$$
= (m_{\mathrm{s}} + a_{22}) v_{\mathrm{s},y} w_{\mathrm{s},z} + a_{24} w_{\mathrm{s},x} w_{\mathrm{s},z} + F^q_{\mathrm{s},x} - m_{\mathrm{s}} g \sin \theta_{\mathrm{s}} - (m_{\mathrm{s}} + a_{33}) v_{\mathrm{s},z} w_{\mathrm{s},y}
$$
$$
+ \frac{L_r \sin \psi^r}{L_R - L_r \cos \psi^r}\begin{bmatrix} (m_{\mathrm{s}} + a_{11}) v_{\mathrm{s},x} w_{\mathrm{s},z} + a_{15} w_{\mathrm{s},y} w_{\mathrm{s},z} - F^q_{\mathrm{s},y} \\[1mm] -(m_{\mathrm{s}} + a_{33}) v_{\mathrm{s},z} w_{\mathrm{s},x} - m_{\mathrm{s}} g \sin \zeta_{\mathrm{s}} \cos \theta_{\mathrm{s}} \end{bmatrix}
\tag{9.55}
$$

$$
\frac{L_r^2 L_R \sin \psi^r (m_{\mathrm{s}} + a_{33})}{(L_r - L_R) z_{Cc-C}} \dot{v}_{\mathrm{s},z} - I_{xz} \dot{w}_{\mathrm{s},x} + (I_z + a_{66}) \dot{w}_{\mathrm{s},z}
$$
$$
= (I_x + a_{44} - I_y - a_{55}) w_{\mathrm{s},x} w_{\mathrm{s},y} - (a_{15} + a_{24})(v_{\mathrm{s},x} w_{\mathrm{s},x} - v_{\mathrm{s},y} w_{\mathrm{s},y}) - I_{xz} w_{\mathrm{s},y} w_{\mathrm{s},z}
$$
$$
+ M^q_{\mathrm{s},z} + \frac{L_r^2 L_R \sin \psi^r}{(L_r - L_R) z_{Cc-C}}\begin{bmatrix} (m_{\mathrm{s}} + a_{11}) v_{\mathrm{s},x} w_{\mathrm{s},y} - (m_{\mathrm{s}} + a_{22}) v_{\mathrm{s},y} w_{\mathrm{s},x} \\[1mm] + m_{\mathrm{s}} g \cos \zeta_{\mathrm{s}} \cos \theta_{\mathrm{s}} + F^q_{\mathrm{s},z} + a_{15} w_{\mathrm{s},y}^2 - a_{24} w_{\mathrm{s},x}^2 \end{bmatrix}
$$
$$
\tag{9.56}
$$

(3) 运动学方程。

$$
\begin{bmatrix} \dot{\zeta}_{\mathrm{s}} \\ \dot{\theta}_{\mathrm{s}} \\ \dot{\psi}_{\mathrm{s}} \end{bmatrix} = \begin{bmatrix} 1 & \sin \zeta_{\mathrm{s}} \operatorname{tg} \theta_{\mathrm{s}} & \cos \zeta_{\mathrm{s}} \operatorname{tg} \theta_{\mathrm{s}} \\ 0 & \cos \zeta_{\mathrm{s}} & -\sin \zeta_{\mathrm{s}} \\ 0 & \sin \zeta_{\mathrm{s}}/\cos \theta_{\mathrm{s}} & \cos \zeta_{\mathrm{s}}/\cos \theta_{\mathrm{s}} \end{bmatrix} \begin{bmatrix} w_{\mathrm{s},x} \\ w_{\mathrm{s},y} \\ w_{\mathrm{s},z} \end{bmatrix}
\tag{9.57}
$$

将方程式(9.46)、式(9.47)、式(9.49)、式(9.51)、式(9.55)、式(9.56)和式(9.57)联合求解,就可以确定翼伞系统的运动状态。

9.2.5　十二自由度非刚性连接模型

9.2.4 节的模型是将吊带、连接带等都处理为长度不变的绳索,而实际中,任何材料制成的绳索在受到拉力的作用后长度都会发生改变,只是变化量的大小与材料的应力应变关系有关。在本节的非刚性连接模型中,伞体和载荷之间通过伞绳、吊带和连接带相连,考虑了绳索的变形,以及伞体和载荷之间多种不同的连接方式。

1. 基本运动方程

伞体的运动方程为

$$
\begin{cases}
\dfrac{\delta \boldsymbol{P}_s}{\delta t} + \boldsymbol{W}_s \times \boldsymbol{P}_s = \boldsymbol{G}_s + \boldsymbol{F}_s^q + \displaystyle\sum_{i=1}^{2} \boldsymbol{T}_i \\[3mm]
\dfrac{\delta \boldsymbol{H}_s}{\delta t} + \boldsymbol{W}_s \times \boldsymbol{H}_s + \boldsymbol{V}_s \times \boldsymbol{P}_s = \boldsymbol{M}_s^q + \displaystyle\sum_{i=1}^{2} \boldsymbol{L}_{O_s-i} \times \boldsymbol{T}_i
\end{cases}
\tag{9.58}
$$

其中,$\boldsymbol{T}_i$ 表示第 i 条吊带所受拉力;$\boldsymbol{L}_{O_s-i}$ 是伞体质心到第 i 条吊带与伞绳连结点的矢径。其他变量的物理意义与式(9.40)、式(9.41)相同。

载荷的运动方程为

$$
\begin{cases}
\dfrac{\delta \boldsymbol{P}_w}{\delta t} + \boldsymbol{W}_w \times \boldsymbol{P}_w = \boldsymbol{G}_w + \boldsymbol{F}_w^q + \displaystyle\sum \boldsymbol{T}_{\mathrm{str},j} \\[3mm]
\dfrac{\delta \boldsymbol{H}_w}{\delta t} + \boldsymbol{W}_w \times \boldsymbol{H}_w = \boldsymbol{M}_w^q + \displaystyle\sum \boldsymbol{L}_{O_w-j} \times \boldsymbol{T}_{\mathrm{str},j}
\end{cases}
\tag{9.59}
$$

其中,$\boldsymbol{T}_{\mathrm{str},j}$ 表示第 j 条连接带所受拉力;$\boldsymbol{L}_{O_w-j}$ 是载荷质心到第 j 条连接带与载荷的连接点的矢径。其他变量的物理意义与式(9.43)、式(9.44)相同。

非刚性连接模型求解的关键是连接伞体和载荷的吊带及连接带拉力的确定,拉力的计算步骤可分为两步:首先是绳索(包括吊带和连接带)两端位置的确定,这与物伞之间的连接方式有关;其次是根据应力应变关系求解拉力。因此,本节首先介绍了物伞之间的主要连接方式,并给出了不受连接方式约束的确定中间连接点的通用方法,然后基于弹性变形的假设和应力应变关系曲线进行拉力的计算。

2. 翼伞和载荷间的连接方式

几乎所有翼伞的伞绳都对称性地汇交于两点(如图 9.21 中的 D_1 和 D_2),而载荷上的吊挂点通常有两个、三个或四个。D_1、D_2 与载荷上吊点之间的连接方式可大致分为直接连接和有中间连接点的间接连接,如图 9.21 所示。间接连接中,单个中间连接点(图9.21中的C_1点或C_2点)与载荷上的多个吊点都相连称为交叉型连接[如图9.21的(b)和(c)]。在实际的翼伞回收系统中通常都采用间接的连接方式,如X-38的大型翼伞回收系统。

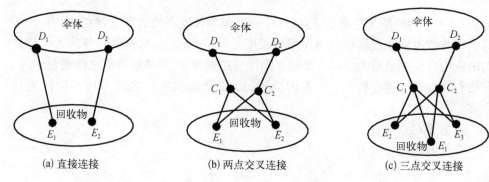

图 9.21　翼伞系统连接方式示意图

3. 中间连接点位置的确定

在物伞系统运动方程的联合求解中需要知道各个吊带和连接带的拉力,这对于间接连接而言就需要确定中间连接点C_1和C_2的位置。目前比较通用的求解方法是小质点法和平衡点法,这两种方法常用于降落伞系统吊挂问题的处理。对翼伞完全展开后的运动而言,其吊带和连接带始终处于受力绷紧状态,一方面绳索所受拉力很大,另一方面关注的是系统相对运动的状态量,因此可采用平衡点法进行计算,具体参考4.1.5节。

4. 绳索拉力大小的确定

非刚性连接模型中考虑了吊带和伞绳的变形,将它们看作只能承受拉力的带阻尼的弹簧,则拉力的计算式为

$$T_i = \begin{cases} 0, & \varepsilon_i \leq 0 \\ T_i^{\text{static}}(\varepsilon_i) + B_i^{\text{damp}} \dot{\varepsilon}_i, & \varepsilon_i > 0 \end{cases} \tag{9.60}$$

其中,下标i代表与中间连接点相连的任一条绳索;$T_i^{\text{static}}(\varepsilon_i)$为应力应变曲线的多项式拟合函数;$B_i^{\text{damp}}$为阻尼系数;$\varepsilon$、$\dot{\varepsilon}$为绳索的平均应变及应变速率,其计算式为

$$\varepsilon = \frac{s^t - s_0}{s_0} = \frac{\| \boldsymbol{P}_1^t - \boldsymbol{P}_2^t \|_2 - s_0}{s_0} \tag{9.61}$$

$$\dot{\varepsilon} = \frac{\dot{s}^t}{s_0} = \frac{(\boldsymbol{V}_1^t - \boldsymbol{V}_2^t) \cdot (\boldsymbol{P}_1^t - \boldsymbol{P}_2^t)}{\| \boldsymbol{P}_1^t - \boldsymbol{P}_2^t \|_2 s_0} \tag{9.62}$$

其中, s_0 为绳索的原长; $\boldsymbol{P}_1^t$ 、 $\boldsymbol{V}_1^t$ 和 $\boldsymbol{P}_2^t$ 、 $\boldsymbol{V}_2^t$ 为绳索的两端在 t 时刻的位置和速度矢量。

9.3　翼伞系统的归航轨迹设计

归航轨迹的设计与优化对实现翼伞系统的自主归航至关重要,规划的航迹不合理就无法实现精确归航。

9.3.1　轨迹设计中的质点模型

在飞行器的轨迹优化中通常都采用简单质点模型,主要是由于复杂模型方程个数多,极大地增加了优化计算的复杂性,而使得求解困难。下面将在对翼伞系统六自由度仿真计算的结果和稳定运动的特性进行深入分析和总结的基础上,提炼出翼伞系统质点模型的运动方程。

1. 基本假设

(1) 在稳定下降段,翼伞系统看作一个质点,在重力和气动力的作用下达到平衡,系统垂直下落速度 v_z 和水平飞行速度 v_s 保持不变。

(2) 翼伞对控制输入的响应无延迟。

(3) 水平风场已知。

2. 质点模型

系统确定后雀降操纵实施的高度是确定的,此动力学非平衡过程作为已知过程,可不包括在飞行轨迹的设计过程中。因此,整个翼伞系统归航轨迹以翼伞完全展开后系统的初步稳定点为起点,雀降操纵的实施点为终点。

坐标系取平面大地系,坐标原点为目标点,翼伞系统运动方程可以简化为

$$\begin{cases} \dot{x} = v_s \cos\psi + v_{\text{wind},x} \\ \dot{y} = v_s \sin\psi + v_{\text{wind},y} \\ \dot{\psi} = u \\ \dot{z} = v_z \end{cases} \tag{9.63}$$

其中, x 、 y 为翼伞系统水平位移; v_s 为系统水平飞行速度; v_z 为系统垂直下落速度; ψ 为转弯的角度; $\dot{\psi}$ 为转弯角速度; $v_{\text{wind},x}$ 、 $v_{\text{wind},y}$ 是水平风速在各坐标轴的投影。

如图 9.22 所示,根据受力平衡及几何运动关系可得反映转弯角速度与系统滚转角间关系的式(9.64),而滚转角 ζ 与单边下偏量 δ_e 之间存在一一对应关系,所以转弯角速度 u 与单边下偏量 δ_e 之间存在对应关系:

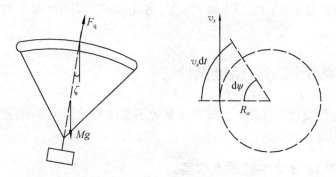

图 9.22　翼伞系统转弯运动示意图

$$\left.\begin{array}{l} \operatorname{tg} \zeta = \dfrac{v_s^2}{gR_a} \\[2mm] R_a = v_s / \dot{\psi} \end{array}\right\} \Rightarrow \dot{\psi} = \dfrac{g}{v_s} \operatorname{tg} \zeta \tag{9.64}$$

3. 风坐标系

首先建立地面坐标系 $O_e X_e Y_e Z_e$ 和风坐标系 $O_f X_f Y_f Z_f$。由于实施雀降操纵的空间位置是已知的,将此点定为大地坐标系的原点,X 轴的方向与地面的水平风 v_{wind} 的风向一致,Z 轴垂直地平面向上,Y 轴依照右手系来确定。风坐标系中各坐标轴的方向与地面坐标系一致,其坐标原点是随着气流而运动的,在翼伞系统实施雀降的时刻 t_f,风坐标系与地面坐标系相重合,而在任意时刻 $t_0 \leqslant t \leqslant t_f$,两坐标系原点间的距离为

$$\boldsymbol{O}_d \boldsymbol{O}_f(t) = \int_t^{t_f} \boldsymbol{v}_{\text{wind}}(t) \, \mathrm{d}t \tag{9.65}$$

亦可转化为

$$\boldsymbol{O}_d \boldsymbol{O}_f(z) = \int_z^0 \boldsymbol{v}_{\text{wind}}(z) \, \frac{\mathrm{d}z}{v_z} \tag{9.66}$$

为研究问题的方便,在风坐标系中进行轨迹的设计,这样可以将风的大小、方向及随高度的变化等影响都转化到初始点位置的偏移中去,只需关注着陆点的地面风向以确定逆风着陆方向。后面的建模计算将基于风坐标系进行,相应的系统运动方程可转化为

$$\begin{cases} \dot{x} = v_s \cos \psi \\ \dot{y} = v_s \sin \psi \\ \dot{\psi} = u \\ \dot{z} = v_z \end{cases} \tag{9.67}$$

9.3.2　翼伞系统的分段归航设计

1. 轨迹规划的原则

翼伞系统在控制过程中的基本运动形式有四种：滑翔、转弯、减速和雀降。雀降只在最后的着陆阶段实施，此过程不包括在轨迹规划的范围内。而双侧下偏的减速运动与滑翔运动相比对飞行轨迹的影响不大，因此在航迹规划的实施中主要采用滑翔和转弯两项操纵。

对翼伞系统运动特性的分析可知：在不考虑风的情况下，稳定的滑翔运动属于纵向平面的运动，它在水平面的投影是一条线段；转弯运动为螺旋下降过程，稳定的转弯运动在水平面的投影为一个圆（或圆弧）。因此，在初始下降高度确定的情况下，水平面上轨迹的规划就是选择合适的圆弧和线段的组合方式。

为避免过急的转弯控制造成的失稳，应控制翼伞后缘下偏量的大小及下拉的速率。在轨迹规划中，直线与直线或直线与大圆弧相交时采用最小转弯圆弧进行过渡连接，此圆弧的半径是给定的最大稳定单边下拉量所对应的半径，过渡圆弧对应的圆心角要小于 180°，以减小控制的能量。

2. 分段归航方案选择

分段归航的轨迹可大致分为三段：向心段（homing）——飞向着陆区；能量控制段（energy controlling）——在着陆区附近以某种方式飞行来"消耗高度"，直至某些条件满足后转向最后的着陆；着陆段（landing）——通常都包括逆风、滑翔和雀降。各种分段策略所不同的主要是在能量控制段，大体上有三种进行能量控制的方案，如图 9.23 所示。

方案（a）所反映的是在目标区较近的下风区内做转弯运动来"消耗高度"。方案（b）所反映的是在距离目标区较近的下风区内根据设定的 T 字形的路径点（图中的"+"标记点）做 S 形的运动。方案（c）是围绕目标点做转弯运动。

相比之下方案（c）是一种常用的选择，主要优点如下：

（1）与方案（a）相比，绕着陆点做转弯运动的转弯半径可以较大，相应的控制下偏量较小，可以极大地节约控制能量；而且一旦有紧急情况发生，其着陆的精度也有一定保障；

（2）方案（b）的设计虽然以滑翔为主以节约控制能量，但其操纵变换较多，实施起来比较复杂，且从轨迹跟踪控制的角度来说，翼伞系统是不利于对直线进行跟踪的，因为一般需要左右反复交替操纵；

（3）方案（c）在 X‑38 的飞行试验中得到了成功的验证。

3. 经典分段归航轨迹的设计和优化

根据方案（c）分段归航策略设计归航轨迹如图 9.24 所示。轨迹分为三段：目标接近段、能量控制段和着陆段，分别对应于图中的 1、2、3。目标接近段是从 B 点

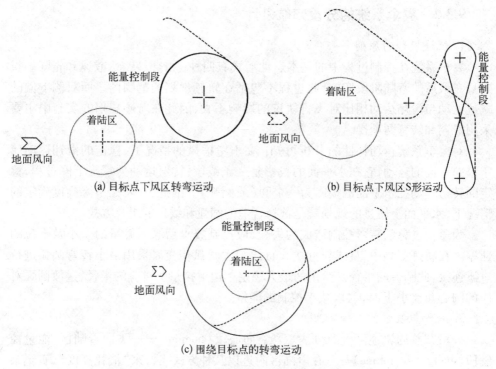

(a) 目标点下风区转弯运动

(b) 目标点下风区S形运动

(c) 围绕目标点的转弯运动

图 9.23　能量控制段的方案示意图

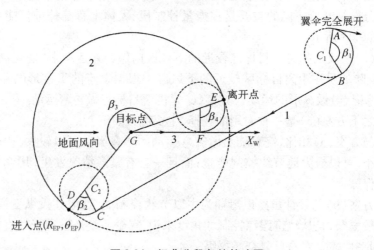

图 9.24　经典分段归航轨迹图

到 C 点，做滑翔运动；能量控制段是从 D 点到 E 点，对应于图中的大圆弧，此段实施的是转弯控制；着陆段从 F 点到实施雀降的坐标原点 G，也是做滑翔运动。各段之间通过最小转弯圆弧进行过渡连接。整个轨迹采用单侧转弯控制不仅可以减少左右交替操纵对电机能量的损耗,还可以降低左右转弯变换对翼伞系统飞行稳定性的不利影响。

1) 轨迹的计算

所有计算都是在风坐标系下进行。由于垂直速度和滑翔比认为是定值,所以计算的关键是确定各点在大地坐标系下的 X 轴和 Y 轴坐标,以及各段的水平距离。

初始已知条件:A 点位置坐标 (x_0, y_0, z_0),初始飞行方向角 α_0(水平速度与 X 轴正向的夹角,上方为正),最小转弯半径 $R_{\min}$。

约束条件:过渡圆弧的圆心角小于 $180°$,即:$0 \leqslant \beta_1、\beta_2、\beta_4 \leqslant \pi$。

设定:顺时针转弯时 $s = -1$,逆时针转弯时 $s = 1$;能量控制段的进入点对应的转弯半径为 R_{EP},对应的方位角为 θ_{EP}(坐标原点到进入点的连线与 X 轴正向的夹角)。

(1) 各段的计算。

C_1 点坐标:

$$\begin{bmatrix} x_{C1} \\ y_{C1} \end{bmatrix} = \begin{bmatrix} x_0 \\ y_0 \end{bmatrix} + R_{\min} \begin{bmatrix} \cos \alpha_1 \\ \sin \alpha_1 \end{bmatrix}, \quad \alpha_1 = \alpha_0 + s \cdot \frac{\pi}{2} \tag{9.68}$$

C_2 点坐标:

$$\begin{bmatrix} x_{C2} \\ y_{C2} \end{bmatrix} = (R_{EP} - R_{\min}) \begin{bmatrix} \cos \theta_{EP} \\ \sin \theta_{EP} \end{bmatrix} \tag{9.69}$$

$\boldsymbol{BC}$ 矢量及其与 X 轴正向的夹角 α 可采用下式计算:

$$\boldsymbol{BC} = \begin{bmatrix} x_{BC} \\ y_{BC} \end{bmatrix} = \boldsymbol{C}_1\boldsymbol{C}_2 = (R_{EP} - R_{\min}) \begin{bmatrix} \cos \theta_{EP} \\ \sin \theta_{EP} \end{bmatrix} - \begin{bmatrix} x_0 \\ y_0 \end{bmatrix} - R_{\min} \begin{bmatrix} \cos \alpha_1 \\ \sin \alpha_1 \end{bmatrix} \tag{9.70}$$

$$\alpha = \begin{cases} \mathrm{sign}(y_{BC}) \cdot \dfrac{\pi}{2}, & x_{BC} = 0 \\[2mm] \dfrac{1 - \mathrm{sign}(x_{BC})}{2} \cdot \mathrm{sign}(y_{BC}) \cdot \pi + \mathrm{arctg} \dfrac{y_{BC}}{x_{BC}}, & x_{BC} \neq 0 \end{cases} \tag{9.71}$$

第一个过渡圆弧的夹角 β_1:

$$\beta_1 = s \cdot (\alpha - \alpha_0),\ 若 \beta_1 < 0,\ 则 \beta_1 = 2\pi + \beta_1 \tag{9.72}$$

第二个过渡圆弧的夹角 β_2:

$$\beta_2 = s \cdot (\alpha_2 - \alpha),\ 若 \beta_2 < 0,\ 则 \beta_2 = 2\pi + \beta_2 \tag{9.73}$$

$$\alpha_2 = \theta_{EP} + s \cdot \frac{\pi}{2} \Rightarrow \begin{cases} \alpha_2 > \pi, & \alpha_2 = \alpha_2 - 2\pi \\ \alpha_2 \leqslant -\pi, & \alpha_2 = \alpha_2 + 2\pi \\ -\pi < \alpha_2 < \pi, & \alpha_2 = \alpha_2 \end{cases} \tag{9.74}$$

能量控制段转弯圆弧的中心角 β_3：

$$\beta_3 = s \cdot (-s \cdot \alpha_3 - \theta_{EP}) = -\alpha_3 - s \cdot \theta_{EP}, \; 若 \beta_3 < 0, 则 \beta_3 = 2\pi + \beta_3$$

(9.75)

$$\alpha_3 = \arcsin \frac{R_{\min}}{R_{EP} - R_{\min}}$$

(9.76)

最后的过渡圆弧的夹角 β_4：

$$\beta_4 = \alpha_3 + \frac{\pi}{2}$$

(9.77)

（2）目标函数的建立。

为使设计的归航轨迹的着陆点与目标点间距离最近，取设计轨迹的水平飞行距离与定滑翔比条件下初始高度对应的水平飞行距离 $(f \cdot z_0)$ 的差值的绝对值为目标函数，即

$$J = \min\{|R_{\min}(\beta_1 + \beta_2 + \beta_4) + R_{EP} \cdot \beta_3 + \|BC\| + \sqrt{(R_{EP} - 2R_{\min})R_{EP}} - f \cdot z_0|\}$$

(9.78)

（3）约束条件。

整个轨迹确定的关键是进入点参数 (R_{EP}, θ_{EP}) 的确定，确定的依据为满足目标函数 J。R_{EP} 的取值需从两个方面考虑：一是能量控制段转弯半径要比较大，这样系统倾斜角就在较小的范围，可以提高系统的稳定性、节约能量，便于控制系统进行偏差修正，同时也给着陆段提供了足够的调整距离；二是能控段的转弯半径又不能过大，以便控制着陆精度。因此，取 $R_{EP} \in [R_1, R_2]$，R_1、R_2 为给定进入点位置所选转弯半径的上、下限。θ_{EP} 的取值范围为 $[-\pi, \pi]$。

针对以上轨迹计算模型、目标函数和约束条件，即可将翼伞系统分段轨迹设计问题转化为一个带约束的非线性优化问题，采用序列二次规划等经典优化算法或遗传算法等智能优化算法进行设计求解。

2）其他特殊情况的归航轨迹

经典分段归航所对应的是初始高度适中的情况，对于欠高度和高度冗余的情况，分段归航轨迹可按以下方法设计。

（1）目标点不可达的分段归航。

由于翼伞系统本身的滑翔比基本固定，而且操纵方式简单，因而并不是任何初始位置和状态都能够控制实现准确、安全着陆。一般地，滑翔运动主要用于修正距离偏差，而转弯运动主要用于改变航向和消耗冗余高度。在风坐标系中，当初始的水平距离偏差与高度之比大于滑翔比时，系统是不可能到达目标点的，此范围称为

不可行域。如图 9.25 所示,坐标原点
为圆锥的顶点,母线的斜率等于滑翔
比,此圆锥所围成的区域之外就是不
可行域。而在圆锥形区域内,也不是
任何位置都能够实现逆风准确着陆,
因为方向的改变需要消耗高度,同一
初始位置不同初始方向选择的归航轨
迹很可能是不同的。

　　对于不可行域内的翼伞系统,为
满足基本着陆要求,参照翼伞系统最
优控制归航中"终点不能到达目标点"
时的控制特点,按照图 9.26 所示方式
进行归航。首先是转向坐标原点,然
后是向心飞行,最后是逆风转弯和雀
降前的滑翔。它们分别对应于图中的
1、2、3 三部分,转弯半径采用最小稳定
转弯半径以实现快速转弯。采用此种

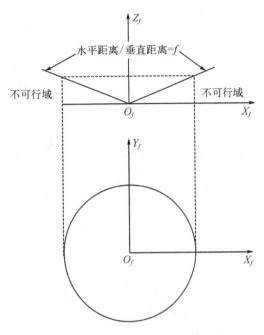

图 9.25　不可行域的定义

归航方式既满足了逆风和雀降的着陆要求,又尽量减小了距离上的偏差。

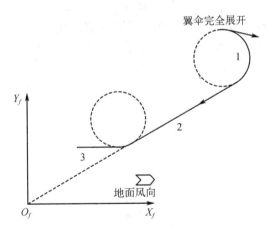

图 9.26　目标点不可达时翼伞系统分段归航方案

（2）高高度的分段归航。

　　此种情况下有大量高度冗余,需要通过转弯盘旋来消耗。可以采用两种办法
处理,一是直接运用经典分段归航轨迹的设计方法,通过增加能量控制段的转圈次
数来消耗势能;另一种方法如图 9.27 所示:整个外部的大圆及以外的区域(包括向

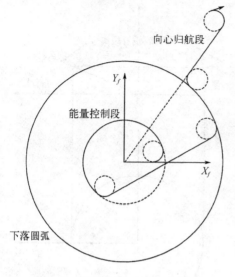

向心归航段

能量控制段

Y_f

X_f

下落圆弧

图 9.27 高度冗余时翼伞系统的分段归航方案

心归航段和下落圆弧）称为下落段，进行的是开环控制，不考虑各种扰动和偏差，目的就是消耗掉过多的高度。在降到一定的高度值或满足一定条件后，转向经典分段归航轨迹的操作，进行闭环的归航控制。两种方法对比，后者可以明显简化控制过程和节约操纵的能量。

（3）全系统分段归航方案和判据。

全系统分段归航方案由上述三种方案组合而成。各方案之间的选择依据要从归航的初始条件、环境，以及翼伞系统的性能和要求等综合评定以确定。在此给出它们之间的一个粗略的选择判据。

在风坐标系下，设翼伞系统完全展开时所处的位置距离目标点的水平距离为 S，垂直距离为 H，能量控制段转弯半径的选择范围为 $[R_1, R_2]$，系统的滑翔比为 f。

（a）当 $f \cdot H > 2\pi R_2 + R_2 + |S - R_2|$ 时，采用高高度归航方案。在开环运动（向心飞行段和下落圆弧段）的过程中，不断地判断 t 时刻风坐标系下距目标点的水平距离 S^t 和垂直距离 H^t 是否满足 $f \cdot H^t < 2\pi R_2 + R_2 + |S^t - R_2|$，满足则计算经典分段归航轨迹的各项参数，并实施闭环的轨迹跟踪控制。

（b）当 $f \cdot H < |S - R_1| + R_1$ 时，采用目标点不可达的分段归航方案。

（c）介于两者之间，即 $|S - R_1| + R_1 < f \cdot H < 2\pi R_2 + R_2 + |S - R_2|$，则采用经典分段归航方案。

第 10 章

航天器降落伞减速半实物仿真系统

航天器降落伞减速着陆半实物仿真系统的研制目的是在接入真实回收控制装置的情况下,研究航天器在各种返回弹道和空间环境条件下的飞行性能,评估降落伞减速着陆全过程中的各种状态参数是否满足设计要求,考核相关硬件可靠性、适应性以及回收程序指令流程的合理性和匹配性等。

航天器降落伞减速着陆半实物仿真系统研制涉及的技术层面较广,包括多级降落伞拉直、充气及舱伞组合体系统动力学建模、半实物仿真技术、压力快速调节及模拟技术、程控信号采集和激励技术、可视化技术等。本章内容是对航天器降落伞减速着陆半实物仿真系统研制过程中的关键技术总结,对构建类似型号航天器减速着陆半实物仿真系统具有参考价值[94, 95]。

本章首先概述航天器降落伞减速着陆半实物仿真系统的动力学仿真架构和实现过程,然后总结半实物仿真系统研制过程中涉及的关键技术,最后简要介绍半实物仿真系统主要子系统的设计和组成。

10.1 系统动力学仿真架构

良好的仿真框架有助于提高复杂系统动力学建模效率,同时有利于提高动力学模型的继承性和扩展性。航天器降落伞减速系统的工作过程一般包含多个工作阶段,而每个工作阶段又包含不同的动力学模型,如减速伞充气工作段包含返回舱动力学模型、减速伞充气动力学模型、单点吊挂约束模型等。若是对于具有备份降落伞装置的载人飞船降落伞减速着陆系统来说,其降落伞减速着陆全过程的动力学模型数量更是非常大,且每次动力学模型转换时的参数传递和环境参数加载也比较复杂,因此如果按照传统的建模方式构建仿真框架,整个载人飞船降落伞减速着陆系统的动力学仿真框架流程和实现过程都比较复杂。

为此,考虑到半实物仿真平台的实时性,程序的可扩展性等需求,航天器降落伞减速着陆过程的半实物仿真平台将采用比较高效通用的分阶段、分层次降落伞系统动力学仿真框架来构建。

10.1.1 仿真框架的构建思路

仿真框架的构建一般先建立单个动力学微分和单个约束的基元模型,通过分析各个基元模型的特点,利用面向对象方法,以统一的接口将相关基元模型连接在一起,形成某个运动阶段的动力学模型。在运动阶段和阶段模型发生改变时,如主伞单点吊挂转换成双点吊挂,只需关闭和激活相关基元模型(包括动力学微分基元和约束基元),更新个别特殊参数,而大部分基元模型的参数基本保持不变,其阶段模型转换过程模块化,使整个仿真框架层次分明,模型转换方便而清晰,避免了重复的参数传递。

在仿真框架中,构建统一的模型连接接口,不仅使一系列基元模型能够准确地连接在一起,还能使动力学阶段模型改变时能够快捷地更新模型,以适应半实物仿真实时的需求。

10.1.2 模型的分解

从第 4 章中所建立的航天器降落伞减速着陆过程的动力学模型可知,每个工作阶段的动力学模型一般均是由"降落伞-约束-返回舱"的形式组成,如比较复杂的降落伞拉直阶段的动力学模型可分解为:上级伞动力学模型、伞包动力学模型、上级伞与伞包约束模型、返回舱动力学模型、返回舱与伞包约束模型。将降落伞、返回舱、伞包等的微分方程模型称为动力学微分基元模型,将动力学微分基元之间的约束模型称为约束基元模型,动力学微分基元模型和约束基元模型统称为一般基元模型,降落伞拉直阶段模型分解如图 10.1 所示。

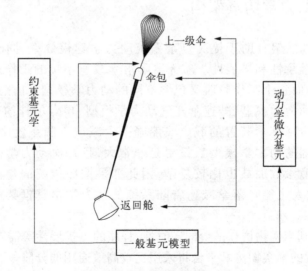

图 10.1 拉直阶段的模型分解

1. 动力学微分基元模型

在动力学微分基元模型中,需要对动力学微分方程进行统一处理,以便模型的继承和扩展,其基本构造如图 10.2 所示。动力学微分基元模型围绕其微分方程进行建模,通过图 10.2 对动力学微分的归纳,可将第 4 章大部分单个物体的动力学模型概括在内。

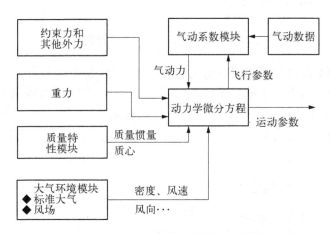

图 10.2　动力学微分基元模型构造示意图

图 10.2 的动力学微分基元模型适用于: 返回舱动力学模型、伞舱盖动力学模型、伞包动力学模型、大小引导伞动力学模型、减速伞动力学模型、主伞动力学模型等。动力学微分方程表达形式多样,可以是三自由度动力学模型和其他自由度动力学模型的动力学方程,也可以是随着系统参数自由度可变的动力学方程,如伞包模型就可以采用三自由度动力学方程,拉直过程的伞绳离散的多体模型采用的是自由度可变的动力学方程。

在构造动力学微分基元模型中,还有一些大气环境和气动系数等模块,是更底层的一些模型和算法,这些模型和算法应用面向对象的方法,如继承和重载,提高模型的通用性和高效性。

2. 约束基元模型

约束基元模型从整个动力学方程中单独分离出来,可建立比较通用的模型,以方便模型的集成和继承。如在载人飞船降落伞减速着陆过程中,减速伞单点吊挂约束模型与主伞单点吊挂约束模型,就可以采用同一个约束模型进行建模。图 10.3 为约束基元的构造示意图。

约束基元的输入参数为各种约束体的状态参数,输出参数是对约束体的约束力。图 10.3 中不同的约束方程可根据其特点采用合适的数值算法,以保证求解过程的收敛性。

231

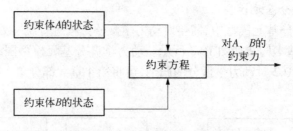

图 10.3　约束基元的构造示意图

将动力学基元模型之间的约束也划为基元模型,使各个微分基元模型之间能够方便采用各种约束基元进行连接,而在微分基元模型中,不再需要考虑各种约束方式解算,且相同的约束模型可采用同一约束基元模型。每一个一般基元模型都是相对独立的。通过模型的连接,将各个一般基元模型集成起来成为阶段模型,是建立仿真框架的关键。

10.1.3　模型的连接

模型的连接需要实现三个目标。

(1) 把一般基元模型(包括动力学微分基元和约束基元)无缝地组合在一起,形成阶段模型和闭合的微分方程组。在阶段模型中也可能只存在动力学微分基元,如返回舱单舱飞行阶段。

(2) 形成能够方便地更新参数、改变动力学微分方程(即阶段模型转换,如从单点吊挂转换成双点吊挂)的仿真框架,以便降落伞减速着陆过程分阶段仿真的实现,这对模型的接口提出要求。

(3) 方便地采用各种积分算法,对微分方程进行解算。为了解算各种条件下的微分方程,需要提供各种积分算法的接口。

为了实现模型的连接的三个目标,在基于面向对象编程的基础上建立三个基本类:模块类、集成类、积分算法类。三个基本类存在如下关系:

(1) 模块类是基元模型的父类,模块类包含了一些基本的虚函数,如动力学微分方程函数和更新函数;

(2) 集成类中包含了模块类生成的对象,在集成类中以模块类生成的对象作为操作变量,通过指针等手段将各种基元模型进行处理;

(3) 积分算法类中包含了集成类生成的对象,在积分算法中以集成类生成的对象作为操作变量。

三个基本类关系如图 10.4 所示。

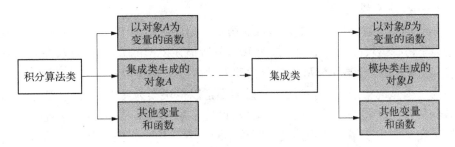

图 10.4　仿真框架中三个基本类的关系

10.2　航天器降落伞减速着陆仿真框架的实现

10.2.1　降落伞减速着陆仿真框架的层次结构

根据分层建模的思想,模型的通用性和系统特性能够分别表现在不同层次的基元模型中,越接近底层的基元模型,其通用性越好,越接近顶层的基元模型越能反映具体系统的特性,这样就解决了建模的通用性和系统的特殊性之间的矛盾。因此,为保证框架具有良好的可扩充性和重用性,在其设计中采用了分层结构形式,上层基元模型都是在低一层模型的基础上建立,在程序设计中采用面向对象的方法来实现。航天器降落伞减速着陆系统仿真框架层次结构如图 10.5所示。

仿真框架分为五个层次:基本算法和支撑层、一般基元模型层、模型集成层、降落伞减速着陆系统阶段层、界面层。

1. 基本算法和支撑层

基本算法和支撑层包含了动力学仿真中常用的数值算法和底层支撑类库。数值算法包括:矩阵向量运算、四元数运算、插值算法、数值积分算法、线性方程组和非线性方程组的解法、随机数产生算法和蒙

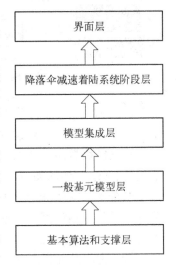

图 10.5　降落伞减速着陆仿真框架层次结构

特卡罗统计分析算法等。支撑层包含了大气参数类,它提供标准大气模型、风场模型、大气和风场实测数据的处理算法。支撑层还包含了数据保存、文件操作和网络等一些数值仿真和半实物仿真中需要使用的基本函数和类库。基本算法和支撑层被一般基元模型层中各个一般基元模型所共用,同时又独立于仿真框架其他部分。

2. 一般基元模型层

一般基元模型层是降落伞减速着陆仿真框架层次结构中个体模型具体实现层，是动力学仿真运行的基本单元。按照 10.1 节所描述模型的分解和集成，在降落伞减速着陆仿真中，一般基元模型也是分为动力学微分基元模型和约束基元模型。

为了模型的集成，所有一般基元模型都是以模块类为父类，同样为了方便动力学微分基元模型和约束基元模型的集成，设置了吊挂体基类，以统一吊挂接口。吊挂体基类又派生了吊挂体刚体类。降落伞减速着陆仿真框架中其动力学微分基元模型如图 10.6 所示。

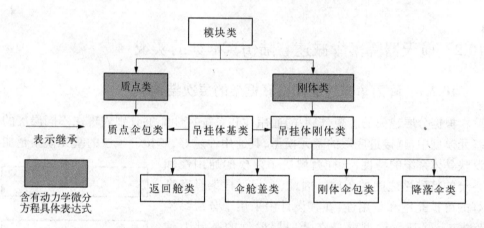

图 10.6　动力学微分基元模型继承关系

在图 10.6 中，动力学微分基元模型的两个基本类是质点类和刚体类，其中质点类包括了变质量质点运动方程。为了仿真框架模型集成的方便，质点类和刚体类都是从模块类派生得到。而质点伞包类、吊挂刚体类、返回舱类、伞舱盖类、刚体伞包类、降落伞类的动力学微分方程都是分别继承自质点类和刚体类。降落伞类又可以派生一些特殊的伞类，如环帆伞、锥形带条伞等。在降落伞减速着陆仿真框架中，使用的质点伞包类、返回舱类等在继承模块类的同时，也是从吊挂体基类派生而来，其目的是吊挂约束提供统一的接口。

与动力学基元模型相比，约束基元模型同样是从模块类中派生而来，其继承关系如图 10.7 所示。

按照模型的分解思路，约束基元模型中需要输入两个约束体的信息，因此需要在约束基元类中的构造函数中添加约束体的对象，在降落伞减速着陆仿真框架中，约束对象一般是各种降落伞和返回舱。

约束基元模型的特点在于输入参数为两个由吊挂基类派生的类形成的对象，在约束基元模型中，可按权限调用吊挂基类的函数和成员，以及模块类中的函数和成员。

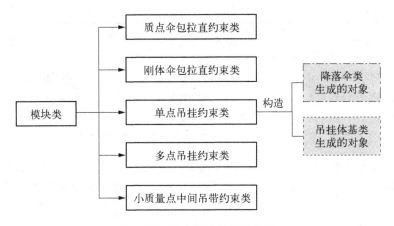

图 10.7 约束基元的继承关系

3. 模型集成层

模型集成层是降落伞减速着陆仿真框架中一般基元模型的上层,其包含了一般基元模型进行连接的统一接口。按照仿真框架的构造思路,将降落伞减速着陆仿真框架的模型连接分为三个类:模块类、集成类、积分算法类。

4. 降落伞减速着陆系统阶段层

在一般基元模型层和模型集成层的基础上,按照降落伞减速着陆过程动力学模型生成各自的对象,并对各种对象按照一定格式赋以初值。降落伞减速着陆系统阶段层中,一般需要生成的对象如表 10.1 所示。表 10.1 中,充气阶段的模型主要包含在降落伞模型中。其中的对象是在一般基元模型层中的类对应生成。

表 10.1 对象成员与基元模型对应关系

对 象 成 员	对应基元模型类	模 型 类 别
返回舱	返回舱类	动力学微分基元模型
伞舱盖	伞舱盖类	动力学微分基元模型
引导伞	引导伞类	动力学微分基元模型
减速伞	降落伞类	动力学微分基元模型
主伞	降落伞类	动力学微分基元模型
减速伞伞包	质点伞包类	动力学微分基元模型
主伞伞包	质点伞包类	动力学微分基元模型
减速伞拉直约束	质点伞包拉直约束类	约束基元模型
减速伞单点吊挂约束	单点吊挂约束类	约束基元模型

对 象 成 员	对应基元模型类	模 型 类 别
主伞拉直约束	质点伞包拉直约束类	约束基元模型
主伞单点吊挂约束	单点吊挂约束类	约束基元模型
主伞双点吊挂约束	多点吊挂约束类	约束基元模型

在降落伞减速着陆系统阶段层中,也定义集成类和积分算法类的对象,利用集成类的对象将所有基元模型有序地连接在一起,而后利用积分算法类的对象进行逐步积分。

5. 界面层

界面层是仿真框架对外数据交互和显示的接口。为了保持仿真框架的可扩展性,一般的输入数据通过操作界面和文件进行输入,这些数据有:仿真系统参数、返回舱质量和几何特性数据、返回舱气动数据、伞舱盖质量和几何特性数据、伞舱盖气动数据、引导伞数据、减速伞数据、主伞数据、大气和风场数据等。所有的数据均采用便于修改的文件格式存放,在仿真时可通过文件替代、窗口输入等方式进行修改,这些设计保证了模型和数据的分离,有利于仿真框架的扩展和模型输入数据的更新。

10.2.2　航天器降落伞减速着陆系统阶段模型的转换

航天器降落伞减速着陆系统阶段模型的转换,是指当系统运动模型有所变化时,系统动力学方程和模型的转变和更换,如主伞从单点吊挂运动阶段转换到双点吊挂运动阶段。

在仿真框架中,系统阶段模型的转换需要解决两个问题:转换时机、转换方法。在本章描述的仿真框架构建思路中,模型分解和模型连接为解决这两个问题提供了方便。

在降落伞减速着陆系统运动过程中,系统阶段模型的转换时机有两种:

(1)指令形式,降落伞减速着陆系统中的回收程序控制装置会按照既定程序给回收执行装置发指令,如开主伞、转换吊挂等;

(2)自然形式,有些阶段模型的转换是系统某个运动阶段自然结束,需要转换模型,如减速伞拉直阶段结束,需要转入减速伞单点吊挂阶段运动模型。

在模型转换的指令形式中,降落伞减速着陆全数字仿真时,一般采用积分时间控制,根据回收程序控制装置的控制顺序和时间顺序提供模型转换的时机,而半实物仿真则必须通过接受实际的程控指令进行模型转换。在模型转换的自然形式中,模型的转换完全由计算条件决定,当条件满足时,自动进行跳转。

10.3　航天器降落伞减速着陆半实物仿真系统关键技术

10.3.1　航天器降落伞减速着陆半实物仿真系统结构组成

航天器降落伞减速着陆半实物仿真系统一共分为六个部分:减速着陆动力学仿真子系统、程控自动测试与I/O子系统(简称IO子系统)、环境压力模拟子系统、可视化子系统、数据显示子系统、回收程序控制装置,其系统结构框图如图 10.8 所示。

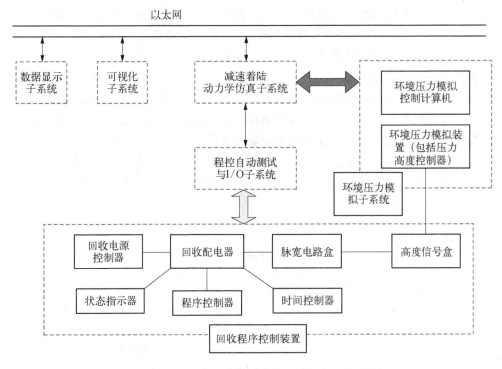

图 10.8　航天器降落伞减速着陆半实物仿真系统结构框图

减速着陆动力学仿真子系统是半实物仿真系统的核心,主要完成仿真工程管理、动力学仿真计算、期望压力计算、IO 指令数据和压力数据收发、实时控制、结果数据管理等任务。该子系统以软件的形式在减速着陆仿真工作站(简称仿真主机)上运行。实现减速着陆动力学仿真子系统的主要难点在于实时控制、混合式网络构建、减速着陆动力学仿真框架以及相关支撑模块和功能模块的处理。

IO 子系统是半实物仿真系统的关键子系统之一。在整个半实物仿真回路中,该子系统是减速着陆动力学仿真子系统和回收程序控制装置之间指令、数据的输入输出接口设备。此外,该系统也可以单独作为回收程序控制装置的自动测试设备。该系统由指令采集和信号激励硬件设备及相关软件系统组成。软件系统在IO 接口计算机上运行。实现 IO 子系统的主要难点在于回收程控装置信号的高速采集和激励,以及软硬件之间的数据通信。

环境压力模拟子系统是半实物仿真系统的配套设备。该系统主要是针对采用压力高度控制开伞的降落伞减速着陆系统,其任务是根据减速着陆动力学仿真子系统实时计算得到的期望压力作为数据驱动,实时跟踪和模拟返回舱取压孔附近的环境压力,为静压高度控制器提供一个高精度、快速连续变化的真实气压环境,使静压高度控制器在其预设的压力范围内能够自主、正常地产生触发信号,保证回收程序控制装置能够按照预设的程序顺利发出各种控制指令。该系统由静压高度控制器、压力调节设备实物和控制软件组成,其中控制软件在环境压力模拟计算机上运行。环境压力模拟子系统的主要难点在于压力模拟的控制方法、系统的集成、关键技术指标的实现等。

可视化子系统和数据显示子系统分别通过三维动画和大量的数据曲线,实时动态渲染和展示整个减速系统的减速着陆工作全过程,从而帮助用户和研究人员直观、定性、定量地理解和掌握减速系统减速着陆工作全过程的系统的性能。

半实物仿真系统一般包括以下几类部件:① 仿真计算机系统(动力学模型及程序、数据、显示)与接口;② 环境模拟设备;③ 被测实物(传感器、控制计算机、执行机构)。按此分类,降落伞减速着陆半实物仿真系统的子系统分类和组成如表10.2 所示。

表 10.2　航天器降落伞减速着陆半实物仿真系统组成

	类　别	组　成
减速着陆动力学仿真子系统	仿真计算机系统与接口	软件与数据接口
IO 子系统	仿真计算机系统与接口	软件与数据接口
环境压力模拟子系统	环境压力模拟设备和船上静压高度控制器	环境模拟设备以及硬件实物
可视化子系统	仿真计算机系统与接口	软件
数据显示子系统	仿真计算机系统与接口	软件
回收程序控制装置	船上回收程序控制装置	硬件实物

图 10.9 是"神舟号"载人飞船回收着陆半实物仿真系统实物平台。整个半实物仿真系统实物共集成于五个独立机柜,机柜间通过特定网络实现系统连接。其中,IO子系统和回收程序控制装置安装于同一机柜,其余子系统分别安装于各自机柜。

图 10.9　"神舟号"载人飞船降落伞减速着陆半实物仿真系统

10.3.2　航天器降落伞减速着陆半实物仿真系统网络设计

实时数据传输和通信是半实物仿真系统的关键技术之一,实现该技术需要构建实时通信网络。实时通信网络除了具有严格传输确定性和可预测性外,还具有传输速度高、通信协议简单、宿主机负载轻、软硬件平台适应性强、可靠的传输纠错能力、支持中断信号的传输等特点。为了满足半实物仿真系统的实时性需求,实时通信网络采用了反射内存实时网络技术。

半实物仿真系统数据流向、网络数据通信需求和网络设备如表 10.3 所示。其中,仿真主机和环境压力模拟计算机、仿真主机与 IO 接口计算机之间的数据通信,在整个半实物仿真系统实时网络中要求最高也最为关键。

表 10.3　半实物仿真系统网络设备

通 信 节 点	数据流向	实时要求	网络或设备
仿真主机与 IO 节点	双向	小于一个仿真步长	以太网
仿真主机与压力模拟节点	双向	<1 ms	反射内存网
仿真主机与可视化	单向	不高	以太网
仿真主机与数据显示	单向	不高	以太网

半实物仿真系统采用混合式网络框架设计,其网络连接如图 10.10 所示。其中仿真主机与环境压力模拟子系统采用反射内存网通信方式,仿真主机与 IO 子系统、可视化子系统、数据显示子系统采用以太网通信方式。

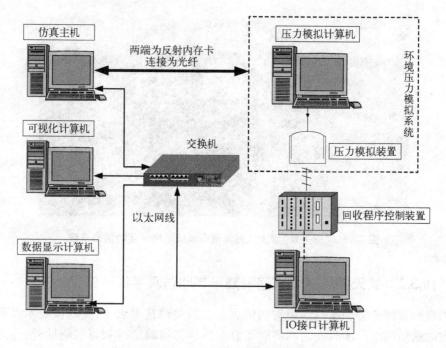

图 10.10　半实物仿真系统的网络连接

10.3.3　航天器降落伞减速着陆半实物仿真系统实时控制

由于半实物仿真系统中接入回收程序控制装置,该装置发出的指令是以自然时间为计时方式,因此半实物仿真时一般要求实时运行。在半实物仿真系统中,保证减速着陆动力学仿真子系统的实时性关键在于仿真计算机、仿真算法、动力学建模方法的选择以及仿真框架和仿真流程的优化设计;保证压力模拟子系统的实时性关键在于压力调节速度;保证 IO 子系统的实时性关键在于信号采集和发送的延迟时间长短。整个减速着陆半实物仿真全系统实时性能否实现基本取决于上述各子系统的实时性指标能否达到。

1. 时间同步与实时性要求

实时性是半实物仿真系统的一项重要指标要求,其目的是保证各个仿真节点在全局时间轴上同步推进,以保证仿真因果关系的正确性。如果仿真各个节点的同步关系不能得到满足,有可能错过重要的时间点或者由于各个节点的状态不一致而导致错误的仿真结果。

在数字仿真中,含有三种时间:自然时间(real time, RT)、机器时间(machine time, MT)、仿真时间(simulation time, ST)。半实物仿真系统中的实时性定义一般是要求 ST 与 RT 保持一致,从本质上说,自然时间是连续均匀流逝的;而仿真时间是仿真系统根据仿真模型的计算流程来确定的,因此仿真时间实际上是一个离散的,有限可枚举的时间序列。实际上 ST 与 RT 保持一致是通过机器时间而实现的,在载人飞船降落伞减速着陆半实物仿真系统中,考虑到仿真计算机的机器时钟部件的高性能和总仿真时间较短的情况,一般假定仿真主机的 CPU 主频脉冲发生器产生的脉冲(指令)计数换算得到的机器时间为理想机器时间,即认为该机器时间序列与自然时间严格一致,实时控制的目的就是使仿真时间与该机器时间保持一致。在载人飞船降落伞减速着陆半实物仿真软件系统中,需要保证时间的绝对同步,因为回收程序控制装置的指令是按照客观世界的自然时间发出的。

2. 通用计算机与操作系统实时性控制

在半实物仿真中,仿真计算机是重要的组成部分,它随着通用机和专用机发展而发展。在超大规模集成电路研制成功以前,时间要求苛刻的动力学仿真系统,一般采用专用机,因为专用仿真计算机可靠性、准确性、准时性、实时性高,半实物仿真可以顺利地完成,而通用机仿真只用于那些非实时场合。随着超大规模集成电路的高主频、高速度的通用 CPU 的出现,使得通用机进行实时仿真成为可能。同时由于专用仿真机价格昂贵,而通用计算机价格低廉,使得在通用计算机上实现实时仿真成为可能和必要。

Windows 操作系统以其图形用户接口和健壮性在桌面计算环境中得到广泛应用,它也提供了很多适合实时应用程序的特性(如: 线程,具有优先级的中断和事件等)。但是其本身并不是实时操作系统,它的调度机制、资源的访问控制、不可预知的中断处理以及进程间通信机制都不适合直接用于实时应用程序的开发。有必要通过一些手段和方法,在基于 Windows 操作系统的通用计算机上,实现能够满足实时仿真精度需要的半实物仿真程序,在载人飞船降落伞减速着陆半实物仿真平台研制过程中,采用手段和方法如下:

(1)选用高性能、高频、多核 CPU。高性能的 CPU 能够使仿真计算的时间减少,使仿真步长的选择范围扩大,选用高频 CPU 的目的在于时间计数器得到的时间函数的分辨率数值更小,选用多核 CPU 的目的在于进一步利用操作系统多线程技术;

(2)采用多线程编程。Windows 本身是基于多任务式的操作系统,在减速着陆动力学仿真子系统中,尽可能地使用多线程,如分别开辟网络服务端、客户端线程等,使动力学微分方程积分主线程计算时间尽可能地减少;

(3)充分利用 Windows 进程和线程的优先级机制。在操作系统中提高仿真程序进程的优先级,在仿真程序进程中可有选择地提高减速着陆动力学仿真子系统和 IO 子系统、环境压力模拟子系统的通信等线程优先级;

(4)优化程序结构。在减速着陆动力学仿真子系统仿真积分过程中应当避免大规模读取内存、开辟内存变量和读取硬盘文件,为此应当在仿真初始化时一次性开辟足够使用的内存空间,所有需要读取的硬盘文件均在仿真初始化时读取完毕,在仿真结束后才保存结果文件。

3. 时间同步的实现

半实物仿真系统是在非实时的 Windows 操作系统和 VC++编程环境中实现的,实时控制是通过 VC 中调用 QueryPerformanceFrequency( )、QueryPerformanceCount( )两个函数,以计算机时钟晶体振荡次数为定时准则,进行时间确定和实时控制。

10.3.4 航天器降落伞减速着陆半实物仿真系统运行流程

由于减速着陆动力学仿真子系统是半实物仿真系统的核心部分,几乎所有数据交互是围绕该子系统进行,整个半实物仿真流程也是由减速着陆动力学仿真子系统控制,整个半实物仿真系统运行基本流程如图 10.11 所示。

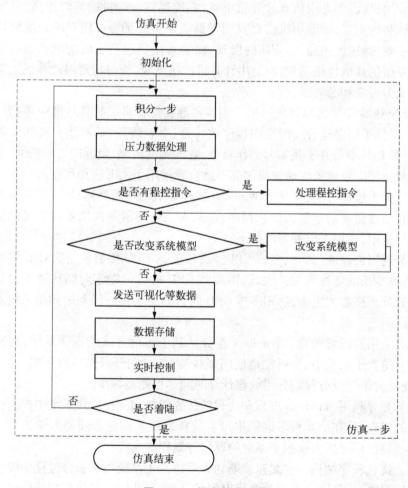

图 10.11 仿真基本流程

图 10.11 虚线框中的内容称为仿真一步或仿真一帧,是仿真中的基本单位。仿真程序在节点初始化后,就以帧为单位循环,直至返回舱着陆,仿真结束。在每帧内,仿真程序向前推进一步,根据程序的需要更新各个节点的状态。

以正常返回回收着陆为例,图 10.11 按照仿真动作分解如下:

(1)所有节点初始化,装订各种初始参数,进行网络通信测试和硬件状态测试。其中减速着陆动力学仿真子系统向 IO 子系统发出一些诸如回收程序控制装置复位、加电、使状态指示器锁定的一些仿真前的激励指令,回收程序控制装置同时会反馈一些指令。当半实物仿真系统初始化,仿真运行后,系统进入全自动运行阶段,无须人工参与;

(2)减速着陆动力学仿真子系统收到 IO 子系统采集到回收程序控制装置的某个关键反馈指令后,动力学仿真子系统开始进行返回舱单舱飞行动力学微分方程积分,积分一步后,向环境压力模拟子系统发送期望压力、读取程控指令、发送可视数据化数据和显示数据、存储状态参数在计算机系统内存中,在完成实时同步控制后,再进入下一步积分;

(3)环境压力模拟子系统按照减速着陆动力学仿真子系统发送的期望压力,进行压力调节,此时的压力一般低于设定静压高度控制开关触发的设定值;

(4)随着返回舱的单舱飞行高度的下降,减速着陆动力学仿真子系统发送给环境压力模拟子系统的期望压力越来越高。在某一个时刻,模拟压力达到设定值,静压高度控制开关发出接通信号,而后回收程序控制装置按照设定程序发出弹伞舱盖指令;

(5)IO 子系统采集到回收程序控制装置的弹伞舱盖指令后,发给减速着陆动力学仿真子系统;

(6)减速着陆动力学仿真子系统在接到弹伞舱盖的指令后,调用弹伞舱盖数学模型,进行相关动力学微分方程积分,同时发出伞舱盖通的激励指令;

(7)与(4)、(5)、(6)步骤类似,动力学仿真子系统依次会接到诸如开减速伞、开主伞、返回舱转换吊挂、抛大底等指令,接到指令后,再调用相关数学模型进行动力学微分方程积分,同时发出相关激励指令,而且每一步都向环境压力模拟子系统发出期望压力,以触发回收程序控制装置其他的静压高度控制开关;

(8)当达到仿真结束条件后,回收动力学仿真子系统向 IO 子系统发出减速着陆等指令,各个子系统处理各自数据,保存结果。

在仿真过程中,减速着陆动力学仿真子系统按照设计要求向数据显示子系统和可视化子系统发送相关数据,以数据驱动其显示功能。为了保证环境压力模拟子系统调节压力的精度和数据处理方便,环境压力模拟子系统同时以反射内存卡网络连接的方式,向减速着陆动力学仿真子系统发送当前压力数据。

10.4 减速着陆动力学仿真子系统

减速着陆动力学仿真子系统是整个半实物仿真系统的核心。其模型构建过程可以分为三个层次：动力学建模、仿真框架建模、半实物仿真动力学系统建模。动力学建模和仿真框架建模在前文已有叙述，半实物仿真动力学系统建模是在仿真框架建模的基础上构建适合半实物仿真的系统框架和功能模块，如实时控制、网络设计、偏差仿真模块等。本节首先描述减速着陆动力学仿真子系统的结构和组成，然后重点描述半实物仿真动力学系统建模层次的其他框架和功能模块。

10.4.1 减速着陆动力学仿真子系统结构和设计

1. 减速着陆动力学仿真子系统结构

减速着陆动力学仿真子系统主要功能是实时计算返回舱和降落伞的位置、速度、姿态等状态参数，模拟并发送减速着陆系统执行机构给回收程序控制装置的各种激励，接收回收程序控制装置的各种指令，如弹伞舱盖、开伞等，再根据指令做相应动作；把计算得到的环境压力参数传给环境压力模拟装置，并且接收环境压力模拟装置反馈的信息以控制精度；把减速着陆系统的状态参数发送给可视化和数据显示节点。

减速着陆动力学仿真子系统分为三个部分：前后处理界面系统、输入输出文件系统、仿真主程序。三部分关系是：仿真主程序与前后处理界面系统通过数据文件和进程间共享内存变量进行数据交互；仿真主程序和前后处理界面系统调用输入文件或输出文件。

仿真主程序又分为三个部分：动力学仿真内核、网络处理模块、其他支持模块，如图 10.12 所示。

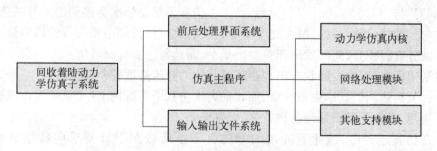

图 10.12 减速着陆动力学仿真子系统结构示意图

在仿真主程序中，动力学仿真内核主要负责动力学积分、模型转换；网络处理模块负责混合式网络数据发送和接收；而其他支持模块主要是其他仿真节点的模拟端,如回收程序控制装置模拟程序,其目的在于便于仿真程序调试以及进行纯数值实时仿真。

2. 减速着陆动力学仿真子系统内外网络连接关系

减速着陆动力学仿真子系统也包含其余仿真节点的模拟程序。在半实物仿真时,半实物仿真系统存在 5 个运行节点:回收着陆动力学仿真子程序节点(运行在仿真主机上)、可视化子系统节点、数据显示子系统节点、IO 子系统节点(包括 IO子系统和回收程序控制装置)、环境压力模拟子系统节点。

当仿真主机以单节点纯数值方法对整个航天器降落伞减速着陆过程进行仿真时,仿真主机中的仿真主程序内部以模拟程序的形式代替其他四个运行节点,以保证整个仿真系统的完整性和方便程序调试,因此减速着陆动力学仿真子系统内外网络连接方式如图 10.13 所示。

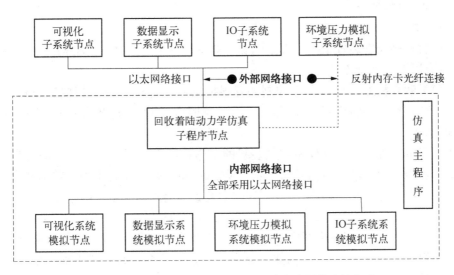

图 10.13　减速着陆动力学仿真子系统内外网络连接方式

仿真主程序通过 IP 地址和控制参数选择是否接入模拟节点,而对于减速着陆动力学仿真子系统节点而言,其运行过程不区别是否接入其他真实的仿真节点,因此,图 10.13 网络连接方式使减速着陆动力学仿真子系统节点更专注于动力学积分和模型转换,也方便了整体程序的调试。除减速着陆动力学仿真子系统节点外,当减速着陆半实物仿真系统其他任意节点出现故障时,仿真主程序可选用对应内部模拟端进行代替,以保证仿真试验的顺利完成。

10.4.2　回收程序控制装置模拟程序设计

在实际半实物仿真过程中,由于回收程序控制装置是飞船上的实际硬件产品,其工作程序是固定不可改变的。研究人员有时需要利用半实物仿真平台,对减速着陆系统进行更改,考察修改后工作时序是否合理等,直接从程控硬件上更改很不方便。另外,整个半实物仿真平台也需要在不接入实际回收程序控制装置情况下,能进行大量的数值仿真功能(即上一节中仿真主程序模拟节点的功用)以及进行程序调试。因此,需要半实物仿真平台具备脱离实际回收程序控制装置硬件后,能继续运行的功能。为此,需要根据回收程序控制装置的工作流程和半实物仿真框架,设计一套回收程序控制装置的模拟程序,以代替实际回收程序控制装置的功能,使载人飞船降落伞减速着陆半实物仿真系统具有脱离实际程控装置后,进行实时仿真、调试和快捷更改程控装置工作程序的功能,具备了在软件中更改回收程序控制装置设计时序的功能,为后续相关研究提供条件。

为进行回收程序控制装置模拟程序的设计,必须先清楚回收程序控制装置的工作特点,分析如下。

1. 回收程序控制装置的工作特点

回收程序控制装置根据外部激励和自有逻辑时序向回收执行机构发出各种指令,具有以下几个特点。

(1)触发机制。回收程序控制装置根据某些外部激励触发相应工作程序和动作,例如接到应急程控的信号后,会导致回收程序控制装置中的回收主开关通。

(2)定时机制。回收程序控制装置的工作程序中有很多是基于定时控制,例如弹伞舱盖与开主伞之间的时间间隔是设定的,也就是说在发出弹伞舱盖指令后,经过某个设定的时间间隔后,回收程序控制装置才会发出开主伞的指令。

(3)顺序执行机制。回收程序控制装置采用的是顺序指令机制,例如,只能在弹伞舱盖发出后,才能发出开主伞的指令。特别是在存在外部激励时,也必须按照指令流程是否采集外部激励,例如采集主伞包开关是否通的外部激励必须在开主伞后的某个时刻才启动。

(4)不可逆机制。回收程序控制装置的指令和判断均采用不可逆机制,即程控装置已执行某个指令流程中的设定动作后,下次不会再次执行该动作。

(5)指令和执行不相关。回收程序控制装置向回收执行机构发出相应指令后,不管执行机构是否执行,程控装置还是按照已有指令流程发送下一个指令,回收程序控制装置只是通过外部激励来判断执行机构是否发生故障。例如回收程序控制装置发出弹伞舱盖的指令,如果实际上减速着陆系统执行机构并没有弹伞舱盖,此时回收程序控制装置还是会发出开主伞的指令,而后通过遥测信号来判读回收执行机构是否发生故障。

回收程序控制装置的五个特点不是各自独立的,例如,有时候触发机制和定时机制糅合在一起,某些定时可以被外部激励所终止,而有些定时的起点是外部激励。如何实现回收程序控制装置的高精度定时机制和触发机制是模拟程序的关键点,本节重点叙述高精度定时机制的实现过程,而触发机制的实现主要是通过阻塞式网络数据接收得以解决。

2. 高精度定时控制

回收程序控制装置的工作程序中有很多定时控制,定时间隔从数百毫秒到数百秒,定时精度一般需要控制在一个仿真步长以内(10 ms 以下),在回收程序控制装置模拟程序中如何实现高精度的定时控制和提高程序执行效率,需要根据半实物仿真的实时控制加以衡量。在 VC 中一般有 7 种定时方法,如表 10.4 所示。

表 10.4　VC 中实现定时控制的七种方法

序号	定时函数或类	定时精度	单个 CPU 占用率	能否外部直接终止
1	WM_TIMER 消息映射	30 毫秒以上	很低	能
2	Sleep	30 毫秒以上	很低	否
3	ColeDateTime	秒级	约 100%	否
4	GetTickCount	15 毫秒以上	约 100%	否
5	timeGetTime	毫秒级	约 100%	否
6	timeSetEvent	毫秒级	很低	能
7	QueryPerformanceFrequency( )	微秒级	约 100%	否

从表 10.4 中可以看出,在不考虑 CPU 占用率的情况下,第 5、6、7 种定时方法的精度在毫秒级以内,基本满足载人飞船降落伞减速着陆半实物仿真系统定时精度需要。经分析研究和实际操作,在回收程序控制装置模拟程序中,使用第 6 种定时方法为主、第 7 种定时方法为辅的综合定时方法,这种定时方法具有定时精度高、CPU 占用率低、可外部终止等优点。

3. 程序实现

回收程序控制装置模拟程序需要接收减速着陆动力学子系统和环境压力模拟装置的数据信息。因此,回收程序控制装置模拟程序也需要开辟两个接口与之进行数据交互。其中,回收程序控制装置模拟程序与动力学仿真内核通过以太网网络接口进行数据交互,为了实现即收即处理的触发机制,其网络底层为阻塞式接收数据;而回收程序控制装置模拟程序与压力模拟端的数据交互主要是模拟三个静压高度控制开关通的信号,因此可以通过压力模拟端调用相关函数接口即可。回收程序控制装置模拟程序内部程序框架如图 10.14 所示。

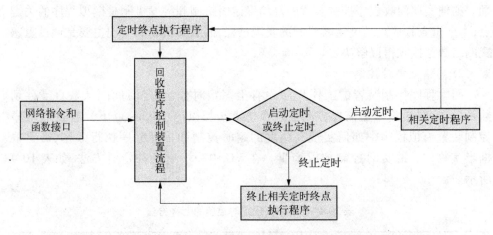

图 10.14 回收程序控制装置模拟程序主框架图

以开主伞指令处理为例,叙述回收程序控制装置模拟程序实现过程,如图10.15所示。回收程序控制装置模拟程序发出弹伞舱盖指令后,如果满足开主伞处理流程的条件,则进入开主伞处理流程。此时进入该流程的判断量置位为真,使下次整个程序不会再进入该流程,从而表现了回收程序控制装置的不可逆特点。置位之后调用定时语句,表现了回收程序控制装置的定时特点。在定时终点时,程序会调用相关函数,发出开主伞指令,把发出开主伞指令的判断量置位为真,以便进入下一个指令处理流程,从而表现了回收程序控制装置的顺序执行特点。

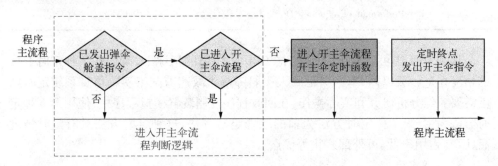

图 10.15 开主伞指令处理流程

回收程序控制装置模拟程序是半实物仿真系统的一个重要组成部分,能够代替实际的回收程序控制装置,为半实物仿真系统联调、测试提供方便,还提供了更改回收程序控制工作程序的接口。回收程序控制装置的特点以及半实物仿真系统的框架决定了实现其模拟程序需要考虑多方面因素,特别是如何实现快速触发机制、高精度定时机制以及定时中断机制。回收半实物仿真系统使用两种定时方法相结合的综合方法,不仅满足了实时仿真的定时精度,还有效地提高了程序效率,基本解决了由定时引起的实时控制问题。

10.5　环境压力模拟子系统

对于利用静压高度控制器来控制开伞的航天器,静压高度控制器的接通高度决定了返回舱的开伞高度,而开伞高度对降落伞减速系统的飞行性能有着重要影响。环境压力模拟装置加入减速着陆半实物仿真系统,可以用于评估静压高度控制器的工作特性,包括:在各种工作模式下静压高度控制器的接通高度范围和接通压力范围,返回舱的运动状态对静压高度控制器工作性能的影响,静压高度控制器压力阈值设置的合理性等。

10.5.1　返回舱取压孔附近压力系数

返回舱静压高度控制器安装在取压盒内,取压盒上开有两个取压孔。取压孔的位置在返回舱表面,位于返回舱后部的背风区,两个取压孔处于旋转体外表面的同一条母线上,以保证静压高度控制器的测压结果可靠性。

在返回舱的侧壁上开孔取压。静压高度控制器感应到的不是当地的大气静压,而是取压孔附近的总压 P_0。假设当地大气静压为 P_∞、系统动压为 q, 则有

$$P_0 = P_\infty + C_p \cdot q \tag{10.1}$$

式中, C_p 为压力修正系数,与返回舱的飞行马赫数以及姿态角有关;当地静压 P_∞ 主要与着陆场的地理位置、飞行高度和季节等因素有关。由于返回舱在返回过程中,其位置、速度、姿态角等参数一直在改变,所以取压孔附近的总压也在一直变化。在载人飞船降落伞减速着陆半实物仿真系统中,当地静压 P_∞ 是通过查询标准大气表进行插值得到,因此计算取压孔附近的总压 P_0 的关键在于获得压力修正系数 C_p 值。

C_p 主要与返回舱马赫数 Ma、攻角 α、侧滑角 β 相关,可表示为

$$C_p = C_p(Ma, \alpha, \beta) \tag{10.2}$$

由于载人飞船降落伞减速着陆半实物仿真系统存在严格的实时性要求,在仿真时不可能耗费大量的计算时间用于计算返回舱当前状态下取压孔的压力修正系数 C_p,只能事先确定好各种离散工况点的 C_p 值,在减速着陆动力学仿真子系统中每一仿真步对返回舱马赫数、攻角、侧滑角进行三维插值得到当前取压孔压力修正系数。C_p 随马赫数、攻角、侧滑角三个参数变化而变化,全部通过风洞试验得出其各种离散工况点的 C_p 值成本太高,因此,先开展典型工况的风洞试验,通过对比同工况下的 CFD 数值计算值,对 CFD 数值计算模型进行修正,经过多次修正后的

CFD 数值计算模型可以获得较高的计算精度,再对大多数工况进行 CFD 数值计算,最后获得 C_p 随马赫数、攻角、侧滑角三个参数的变化关系,计算过程如图 10.16 所示。

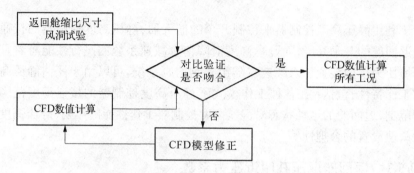

图 10.16　取压孔处压力修正系数计算过程

10.5.2　环境压力模拟子系统组成和运行流程

环境压力模拟装置组成如图 10.17 所示。环境压力模拟装置主要由工业控制计算机、真空发生装置、压力控制单元三个分系统组成。工业控制计算机安装有设

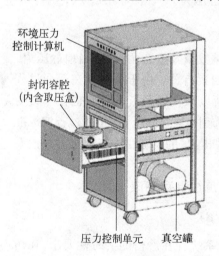

图 10.17　环境压力模拟装置组成示意图

备的控制软件,并装有高精度数据采集卡、数模转换卡、光纤反射内存卡以及数字量输出卡,在控制软件的作用下完成对传感器的数据采集、装置的开关控制、实时压力闭环控制以及与仿真主机的通信。在模拟压力的过程中,为了双向调节封闭容腔内的压力,需要有一个高压气源和一个低压气源来提供压差。由于载人飞船降落伞减速着陆半实物仿真系统需要模拟端压力小于一个大气压,因此高压气源直接使用大气。为了提高压力调节速度,低压气源则使用两台并行工作的大功率真空泵。压力控制单元是环境压力模拟装置的核心部件,包括电气比例阀、高精度气压传感器、线性电源、固态继电器等。

环境压力模拟装置基本工作流程是:在每个采样周期,由动力学仿真计算机将计算的总压信息(期望压力)发出,通过光纤反射内存卡映射到环境压力控制计算机,工控机通过比较期望压力与高精度压力传感器感应的封闭容腔(即飞船上取压盒)内压力之差,根据工控机内的控制程序,发出控制信号,经过 D/A 转换卡信

号转换后,输出到伺服放大器,驱动电/气伺服装置(主要是电气比例阀)运动,通过控制电气比例阀接通低压或高压气体的流量,从而改变封闭压力容腔(取压盒)内压力,实现封闭容腔内压力的实时、高精度、快速调节响应。

当取压盒内压力低于期望压力时,电气比例阀将取压盒接通高压源,控制充气流量以提高取压盒内的气压;当取压盒内的压力高于期望压力时,取压盒通过电气伺服装置接通真空发生装置,控制抽气流量以降低取压盒压力。这个过程反复进行,直至调节为期望压力环境。

10.6　程控自动测试与 IO 子系统

程控自动测试与 IO 子系统主要功能是在回收程序控制装置与减速着陆动力学仿真子系统之间建立指令通信桥梁,同时还能作为独立的回收程序控制装置测试仪,负责测试回收程序控制装置的工作性能及可靠性,包括各类正常、故障救生模式下的手动和自动测试,并对回收程序控制装置的工作过程和状态进行监控以及进行指令数据管理。

10.6.1　IO 子系统组成

IO 子系统主要由 IO 子系统上位机(简称上位机)和 IO 子系统下位机(简称下位机)两部分组成。两者基于串口通信协议实现指令数据信号的实时交互,其组成如图 10.18 所示。

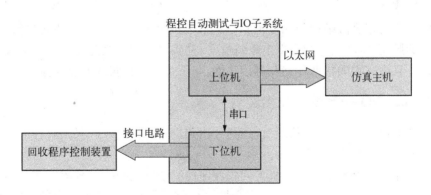

图 10.18　IO 子系统组成框图

下位机是专门设计的硬件集成电路板,含有 DSP 可编程主控芯片与下位机控制软件,信号高速采集电路及对应接口,信号激励控制电路及对应接口,外接电源和稳压电源控制电路及对应接口。下位机通过其接口电路,利用专用的接插件实现与回收程序控制装置之间的电信号连接,与上位机通过串口连接。下位机主要功能是：

（1）为回收程序控制装置提供两路稳定的工作电源；

（2）通过输入电路接口，高速采集回收程序控制装置发出的时序指令对应的脉冲或阶跃电信号，并利用下位机软件将采集到的继电器响应信号滤波处理为数据信号，按照约定的协议打包，基于串口通信协议通过串口转发给 IO 子系统上位机；

（3）基于串口通信协议，通过串口接收上位机发出的控制信号组成的数据包，并利用下位机软件完成对数据包的处理，将数字控制信号转换为对应的模拟控制信号，通过输出电路发给回收程序控制装置；

（4）与上位机配合实现系统自检功能。

上位机是 IO 接口计算机，是下位机和减速着陆仿真主系统之间的通信桥梁，其主要功能是：

（1）为用户提供 IO 子系统交互控制界面，以方便用户完成相应的仿真、测试功能；

（2）半实物仿真运行时，并按照约定的数据交互协议，通过以太网实时接收和处理减速着陆动力学仿真子系统发出的激励指令，将激励指令打包，通过串口发送给下位机；同时，实时接收和处理下位机发出的反馈指令数据包，通过以太网将反馈指令发送给减速着陆动力学仿真子系统；

（3）测试运行时，按照自动测试程序或用户自定义手动测试程序生成激励指令，依据约定的数据交互协议，通过串口发送给下位机，同时接收和处理来自下位机的反馈指令；

（4）实时记录激励指令和反馈指令的收发时间和相应信号的特征参数，如脉冲指令的脉宽、阶跃指令的高低电平特性等，并实时显示于交互控制界面窗口；

（5）具有完善的数据存储和判读功能，与下位机配合实现系统自检。

10.6.2　IO 子系统的技术实现

为了实现 IO 子系统的功能设计需要，达到设计指标以及确保回收程序控制装置的安全性，IO 子系统采用了如下技术。

（1）光电隔离技术。下位机与回收程序控制硬件之间的信号激励和数据采集经光电隔离，可以确保程控硬件的安全性，也不会干扰程控硬件的信号，具有较高的可靠性。

（2）便捷的自动测试流程。为了方便测试整个回收程序控制装置的每一个工作模式的指令工作流程，需要按照流程框图设计一个比较适合自测测试的程序模块，该程序模块在上位机上实现。该功能采用外在文件编排处理，即所发指令和时间排列预先通过文本文件编排，而后通过程序读取该文件，按照序列发送激励指令,该处理方式方便设计人员增添各种自动测试程序,为回收程序控制装置的程序更改测试带来方便。

（3）高速高效的网络通信,在 IO 子系统中存在两个网络通信：下位机与上位机串口通信、上位机与仿真主机的以太网通信,为了保证半实物仿真实时的需要,对 IO 子系统中的两个网络通信提出较高的要求。下位机和上位机采用 RS-232 串口通信协议进行数据交互,其中关键点是下位机采集指令的发生时机和指令编排方案。下位机指令发送时机采用两种模式同时进行：① 一定间隔的定时发送；② 根据指令变化触发式发送。该两种模式既保证了串口通信的正常测试和监控,又使采集到指令后的传输延迟时间缩短。上位机与仿真主机的网络通信是基于以太网通信,其处理方法与减速着陆动力学仿真子系统中回收程序控制装置模拟程序的网络通信基本类似。

第 11 章

航天器降落伞减速系统试验方法

试验方法是早期降落伞研究中最常用的方法,也是目前乃至今后相当长的一段时期降落伞研究中不可或缺的方法之一。由于降落伞工作过程涉及柔性结构伞衣、伞绳与周围非定常流场的耦合作用,物理现象十分复杂,理论研究及仿真计算与实际情况存在较大偏差,通过各类试验得到的各项数据依旧是降落伞性能评估、仿真结果验证及半理论半试验模型建立的重要依据。随着航天技术的发展,降落伞减速系统的工作包线已经由传统的低速、亚声速拓展至超声速范围。在超声速条件下,前体尾流影响及激波干扰使得降落伞周围流场结构更加复杂,伞衣透气性能及高频呼吸现象均与亚声速时出现明显差异。低密度低动压开伞环境也给降落伞的设计优化带来前所未有的挑战,在此情况下,试验方法更是降落伞减速系统研制与性能评估中必须依赖的重要方法。美国在早期火星探测器降落伞减速系统研制过程中开展了大量试验,积累了丰富的数据与经验,为后续火星着陆任务的顺利实施奠定了坚实的基础[96]。我国在火星探测器降落伞减速系统的研制过程中也进行了风洞试验与高空开伞试验测试[97, 98]。

目前降落伞减速系统试验方法主要包括风洞试验、空投试验、拖曳试验和水洞试验方法,本章将介绍各类试验方法的适用条件、常用装置及主要特点,并对其中用途最多的风洞试验方法进行详细阐述。

11.1 相似准则

降落伞试验需要依赖各类相似准则,试验前必须根据相似理论确定模拟参数与试验方法。相似理论的基础是物理量之间的线性变换,对两个相似流场而言,任意瞬间对应点处所有表征流动状况的物理量均应保持固定比例关系。一般情况下,只有相关物理量相似,才能保证流场相似,进而满足空气动力学相似关系。

相似流场在对应点处由给定特征物理量组成的无量纲参数应保证相等,这类无量纲参数就称为相似准则或相似判据。降落伞试验中常用的相似准则主要包括马赫数、雷诺数、弗劳德数、斯特劳哈尔数、质量比和结构特性。

11.1.1　马赫数

马赫数 Ma 是气流速度与当地声速之比：

$$Ma = \frac{V_a}{a} \qquad (11.1)$$

式中，V_a 为气流速度；a 为当地声速。

马赫数是表征空气压缩性的一个重要物理量，是开展高速试验时最重要的相似参数之一，低速试验时由于不考虑空气的压缩性，可以将其忽略。马赫数表示了流体惯性力与弹性力之比，对于理想气体，马赫数计算公式可以表示为

$$Ma^2 = \frac{V_a^2}{a^2} \propto \frac{V_a^2}{p/\rho} = \frac{\rho V_a^2 / l}{p/l} \qquad (11.2)$$

式中，ρ 为流体密度；p 为流体压强；l 为模型特征长度。

11.1.2　雷诺数

雷诺数 Re 是流体惯性力与黏性力之比，计算公式为

$$Re = \frac{\rho V_a^2 / l}{\mu V_a / l^2} = \frac{\rho V_a l}{\mu} \qquad (11.3)$$

式中，μ 为流体黏性系数。

风洞试验中与黏性相关的物理量，如模型表面摩擦阻力、转捩点位置均与雷诺数相关。对于圆形或十字形降落伞，由于充满后的流动分离主要由几何外形决定，雷诺数的影响相对偏小，但对翼伞及处于收口状态的降落伞，雷诺数的影响不可忽略。

11.1.3　弗劳德数

弗劳德数 Fr 为惯性力与重力之比，反映了重力作用对流动的影响情况，其定义如下：

$$Fr = \sqrt{\frac{\rho V_a^2 l^2}{\rho g l^3}} = \frac{V_a}{\sqrt{gl}} \qquad (11.4)$$

11.1.4　斯特劳哈尔数

斯特劳哈尔数 Sr 是非定常风洞试验时重要的相似准则，定义为非定常运动惯性力与惯性力之比：

$$Sr = \frac{\rho V_a l^3 / t}{\rho V_a^2 l^2} = \frac{l}{V_a t} = \frac{lf}{V_a} \qquad (11.5)$$

式中，f 为周期性特征运动的特征频率。从式中可以看出，若模型特征长度 l 缩比为 k，为保证 Sr 相等，对应的特征频率需放大 k 倍。

11.1.5　质量比

质量比是降落伞试验的专用相似参数，定义为降落伞质量与参考体积下空气质量之比：

$$M_r = \frac{m_p}{\rho l^3} \qquad (11.6)$$

式中，m_p 为降落伞的质量。

11.1.6　结构特性

结构特性主要包括降落伞的几何结构、织物透气、刚度系数等，结构特性对降落伞试验结果的影响情况相对复杂，为保证结构特性相似，试验时应尽量使用全尺寸伞。在尺寸受限的情况下，模型设计与试验参数则只能依靠试验经验确定，以保证试验数据能够最大程度反映真实飞行时的工作性能。例如，根据几何相似要求，风洞试验中模型的伞绳数量应与全尺寸伞保持一致，但在目前的材料和工艺水平下，小尺寸模型拥有同等数量的伞绳将导致模型刚度增加，因此实际使用数量通常会较全尺寸伞偏少。

降落伞试验中通常无法对全部相似准则都进行模拟，一般情况下，试验时仅需模拟部分关键的相似准则。如静态测力风洞试验中无须考虑 Sr；当空气介质对试验过程影响较小时可以忽略 Fr。开展降落伞低速试验中最重要的相似准则是 Re，超声速试验时主要模拟 Ma，跨声速试验中则需要同时模拟 Ma 和 Re；对于动态开伞试验，Sr 是必须考虑的一个参数，已有风洞试验结果的统计分析表明，当 $Sr >$ 0.05 后，非定常特性会对试验结果会产生较为明显的影响。质量比和刚度系数是动态开伞试验中充气时间和开伞力的重要影响因素，但在目前织物材料与制造工艺限制下，缩比模型尤其是小尺寸模型难以满足相似准则的要求。

11.2　风洞试验

风洞是地面环境下通过人工产生和控制气流以模拟全尺寸飞行器周围空气流动的管道状试验设备。风洞试验是空气动力学研究中三大手段之一，在流动机理、气动特性分析及飞行器优化设计中发挥着极其重要的作用。

对降落伞减速系统而言,风洞试验是在地面环境下掌握和了解降落伞减速特性和气动性能的主要方式,通过风洞试验能够获取降落伞阻力特性、稳定摆角、临界充满速度、开伞动载、伞衣内外压力、伞衣周围流场分布和伞绳张力等信息。

11.2.1 风洞试验装置

1. 风洞设备

根据运行时气流速度不同,风洞可以分为低速风洞、高速风洞和高超声速风洞。低速风洞试验马赫数通常在 0.3 以内,高速风洞试验马赫数范围为 0.4~4.5,高超声速风洞试验马赫数大于 5。早期的降落伞风洞试验主要在低速风洞及亚跨声速风洞进行,近年来,随着航天技术特别是深空探测技术的发展,降落伞减速系统已经应用至超声速领域,如现有火星探测器降落伞减速系统开伞时处于超声速状态,最高马赫数可达 2.5 左右,为满足研制需求,降落伞风洞试验也逐渐拓展至超声速风洞。

不同速度范围的风洞对模型堵塞度要求存在较大差异。在低速风洞中通常要求伞衣展开后的面积小于试验段横截面积的 15%~20%;在高速风洞中,为保证试验段流场能够正常建立,堵塞度一般控制在 5% 以内。为使风洞试验数据接近真实飞行数据,风洞试验时应尽量选用同类型风洞中的大尺寸风洞,以减小试验模型缩比带来的不利影响。

根据气流方向不同,风洞又可以分为常规风洞与立式风洞。常规风洞中的气流方向与水平面平行,在进行阻力试验及动态开伞试验时模型重力会对试验结果产生一定的影响,如图 11.1(a)所示;立式风洞产生的气流方向垂直于水平面由下向上流动,模型重力方向平行于气流方向,与真实飞行情况更为接近,在进行降落伞试验时具有独特优势。但是,立式风洞多为低速风洞,如美国 NASA Langley 研

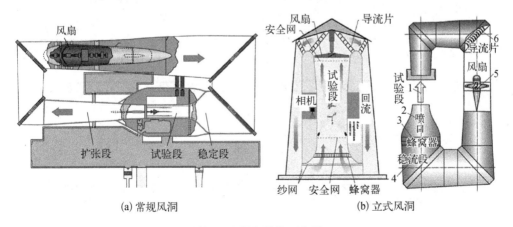

(a) 常规风洞   (b) 立式风洞

图 11.1   风洞结构示意图

究中心的 20 ft 立式风洞,俄罗斯 TsAGI 的 T－105 风洞及中国的 FL－15 风洞均为立式风洞,图 11.1(b)为典型立式风洞结构。

2. 支撑装置

支撑装置是降落伞试验过程中的模型固定安装基础,降落伞试验中的支撑方式有多种形式,以下即对主要的几种支撑方式进行介绍。

(1) 支臂支撑装置:支臂支撑[图 11.2(a)]是最简单的支撑方式,该方式结构简单,安装牢固,可用于静态或者动态试验。在低速风洞中,支臂可以采用圆截面支杆,在高速风洞中截面多为翼型或者前后尖楔形,为减小高速气流作用于支撑装置的载荷,高速风洞中的支臂支撑通常还需设计前掠角或后掠角。

(2) 张线支撑:张线支撑[图 11.2(b)]采用张线作为主要支撑方式,试验时张线连接前体,天平安装于前体内部;与支臂相比张线截面积很小,气流经过张线后产生的尾流对模型气动干扰可以忽略不计,因此测量效果更好。

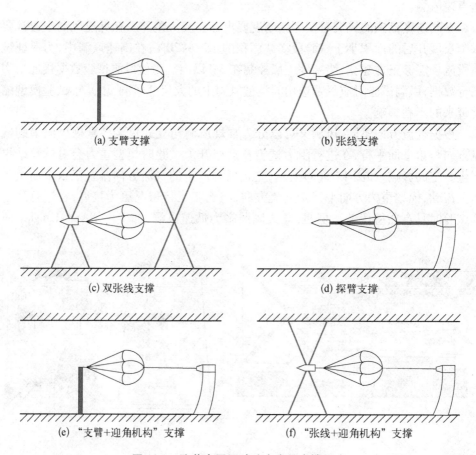

(a) 支臂支撑   (b) 张线支撑

(c) 双张线支撑   (d) 探臂支撑

(e) "支臂+迎角机构" 支撑   (f) "张线+迎角机构" 支撑

图 11.2　降落伞风洞试验中常用支撑形式

（3）双张线支撑：双张线支撑［图 11.2（c）］除了采用张线对前体进行固定外，在降落伞顶部一侧还采用张线对伞顶孔位置进行固定，该种支撑主要用于固定迎角情况下降落伞气动力的测量。

（4）探臂支撑：探臂支撑［图 11.2（d）］将降落伞及前体安装于与风洞迎角机构相连的导向杆上，试验时风洞迎角机构能够将降落伞迎角固定在指定位置，因此能够对降落伞给定摆角下的阻力特性进行测量。

（5）复合支撑：复合支撑可以采用"支臂+迎角机构"［图 11.2（e）］或"张线+迎角机构"［图 11.2（f）］形式，试验时，降落伞前体或者伞绳汇交点一端连接于支臂或张线上，伞顶孔则通过连接带连接于风洞迎角机构上，采用这一方式同样可以实现给定迎角下降落伞气动力的测量，同时由于无导向杆干扰，测量结果更加准确可靠。

（6）其他支撑形式：主要是针对降落伞特定的风洞试验需求提出的其他支撑方式。

3. 测量装置

降落伞减速系统风洞试验测量装置主要包括测力天平、压力传感器、拉力传感器和攻角传感器等。

1）测力天平

测力天平是风洞试验中测量气动力大小、方向和作用点的装置，目前在风洞中应用最多的是应变天平。应变天平由天平元件、应变计、测量电路等组成，应变计安装在天平元件上组成惠斯通电桥，当外力或者力矩作用于天平元件时，弹性结构元件产生应变，使得粘贴于其上的惠斯通电桥失去平衡产生电压，再经过专业仪器采集和转换，即可得到外部作用力的大小。

降落伞风洞试验所用天平包括单分量天平和多分量天平。单分量天平多用于降落伞阻力测量，通常为环式结构，试验时只能测量天平轴向的作用力。多分量天平一般为杆式结构或盒式结构，试验时能够同时测量降落伞多个气动分量信息，如 3 分量天平能够同时测量降落伞轴向力、法向力和俯仰力矩，或 3 个正交方向作用力；6 分量天平则可以同时测量降落伞的轴向力、法向力、侧向力、滚转力矩、偏航力矩和俯仰力矩。

2）压力传感器/扫描阀

压力传感器和扫描阀是降落伞伞衣表面压力测量时所用装置，试验时一般安装在流场外侧，通过测压管路与伞衣表面测压点相连。扫描阀能够实现对多个测点的压力测量，目前风洞使用较多的是电子扫描阀，该类扫描阀能够将压力信息转换为电信号，同时具有速度快、测点多、精度高的特点，校准精度可以达到 0.05%FS。

3）拉力传感器

拉力传感器主要用于测量伞绳、连接带、收口绳等部件在试验过程中的张力，常用类型为圆柱结构单分量传感器或柔性拉力传感器,其中柔性拉力传感器安装后能够跟随柔性结构变形,变形长度可达自身长度数倍,因此更适用于伞绳或连接带的拉力测量。

4）攻角传感器

攻角传感器主要安装于减速系统前体或风洞迎角机构,用于测量试验时前体或者迎角机构的迎角值。

5）流场探针

流场探针是风洞流场校核时的常用设备,主要包括热线探针及多孔探针,可用于风洞试验中定常及非定常流场的测量。但流场探针测量属于点测量,一次只能测量空间一点的流动信息,在对一定空间区域测量时必须配合移测架使用。

热线探针通过流体与热线元件换热过程将流体速度转换为电压输出,流场三维速度矢量测量时所用的 X 型双丝热线探针头部具有两根相互垂直的热丝,并且探头尺寸小,响应频率高,测速范围大,测量精度高,可用于降落伞空间流场测量。典型的双丝热线探针如图 11.3(a)所示。

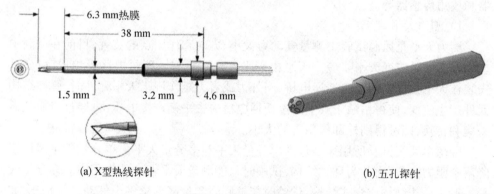

(a) X型热线探针　　　　　　　　　　　　　(b) 五孔探针

图 11.3　流场测量探针

多孔探针是一种利用气流绕流探针时的压力分布和各孔所测的压力差来测量流体方向、速度、总、静压等流场参数的测量装置,常用多孔探针包括五孔探针与七孔探针。以五孔探针为例,探针头部具有五个压力孔,外形结构如图 11.3(b)所示。五孔探针马赫数适应能力强,但响应频率偏低,当动态流场变化频率较高时需对同一点进行连续多次重复采集才能拟合得到该点处流场动态变化规律。此外,由于探针测量的是头部区域平均压力,当流场中气流速度梯度较大时,可能会导致探针出现大的测量误差。

6）阴影/纹影装置

阴影与纹影装置均是利用空气的可压缩性,通过空气密度变化导致的光折射率变化观测流场的设备,是目前高速风洞及高超声速风洞中使用频率最高的流动显示装置。图 11.4 所示为风洞中常用的反射式平行光纹影系统,其成像原理如下:从点状光源发射出的光线经过反射镜 1 后成为平行光束,平行光束通过试验段光学观察窗到达反射镜 2,经反射镜 2 后再次汇聚并在焦点处被刀口切去部分光源像,最后被摄像机镜头投影成像。

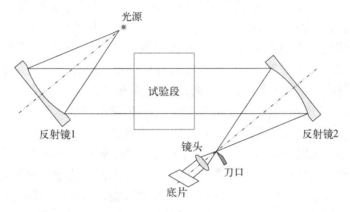

图 11.4　高速风洞纹影系统

7）PIV 测量装置

粒子图像速度（particle image velocimetry，PIV）测量是一种先进的测量空间流场的方法,其测量系统组成结构如图 11.5 所示。与多孔探针不同的是,PIV 测量属于非接触式测量,测量过程不会对流场产生干扰。PIV 测量时需要在流场中布撒示踪粒子,并使用脉冲激光光源照亮所测流场区域,而后使用电荷耦合器件（charge-coupled device，CCD）相机对粒子图像进行连续多次拍照,然后通过光学杨氏条纹法、自相关法或互相关法处理图像计算出瞬时流场中各点的速度矢量等

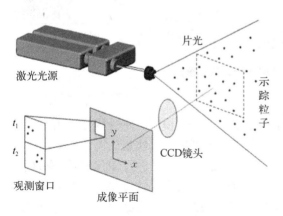

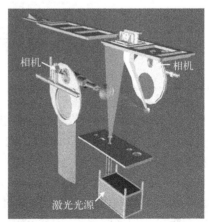

图 11.5　PIV 系统组成结构

信息。目前,PIV方法已经成为非定常流场测量中的主流方法。

8) 压敏漆方法

压敏漆(pressure-sensitive paints, PSP)方法是基于高分子有机物质的光致发光和氧分子对光致发光强度的"氧猝熄"效应,融合光学、信息技术和图像处理方法的光学压力测量技术,其系统组成如图11.6所示。喷涂于模型表面的压敏漆材料在特定波长光源的照射下,能够发射与压力场强度相关的荧光,通过高分辨率CCD相机拍摄得到模型表面荧光强度分布图像后,经过处理即可得到模型表面压力分布。压敏漆方法自20世纪80年代出现后,因其测值连续、分辨率高、适用性强等优点,很快被推广应用至航空航天、汽车工业和建筑工程等领域。经过多年发展,测值精度不断提高,响应速度越来越快,不仅能够满足稳态测压需求,在非定常压力场测量方面同样得到很好的应用,已经成为低速、高速乃至高超声速风洞测压试验中的常用方法之一。但是压敏漆测压试验中的模型一般采用刚性模型,在气动力作用下外形变化较小。近年来,为满足火星探测器降落伞试验的需求,国外开始探索采用压敏漆测量尼龙、聚酯材料伞衣织物等柔性材料表面压力分布的方法,并验证了该项技术用于柔性织物高速风洞测压试验的可行性,图11.7即为不同压力条件下压敏漆在聚酯和尼龙织物上的测量结果[99]。

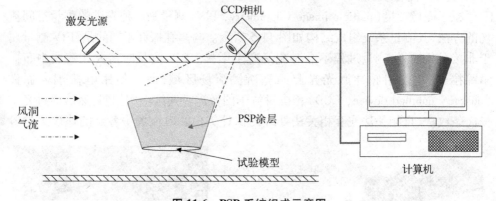

图 11.6　PSP 系统组成示意图

4. 试验模型

降落伞试验中的模型可以采用刚性模型或者柔性模型。刚性模型主要用于测量给定外形下伞衣的气动特性,相比之下,柔性模型更能真实反映降落伞各项气动特性。无论是刚性模型还是柔性模型,均需按照真实尺寸进行缩比制造,伞顶孔、伞衣、伞绳等部件尺寸缩比后应与全尺寸伞保持一致,伞衣的结构透气及材料透气也应与全尺寸伞相同。受织物材料及加工工艺限制,目前缩比后的模型通常无法完全满足相似准则要求,因此,为保证试验结果的准确性,在条件允许的情况下试验时应尽量使用全尺寸伞,当因条件限制只能使用缩比模型时,模型尺寸也应尽可

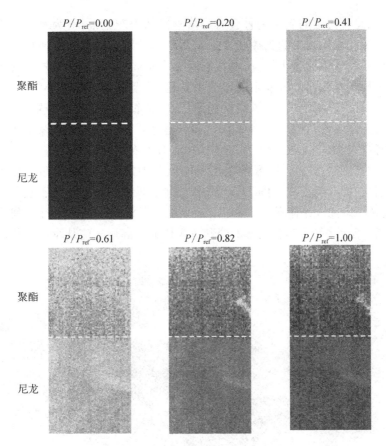

$P/P_{ref}=0.00$ $P/P_{ref}=0.20$ $P/P_{ref}=0.41$

聚酯

尼龙

$P/P_{ref}=0.61$ $P/P_{ref}=0.82$ $P/P_{ref}=1.00$

聚酯

尼龙

图 11.7 柔性伞衣织物压敏漆试验结果

P. 流场压力;P_{ref}. 参考压力

能大,以减小缩比效应带来的误差。

11.2.2 常规风洞试验

常规风洞试验是降落伞风洞试验中最基本的试验,主要用于测量降落伞在给定工况条件下的阻力、摆角、气动力、伞衣表面压力及尾流区压力分布等信息。常规风洞试验主要包括阻力试验、气动力试验与压力测量试验。

1. 阻力试验

阻力试验主要用于测量给定工况条件下降落伞的阻力系数,获取全张满后降落伞工作过程中的摆角信息。阻力试验时降落伞伞绳汇交点一端采用连接带固定于风洞支撑装置上,并与支撑装置上的测力天平相连,伞衣一侧则处于自由状态。若阻力试验中需考虑航天器尾流影响,支撑装置外侧还需安装航天器模型,但航天器模型安装后不能与天平有任何接触,试验时天平只能测量降落伞所受气动力。

阻力试验时使用的支撑装置会对降落伞气动力产生干扰,为减小支撑干扰的影响,低速及高速风洞中的支撑装置需采用不同的结构形式。低速风洞由于支撑干扰影响小,风洞流场速压低,流场堵塞度要求不高,支撑结构形式选择范围相对较大,支撑顺气流截面可以采用圆形或者翼型,甚至采用干扰更小的张线支撑;高速风洞由于支撑影响区域大,风洞流场速压高,伞衣张满后气动载荷大,风洞堵塞度要求高,支撑装置结构形式相对单一,亚声速条件下还可以使用带有前掠的圆柱支架,马赫数大于 0.6 后由于前部的圆柱扰流对伞衣气动力干扰过大,多采用前后为尖楔形的支撑结构。图 11.8 给出了不同风洞中常用的降落伞阻力试验支撑结构及在风洞中的安装方式。图 11.8(c)中支撑中部的伞舱主要用于在超声速风洞试验中流场稳定前收纳降落伞,避免伞衣伞绳在风洞启动时遭受冲击发生结构破坏,待流场稳定后,置于伞舱内部的降落伞可以通过高压气流从伞舱内拉出。

(a) 低速风洞

(b) 跨声速风洞

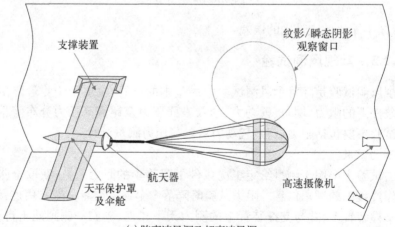

(c) 跨声速风洞及超声速风洞

图 11.8　降落伞阻力试验装置

降落伞阻力试验中待测物理量主要包括气动力系数、伞衣摆角和伞衣顶部运动轨迹。其中气动力系数主要通过天平测量,摆角和运动轨迹的获取则需要依靠高速摄像设备。当所用天平为单分量天平时,试验中仅能测量得到单一的阻力,当所用天平为三分量或六分量天平时,通过试验可以得到伞衣阻力和总气动力。设试验中所用为三分量天平,测量得到的天平拉力、法向力和侧向力分别为 T、N 和 Z,记来流动压为 q_∞,伞衣参考面积为 S_0,则未经修正的伞衣阻力系数 C_D 和总气动力系数 C_{Tot} 可以表示为

$$C_D = \frac{T}{q_\infty S_0} \tag{11.7}$$

$$C_{\text{Tot}} = \frac{\sqrt{T^2 + N^2 + Z^2}}{q_\infty S_0} \tag{11.8}$$

根据阻力与合力方向还可以得到降落伞拉力方向角 θ_p 为

$$\theta_p = \arccos(T / \sqrt{T^2 + N^2 + Z^2}) \tag{11.9}$$

拉力方向角 θ_p 是描述降落伞性能的重要参数,反映了开伞后作用于航天器上的拉力方向。

伞衣顶部运动轨迹主要通过安装在风洞试验段下游的高速摄像机捕获,通过实时分析伞衣顶部在风洞中的坐标变化,进而得到降落伞的空间运动信息。由于伞衣顶孔中心与支架连接点之间的连线即为降落伞中心轴线,因此,通过顶孔坐标还可以得到张满后降落伞的摆角。以连接点位置为原点,设图像测量得到的顶孔中心点坐标分别为 x_{apex}、y_{apex} 和 z_{apex},则降落伞空间摆角 θ_G 可以表示为

$$\theta_G = \arccos(-x_{\text{apex}} / \sqrt{x_{\text{apex}}^2 + y_{\text{apex}}^2 + z_{\text{apex}}^2}) \tag{11.10}$$

在以风洞轴线为法线的平面内,伞衣顶孔中心点的方位角 φ_G 同样可以通过坐标位置求解:

$$\varphi_G = \arctan(y_{\text{apex}} / z_{\text{apex}}) \tag{11.11}$$

2. 气动力试验

气动力试验主要用于测量降落伞在指定迎角下的气动力。为保证试验中迎角不变,试验时降落伞前后两端均需安装在支撑装置上。其中,前支撑装置可采用阻力试验装置,后支撑装置除了需要后支架和后天平,还需要一根能够供伞衣顶部前后移动或绕自身轴线转动的测力杆,测力杆一端与安装在后支架上的后天平相连,另一端则穿过伞衣顶孔,与降落伞顶部相连。由于伞衣顶部位置会随伞衣直径发生变化,测力杆的长度必须满足充气过程中伞衣顶部前后移动的需求。气动力试

验所用降落伞模型伞顶孔位置通常会增加金属或塑料材质的滑动环,滑动环一方面可以使伞衣顶部能够沿测力杆自由滑动,另一方面也可以保护原顶孔处的织物材料不会因反复摩擦出现破损。在低速及亚声速气动力试验时,前后支撑装置通常安装在风洞转窗机构上,通过转窗机构转动改变试验模型的迎角。随着马赫数增大,或前支撑装置截面不是圆形时,迎角改变后支撑沿气流方向投影面积会急剧增加,流场干扰迅速增大,为减小支撑干扰影响,前支撑通常需要固定在0°迎角状态,此时降落伞迎角可以通过试验段后方的弯刀机构改变伞衣顶部在风洞中的位置进行调节,由于风洞中弯刀机构的旋转中心通常不是连接带与前支撑装置的连接点,弯刀机构迎角变化后测力杆的角度也需要进行调节,以使测力杆方向始终能够与降落伞轴线方向保持一致。图 11.9 给出了不同风洞中降落伞气动力试验时常用前后支撑装置形式及在风洞中的安装方式,图 11.9(c)中模型的前支撑装置同样可以采用图 11.8(c)中形式。与阻力试验相似,当气动力试验需要考虑航天器尾流影响时,前支撑装置外侧需要安装航天器模型,模型安装要求与阻力试验完全相同,但与阻力试验不同的是,高马赫数气动力试验中由于前支撑装置迎角保持不变,安装在前支撑装置上的航天器无法通过支撑机构改变迎角,只能更换具有不同预偏角度的模型。

以前后支撑装置均跟随降落伞迎角发生变化的情况为例,如图 11.10 所示,设试验中前天平测得的拉力为 T_1,法向力为 N_1,后天平测得的拉力为 T_2,法向力为 N_2,连接带长度为 l_r,降落伞与连接带总长度为 l_{Tot},可以得到迎角为 α 时降落伞阻力 T、法向力 N 及绕伞绳汇交点的俯仰力矩 m_{susp} 以及绕前天平校准中心位置的俯仰力矩 m_{fb} 计算公式分别为

$$\begin{cases} T = T_1 + T_2 \\ N = N_1 + N_2 \\ m_{susp} = N_1 l_r - N_2(l_{Tot} - l_r) \\ m_{fb} = -N_2 l_{Tot} \end{cases} \qquad (11.12)$$

由此可以得到无修正条件下的降落伞气动力系数为

$$\begin{cases} C_D = \dfrac{T}{q_\infty S_0} \\[2mm] C_N = \dfrac{N}{q_\infty S_0} \\[2mm] C_{msusp} = \dfrac{m_{susp}}{q_\infty S_0 D_0} \end{cases} \qquad (11.13)$$

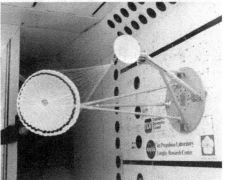

(a) 低速风洞　　　　　　　　　　　　(b) 跨声速风洞

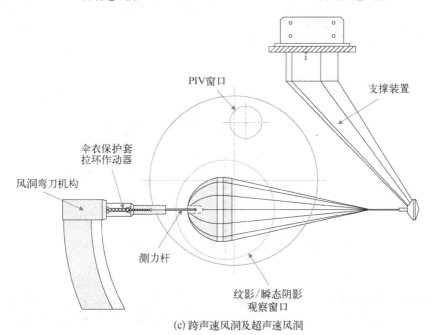

(c) 跨声速风洞及超声速风洞

图 11.9　降落伞气动力试验装置

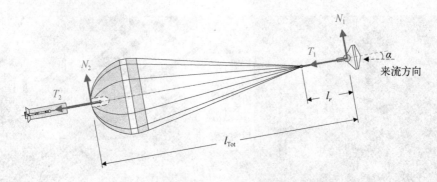

图 11.10   降落伞气动力试验载荷求解示意图

通过不同迎角下的气动力试验还可以得到描述降落伞工作性能的另一个参数——配平迎角,配平迎角定义为降落伞相对伞绳汇交点的力矩系数 C_{msusp} 为 0 时对应的迎角。图 11.11 给出了火星探测器盘缝带伞在跨声速动力风洞(transonic dynamic tunnel, TDT)$Ma = 0.5$ 条件下试验测量得到的相对伞绳汇交点的力矩系数 C_{msusp} 随迎角变化曲线,从图中可以看出,该型盘缝带伞具有 $-5.3°$、$0°$ 及 $5.3°$ 三个配平迎角,并且迎角 $0°$ 时由于 $dC_{\text{msusp}}/d\alpha > 0$,因此 $0°$ 为不稳定配平点[100]。

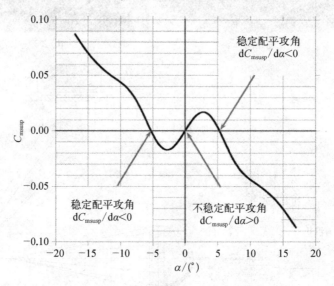

图 11.11   盘缝带伞 C_{msusp} 随迎角变化曲线($Ma = 0.5$)

3. 压力测量试验

压力测量试验是将测压装置布置于伞衣表面或周围流场中指定部位,以获取该点压力信息的试验方式。压力测量试验结果主要用于分析伞衣形状,确定伞衣织物应力,校核降落伞结构强度,验证数值仿真结果。

传统压力测量试验主要通过扫描阀或压力传感器测量模型表面测压孔所在位置压力,测压孔与扫描阀或传感器之间通过测压软管相连。为准确得到测点位置压力,测压孔轴线需与模型当地型面相互垂直,并且孔口附近不得存在任何毛刺或者遮挡。由于降落伞为柔性织物结构,伞衣表面无法直接布置测压孔,因此需要借助塑料垫片或金属片等附着物,将测压孔设置于附着物上,再将附着物缝制或粘贴于待测点位置,与测压孔相连的软管则沿着伞绳、连接带延伸至外部的扫描阀或压力传感器上,但附着物及测压软管均不属于降落伞原有部件,采用这一方式测压会对伞衣流场带来干扰。此外,测压孔测压方式的空间分辨率低,响应时间长,无法用于动态开伞过程的压力测量。传统压力测量试验通常给出的是无量纲压力系数,其计算公式如下:

$$C_{p_i} = \frac{p_i - p_\infty}{q_\infty} \tag{11.14}$$

式中, p_i 为第 i 个测压点压力值; p_∞ 与 q_∞ 分别为流场静压与动压。

压力测量试验的另一方式是采用探针测量,探针测量时需要将探针安装在能够前后左右移动的移测架上,通过移测架调整测压点位置实现整个空间区域流场的测量。探针测量的优点在于测量空间范围大,能够得到伞衣表面附近及周围流场压力、速度分布信息,并且测点分布密度能够根据需要自由调节,但探针及移测架测量时同样需要进入流场,对流场依然存在干扰。

11.2.3　动态开伞试验

动态开伞试验主要测量降落伞从伞包拉出后拉直、充气到稳定过程中伞衣伞绳形态及气动参数随时间的变换规律,掌握动态开伞特性。由于开伞时降落伞系统会在流场作用下短时间内出现结构大变形,为准确捕捉开伞过程中伞衣变形情况,试验时需要在风洞合适位置布置高分辨率高速摄像机。

动态开伞试验前降落伞模型通常处于折叠状态,并被放置于前支撑装置的伞舱内部。当风洞流场稳定后,开伞程序启动,模型通过引导伞、拉绳、作动器或者高压气源从伞舱内部拉出,在气流作用下完成开伞全过程。在此期间由高速摄影机拍摄伞衣动态变形图像,天平测量动态气动力,并且高速摄影机与天平之间还应设置同步信号,以便于试验结果能够将图像信息与测力信息进行比较。动态开伞试验持续时间很短,为得到准确的瞬态测量结果,测力天平和高速摄影必须具备足够高的采样率,一般情况下试验中测力数据及图像采样频率应大于100 Hz。

风洞试验能够相对真实地模拟开伞过程,但模型缩比后刚度系数发生变化,因此试验时的开伞过程与全尺寸伞依然存在差异。由于缩比后模型伞刚度增大,与飞行数据相比,风洞试验中模型充气时间偏短,对应的开伞力偏大。此外,降落伞减速系统真实飞行中随着充气过程进行,伞衣阻力面积逐渐增大,物伞系统运动速度会随之减小,即属于"有限质量"开伞过程,但在风洞环境下,伞衣充气过程中来流速度保持不变,物伞系统运动速度不会因伞衣阻力面积的增加发生变化,此时航天器质量趋于无限大,因此被称为"无限质量"开伞过程。"无限质量"条件与"有限质量"条件的差异同样会对充气时间、开伞过载变化产生影响,但在目前条件下,通过风洞试验进行开伞过程研究依然是降落伞设计中的一种最为有效的手段。图11.12为盘缝带伞动态开伞试验中通过高速摄像机拍摄到的伞衣拉直及充气展开过程[101]。

图 11.12 盘缝带伞动态开伞过程图像

11.2.4 流动显示试验

近年来,深空探测技术的发展使得降落伞的应用领域不断扩大,当马赫数达到超声速后,降落伞往往会表现出与低速时完全不同的气动现象,而激波的出现也使得伞衣、伞绳及航天器流场之间的相互作用更加复杂。为深入了解伞衣周围流场结构,揭示复杂气动现象产生的物理机制,就需要开展专门的流动显示试验。

降落伞流动显示试验主要利用纹影、阴影及 PIV 等非接触测量设备对伞衣周围流场进行观测与测量。流动显示试验可以与阻力试验、气动力试验同步开展,在测力的同时同步进行,也可以根据需要专门设计,如降落伞超声速阻力试验与气动力试验时通常会同步录制纹影/阴影图像,而 PIV 试验由于需要在风洞中布撒示踪粒子,设置激光光源,拍摄要求较高,往往需要单独设计。流场显示试验的模型可以根据需要选用柔性模型或者刚性模型,当试验模型为刚性模型时,流场结构相对稳定,随时间变化不明显,对流动显示设备采样率要求不高;当试验模型为柔性模型时,由于柔性织物在高速流场下处于动态变化之中,为获得清晰的流场结构,必须采用高分辨率高频率采集设备,以捕捉流态动态变化中伞绳、伞衣及航天器流场相互作用的细节。尽管柔性模型比刚性模型流动显示试验实施难度更大,但其结果更接近真实情况。图 11.13 给出了火星探测器盘缝带伞超声速条件下瞬态阴影试验结果,从图中可以清晰观察到伞衣底部前方出现的弓形激波与伞绳前方激波相互干涉的情况[102, 103]。图 11.14 则是采用 PIV 设备测量得到的刚性模型和柔性模型伞衣前端弓形激波区域内速度分布[104, 105]。

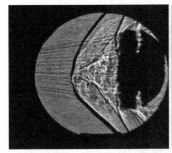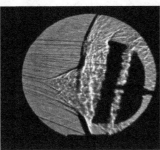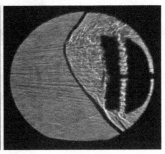

(a) 迎角0°，顶部无约束　　　　(b) 迎角10°，顶部约束　　　　(c) 迎角0°，顶部约束

图 11.13　盘缝带伞超声速流场瞬态阴影结果

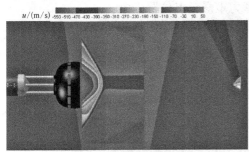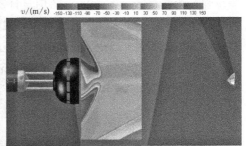

(a) 刚性模型，轴向速度　　　　　　　　　(b) 刚性模型，法向速度

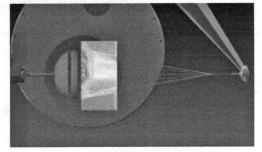

(c) 柔性模型

图 11.14　盘缝带伞速度场 PIV 测量结果

11.2.5　翼伞风洞试验

翼伞伞衣截面为翼型结构,上下翼面之间为充气气室,因此风洞试验方法与常规降落伞有所不同。

翼伞风洞试验模型同样包括柔性织物模型与刚性模型。柔性织物模型试验时通常采用由伞绳连接架、试验天平、铰链架等组成的如图 11.15(a)所示的支撑装置,其中试验天平为盒式天平。为减小试验模型高度对缩比的影响,增加模型伞衣部分尺寸,试验时通常仅对伞衣进行全部模拟,而伞绳则被一假想的与伞衣翼型弦线平行、同时与伞衣铅垂线垂直的平面截断,并采用与截断前相同的分布形式连接在伞绳连接架上,伞绳剩余长度应使伞衣处于风洞试验段中心轴线附近。翼伞试验时迎角通过支撑装置中的非平行四边形机构调节,侧滑角通过风洞转盘调节。柔性织物模型测力试验中的难点在于力矩测量,当试验过程模型姿态或风洞速压发生变化时,翼伞位置同样会发生变化,由此导致力矩参考点也随之改变。为将天平力矩测值转换至翼伞力矩参考点,试验时还需对力矩参考点位置进行实时测量,目前常用方法包括光测图像处理方法和基于几何结构的分析方法。光测图像处理方法技术相对成熟,主要借助拍摄得到的翼伞图像获取该时刻力矩参考点位置;基于几何结构的分析方法则是利用翼伞自身结构几何尺寸,通过实时测量翼伞前后缘伞绳与伞绳连接架平面的夹角信息计算力矩参考点位置坐标。

与常规降落伞模型相似,翼伞刚性试验模型外形固定,只能用于测量给定外形下翼伞的气动特性。采用刚性模型进行试验时,模型通常采用如图 11.15(b)所示由支撑梁、隔离板、整流罩和天平组成的试验支撑装置,模型通过支撑梁与天平相连,支撑梁外侧包裹整流罩,以减小支撑梁对翼伞模型的气动干扰,试验中伞衣迎

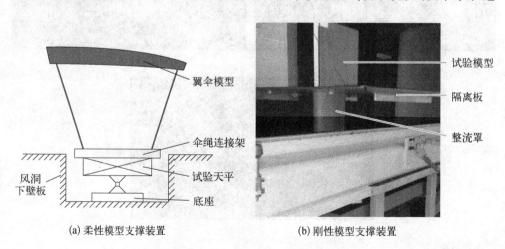

(a) 柔性模型支撑装置　　　　　　(b) 刚性模型支撑装置

图 11.15　翼伞风洞支撑形式

角通过风洞机构进行调节。图 11.16 为美国空军学院 SWT 风洞进行翼伞试验时所用的无鼓包和鼓包状态刚性试验模型,其中鼓包模型采用立体光刻法加工[106]。

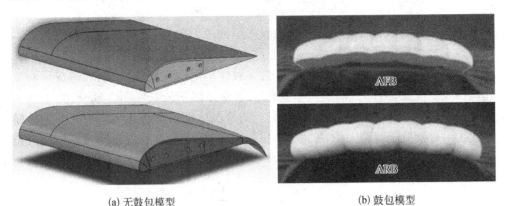

(a) 无鼓包模型 　　　　　　　　　　　　　　　(b) 鼓包模型

图 11.16　翼伞刚性试验模型

11.2.6　数据修正方法

降落伞阻力试验与气动力试验修正主要包括洞壁干扰修正和支撑干扰修正,对于动态开伞试验而言,还需要通过试验模型与全尺寸伞的相对刚度系数对充气时间及开伞力大小进行修正。

1. 洞壁干扰修正

航天器降落伞减速系统在大气中工作时处于无边界条件,但在风洞中由于存在洞壁限制,会造成模型流场与飞行时的流场有所不同,由此产生的差异即为洞壁干扰。在亚声速条件下,洞壁干扰主要表现为洞壁对模型的阻塞干扰和升力干扰,在跨、超声速条件下主要表现为波系反射干扰。洞壁干扰是风洞试验中必然会出现的一种干扰现象,与其他航空航天器的风洞试验相比,洞壁干扰对降落伞的影响又具有其特殊性,受洞壁干扰影响,降落伞模型的气动力会发生变化,堵塞度较大时伞衣充满后形状以及群伞系统各具伞之间的间距也会改变。为在地面风洞环境中得到与自由边界相似的测量数据,必须采用合适的方法对试验数据进行洞壁干扰修正。

目前风洞试验中洞壁干扰修正方法主要包括以下几类:

(1) 采用大小不同的模型分别在同一风洞进行试验,将试验数据外插到模型尺寸为零时的结果,得到无边界条件下的数据,再将给定尺寸下的试验数据与无边界条件数据对比,得到洞壁干扰因子大小;

(2) 采用同一模型分别在大小不同的风洞进行试验,将大风洞数据视为无边界条件数据,通过小尺寸风洞数据与大尺寸风洞数据求差得到洞壁干扰因子;

（3）采用数值计算方法求解洞壁干扰，但计算时边界条件必须与真实壁面在透气性分布等方面完全一致，才能得到相对准确的结果，反之会产生较大的计算误差；

（4）在模型试验的同时测量试验段内壁面压力分布，之后通过数值仿真或者试验方法分离出洞壁近场扰动，最终得到洞壁对模型的气动扰动量。

风洞洞壁存在形成的堵塞度效应会导致模型附近流场速度变化，造成风洞流场动压发生改变，因此目前洞壁干扰修正主要是修正流场动压。Maskell[106]基于由风洞壁面、试验模型及尾流恒压面组成的控制体动量方程对风洞中非升力体模型提出一种洞壁干扰修正方法，根据 Maskell 理论，干扰后的流场动压可以通过以下公式求解：

$$\frac{q_c}{q_\infty} = 1 + K_M \frac{C_D S}{S_t} \tag{11.15}$$

式中，q_∞ 为风洞流场名义动压；q_c 为修正后的动压；K_M 为修正系数；$C_D S$ 为降落伞阻力面积；S_t 为试验段截面积。Maskell 的理论尽管是针对金属模型提出，但对于降落伞模型同样适用。

洞壁干扰对降落伞试验的影响较为复杂，在实壁、槽壁和孔壁几种不同洞壁结构条件下的影响也不相同。Macha 等[107, 108]曾在 6 座不同大小的亚声速风洞实壁试验段对结构透气分为 7%、15% 和 30%、直径为 6 英尺的带条伞进行试验，得到降落伞阻力、底部压力，并给出了实壁条件下修正系数取值。根据试验结果，对于单具降落伞，式（11.15）中 K_M 取值为 1.85；对 2 具伞组成的群伞系统，K_M 取值为 1.35；3 具伞组成的群伞系统 K_M 取值为 1.59。但在槽壁试验段进行的试验又表明堵塞度对气动系数的影响规律恰好与实壁试验段相反，当壁板开闭比 ≥0.2 后，试验段内模型区域动压反而会随着堵塞度增大呈现减小趋势。即便是在相同壁板条件下，动态开伞与静态试验过程中的洞壁干扰情况也存在差异，试验表明无论是采用实壁还是槽壁，动态开伞过程中随着伞衣投影面积增大，模型区动压均呈现减小的趋势。以上试验研究主要集中于低速风洞，跨声速风洞及超声速风洞由于缺少试验数据，洞壁干扰情况还有待进一步研究。火星探测器盘缝带伞在TDT 风洞槽壁试验段进行马赫数 0.29~0.47 范围试验时对洞壁干扰一般进行如下修正[109]：

$$q_c = k_q q_\infty \tag{11.16}$$

式中，k_q 取值为 1.02~1.07。

2. 支撑干扰修正

降落伞风洞试验中的支撑干扰主要指前支撑干扰，相比之下，采用张线支撑时的支撑干扰可以忽略不计。风洞试验中支撑干扰修正的方法主要有三类：试验修正方法、工程估算修正方法和数值计算修正方法。

（1）试验修正方法假设不同支撑形式对模型的干扰可以线性叠加，因此首先需要保证支撑的干扰量为小扰动量，在此情况下可以通过改变支撑形式获得支撑干扰量。

（2）工程估算修正方法是在前期试验数据分析基础上得到的支撑干扰修正方法，工程估算方法公式简单，结果较为准确，但应用范围有限，仅适用于模型与支撑形式与前期试验差异不大的试验，并且无法修正力矩系数。

（3）数值计算修正方法是随着计算流体力学技术发展起来的修正方法，该方法不依赖试验，能够方便得到支撑装置对各个气动系数分量的干扰情况，但数值计算方法的准确性事先必须经过试验数据校核验证。

设降落伞风洞试验中支撑干扰修正系数为 $k_{\alpha s}$，则经过支撑干扰修正后气动力系数 C_c 可以表示为修正系数 $k_{\alpha s}$ 与未修正数据 C_{uc} 的乘积：

$$C_c = k_{\alpha s} C_{uc} \tag{11.17}$$

支撑干扰修正系数 $k_{\alpha s}$ 可以表示为如下形式：

$$k_{\alpha s} = 1 + k_\alpha k_s \tag{11.18}$$

式中，k_α 为与迎角 α 相关的系数，反映了迎角变化时支撑装置对降落伞遮挡情况的变化，k_s 计算公式为

$$k_s = k \frac{(C_D A)_{strut}}{S_p} \tag{11.19}$$

式中，$(C_D A)_{strut}$ 为迎角 $0°$ 时支撑系统落入降落伞区域的面积；S_p 为伞衣投影面积；系数 k 则需要通过试验数据或数值仿真拟合得出。

3. 相对刚度系数修正

伞衣结构刚度是影响动态开伞过程的重要因素，在降落伞开伞过程中，结构刚度会对拉直结束后初充气过程伞衣底部直径、充气过程伞衣形状以及充气结束后伞衣过充气形状产生影响。由于风洞试验中的降落伞缩比模型仍会采用与全尺寸伞相同或相似的材料制造，受织物材料特性限制，模型结构刚度通常较全尺寸伞偏大，因此会造成试验时开伞过程过快，充气时间变短，开伞力增大，导致试验结果无法准确反映全尺寸伞真实的动态性能，甚至出现比较大的偏差。

针对这一问题，Eugene 等[110]在总结前人研究的基础上，提出了伞衣相对刚度系数的概念，其计算公式为

$$\zeta = \frac{E}{\rho V_s^2 (1 - v^2)} \left(\frac{t}{D_0} \right)^3 \tag{11.20}$$

式中，E 为伞衣织物弹性模量；v 为织物泊松比；t 为织物厚度；D_0 为伞衣名义直径；ρ 为空气密度；V_s 为拉直速度。

式(11.20)还可以表示为伞衣质量比 M_r 与弗劳德数 Fr 的函数：

$$\zeta'' = 4 \left[\frac{E}{(1 - v^2) w_c} \left(\frac{t}{D_0} \right)^3 \right] \left(\frac{M_r}{Fr^2} \right) \tag{11.21}$$

式中，w_c 为单位面积伞衣重量，可以表示为 $w_c = 4 m_c g / (\pi D_0^2)$。

由式(11.21)可知，相对刚度系数在定义中充分考虑了伞衣结构弹性模量、质量比和弗劳德数的影响，为对动态开伞过程进行相对刚度系数修正，还需定义无量纲充气时间 τ 为

$$\tau = \frac{V_s t_i}{D_0} \tag{11.22}$$

式中，t_i 为实际测量得到的充气时间。

利用相对刚度系数对充气时间和开伞力的修正同样采用经验方法，修正前首先需要得到同一类型伞在不同相对刚度系数下的无量纲充气时间 τ 与开伞力峰值 $F_{i,p}$，具体修正方法如下：

（1）对于充气时间，基于原有数据绘制 $\tau \sim \zeta$ 曲线，得到 τ 与 ζ 之间的拟合关系，继而根据缩比模型相对刚度系数、全尺寸伞相对刚度系数和缩比模型充气时间计算全尺寸伞充气时间；

（2）对于开伞力，首先需要通过上一步得到全尺寸伞充气时间，并基于原有试验数据绘制 $F_{i,p}\tau \sim \zeta$ 曲线，得到 $F_{i,p}\tau$ 与 ζ 之间的拟合关系，之后根据缩比模型相对刚度系数、全尺寸伞相对刚度系数和缩比模型充气时间及开伞力、全尺寸伞充气时间计算全尺寸伞开伞过程开伞力。

以上修正方法在 C-9 伞、T-10 伞等多种尺寸伞的空投试验及风洞试验中均取得了较好的应用效果。

11.3　空投试验

空投试验是借助伞塔、浮空气球、探空火箭及飞机等外部设备将降落伞减速系统带至一定高度，之后利用外部大气环境直接模拟降落伞工作过程的试验方法。

11.3.1　伞塔投放试验

伞塔是一种建设于地面、具有悬臂吊伞设备的建筑,高度一般为60~100 m,可用于小型伞的低速开伞空投试验。伞塔投放试验前需要在降落伞内部安装各类传感器,并在地面安装高速摄像机,之后将降落伞系统从塔尖位置投放,在物伞系统落地过程中获取伞衣阻力、下降速度及开伞程序等信息。普通伞塔的外形结构如图 11.17 所示。伞塔中还有一类旋转伞塔,其顶部悬臂为可旋转结构,臂端采用钢索与吊舱连接,试验时,悬臂转动带动钢索及吊舱运动,当吊舱速度满足开伞需求时,吊舱投放降落伞系统,并随之完成拉直、开伞和下降全过程。旋转伞塔旋转后在吊舱一侧产生的线速度可达400~800 km/h,在一定程度上能够弥补普通伞塔的不足,并可用于降落伞的强度校核,但由于装置自身结构原因,试验中存在诸多限制。

图 11.17　降落伞投放试验伞塔

伞塔投放试验快捷方便,成本低廉,尽管投放高度有限,却依然是航天器降落伞减速系统方案设计阶段常用的试验方法之一。我国“天问一号”火星探测器所用的盘缝带伞在设计阶段曾采用110 m 高塔进行投放试验,实际投放高度为80.4 m,投放速度为8.4 m/s,试验中所用降落伞名义面积仅有约 2 m^2,但试验得到的伞衣阻力系数和充满后摆角依然成为降落伞选型与性能评估的重要依据[111];“神舟八号”飞船降落伞系统也曾用塔架投放试验验证了伞衣保护布工作性能的可靠性[112]。

11.3.2　飞机空投试验

飞机空投试验是降落伞空投试验最常使用的试验方式。降落伞减速系统在轰炸机、战斗机及无人机上进行空投试验一般采用内挂或者外挂方式,在运输机上投放时需要借助专用的投放设备,包括滑板或滚筒、载重滑轨、传送带及牵引伞。

滑板及滚筒适用于小型降落伞低速开伞试验,采用这一方式投放时,减速系统放置于滑板或滚筒上,通过滑板或者滚筒滑出机体。滑板及滚筒投放后降落伞姿态难以控制,部分情况下可能影响后续开伞程序的正常进行。

载重滑轨是具备后舱门运输机上常用的空投设备,采用滑轨空投时,减速系统放置在与载重滑轨相连的特制平台上,通过自身重力或辅助推力滑出机舱。

传送带也是具有后舱门运输机上一种常用的辅助空投装置,传送带具有专用动力设备,可以驱动传送带移动从而将减速系统移出机舱。

牵引伞适用于对离机姿态有严格要求的系统空投,空投前减速系统被固定于机内特制的滚棒系统上,空投时会首先释放一具根据牵引比设计的牵引伞,牵引伞充满后即可依托伞衣阻力将整套减速系统拖出机舱,并在离机瞬间打开牵引锁,与减速系统分离。牵引伞投放可以克服运输机传送装置承载力有限的缺点,但依然需要在机上配置相应的工作设备。

近年来,随着降落伞技术的不断发展,空投试验技术日趋成熟,并逐渐形成专用的试验平台,如美国"猎户座"载人飞船降落伞减速系统空投试验专门设计有一套空投试验平台(parachute compartment drop test vehicle, PCDTV),该平台以 C-130 运输机为载机,当飞行至约 7 600 m 的指定高度时,运输机会释放两具直径约为 8.53 m 的牵引伞,通过牵引伞将试验平台上的降落伞减速系统拖出。随后,牵引伞由单点吊挂转换为 4 点吊挂,在完成姿态调整后带着试验平台与减速系统分离,并依次打开主伞和稳定伞,实现试验平台的着陆回收,以便后续空投试验继续使用。与此同时,分离后的减速系统则根据设定程序执行各级伞开伞动作,并最终完成整个试验过程。图 11.18 给出了 PCDTV 系统空投试验的流程[113]。

直升机空投试验也是降落伞空投试验时常用的试验方式,采用直升机作为载机空投时,降落伞顶部与直升机直接相连,无须增加额外的辅助开伞装置,如美国 SpaceX 龙飞船曾采用 CH-54 直升机多次开展降落伞空投试验。但与固定翼飞机不同,直升机载重相对有限,在空投重量、机型选择和空投场地方面均存在较大限制。美国 NASA 曾用 UH-1 直升机在尤马试验场开展"猎户座"飞船降落伞缩比模型空投试验,但试验并未取得预期效果,因此最终仍选用固定翼飞机完成后续空投试验。

11.3.3　浮空气球空投试验

浮空气球同样是降落伞空投试验中的常用设备之一,通过浮空气球能够将减速系统运送至 20 km 以上高空,实现稀薄大气环境下的空投,以满足深空

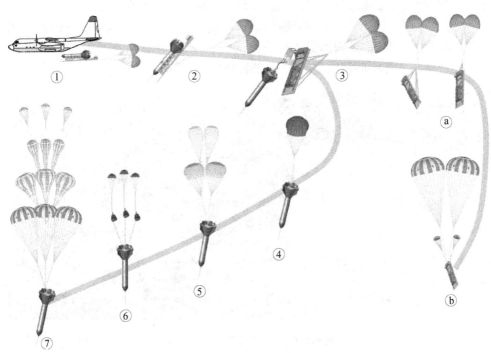

图 11.18　"猎户座"飞船降落伞减速系统空投试验平台工作流程

① 牵引伞将平台从 C－130 中拖出；② 转换吊挂；③ 减速系统与空投平台分离；④ 减速系统运行；
⑤ 减速伞拉直；⑥ 主伞引导伞拉直；⑦ 主伞拉直；
ⓐ 平台分离后转换吊挂；ⓑ 平台主伞及稳定伞拉出

探测器降落伞减速系统超声速、低密度、低动压环境的模拟需求。以火星探测器降落伞为例，由于火星大气密度仅为地球表面大气的 1%，降落伞减速系统启动时处于超声速飞行状态，伞衣拉直充气过程、阻力特征和稳定性与地球环境回收时存在很大差异，为有效开展降落伞的性能评估试验，首先必须准确模拟火星大气环境，目前在地球上只有高度 35 km 以上的临近空间才能满足试验环境的模拟要求，而进入临近空间则需要依靠浮空气球和探空火箭等高空试验设备。

　　浮空气球有效载荷主要由气球容量确定，在相同条件下，容量越大，可以携带的载荷重量越大，如美国国家科学气球中心（National Scientific Balloon Facility，NSBF）研制的最大的充氦气球容积可达 1 100 000 m³，能够将 1 134 kg 载荷携至42 km 高度。利用浮空气球进行空投试验时，需要将试验平台从地面放飞至指定高度，整个上升过程通常需要花费数个小时。气球到达指定位置后会释放试验平台，并由平台拉出减速伞，减速伞工作一段时间达到主伞开伞条件后，主伞系统才从伞包拉出，并依次完成后续开伞过程。由于气球载重量有限，试验时通常不会携带真实航天器模型,而是通过整流罩模拟航天器再入时产生的尾流,降落伞则安装在整流罩之后。浮空气球空投试验高度依赖气球设计与制造技术,这方面美国具备明显的技术优势,曾多次开展高空气球空投试验,2004 年仅针对直径为 33.5 m 的环帆伞就开展了 3 种不同高度下的空投试验,如图 11.19 所示[114]。

图 11.19 浮空气球高空空投试验

11.3.4 探空火箭空投试验

与浮空气球相类似,探空火箭也是降落伞高空空投试验的重要载具,但与浮空气球相比,探空火箭技术发展更为成熟,在国内外深空探测器降落伞减速系统研制过程中均得到过成功应用。

探空火箭空投试验主要以探空火箭为运载工具将降落伞减速系统运送至指定高度,之后火箭箭体将与减速系统分离,减速系统启动并完成后续试验任务。图 11.20 为美国先进超声速降落伞充气研究试验项目(Advanced Supersonic Parachute Inflation Research Experiments, ASPIRE)中探空火箭空投试验工作流程,该项目开始于 2016 年,所用探空火箭包括助推一级、助推二级和载荷级,降落伞安装在火箭载荷级内。火箭发射后,首先将降落伞运送至距离地面 50 km 以上的高空,载荷级分离后通过点火工作可以将飞行速度提升至马赫数 1.7 以上,从而较为真实地模拟火星探测器降落伞减速系统的工作环境。试验时测量系统主要包括测力传感器、GPS 系统、惯性测量单元和一套由 3 台高分辨率高速相机组成的摄像系统[115]。我国也曾于 2018 年针对火星探测器降落伞系统开展过探空火箭飞行试验,开伞高度最高可达 54.3 km,最大开伞马赫数为 2.5,相关试验结果为"天问一号"火星探测任务的顺利实施提供了重要支撑。

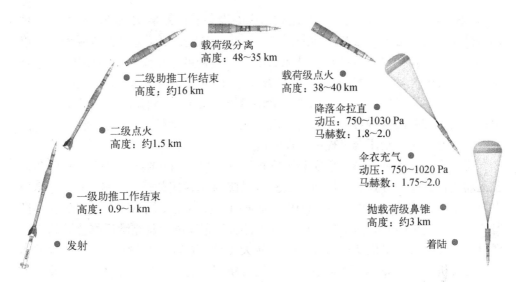

图 11.20　探空火箭降落伞减速系统空投试验工作流程

载荷级分离
高度：48~35 km

二级助推工作结束
高度：约16 km

载荷级点火
高度：38~40 km

降落伞拉直
动压：750~1030 Pa
马赫数：1.8~2.0

二级点火
高度：约1.5 km

伞衣充气
动压：750~1020 Pa
马赫数：1.75~2.0

一级助推工作结束
高度：0.9~1 km

抛载荷级鼻锥
高度：约3 km

发射

着陆

11.4　其他试验方法

11.4.1　拖曳试验

拖曳试验利用装置与流动介质之间的相对运动进行试验,与风洞试验不同的是,风洞试验中模型不动,流动介质则通过动力装置加速到所需要的速度,拖曳试验中则是将模型固定于运动装置上,通过运动装置将模型加速到指定速度。与风洞试验相似,拖曳试验同样能够准确控制模拟条件,精确测量试验中试验模型的各个物理参数,试验过程具有可重复性,并且降落伞拖曳试验时运动装置速度不会因伞衣阻力面积的变化发生明显变化,降落伞开伞过程依然近似处于无限质量条件。

根据试验时所用装置不同,拖曳试验可以分为火箭橇试验和飞机拖曳试验。火箭橇试验以助推火箭为动力驱动橇体在专用滑轨高速滑行,能够在较短的时间与行程内达到极高速度,甚至达到超声速,是地面环境下开展降落伞减速系统试验的常用装置之一。火箭橇试验兼具风洞试验与飞行试验的特点,又能在一定程度上弥补两种手段的不足。与风洞试验相比,由于工作在露天环境,火箭橇试验时不存在洞壁干扰,并且对模型尺寸限制较小,可以使用较大尺寸的降落伞模型;与飞行试验相比,火箭橇试验成本较低,准备过程简单,数据采集方便,并且试验过程可重复,试验结果受环境因素干扰小。为满足本国航空航天器的研制需求,世界各航空航天大国均建设有各种规模的火箭橇试验场,例如美国 1978 年起开始建造的 Holloman 火箭橇试验场,滑轨长度可达 15.48 km,试验最高马赫数可达 8.5,俄罗斯、日本、英国、法国及印度等国也建有相应的设备。火箭橇试验的缺点在于橇体结构高速运动中会出现振动和冲击,车速调节操作复杂,由于运动范围受滑轨长度限制,单次试验时间相对较短,而且无法改变空气密度。在降落伞研制中,火箭橇试验主要用于测量伞衣气动特性,验证开伞程序,确定开伞过程动载,校核伞衣结构强度。需要注意的是,火箭橇试验时降落伞主要工作在橇体尾流区,尾流干扰会给试验结果带来误差,通常情况下,火箭橇尾流区的速度较自由来流速度偏小,因此降落伞伞前流场动压会出现一定程度损失。

飞机拖曳试验是将降落伞安装于飞机尾部,利用飞机飞行或滑跑时产生的高速运动进行试验的方式。飞机拖曳试验也是降落伞常用的试验方式之一,也是历史最为悠久的试验方式之一,早在1923年美国就曾开展飞机阻力伞的着陆刹车试验。飞机拖曳试验时降落伞位于机体后方,拉直、充气过程及充满后都会受到机体尾流影响,因此,飞机拖曳试验仅适用于航天飞机、空天飞机着陆阻力伞这类前体外形与飞机相似的降落伞减速系统的性能分析,如航天飞机着陆阻力伞曾采用了B-52飞机作为试验载机进行过多次试验,试验得到的伞衣结构强度及开伞过程载荷参数为后续的减速系统的改进设计提供了重要参考。飞机拖曳试验常用测量设备主要包括速度传感器、力传感器和高速相机。

11.4.2 水洞试验

水洞试验是将降落伞安装在水洞中,控制水流以一定速度流过降落伞,以此研究降落伞静态或动态特性的方法。水洞试验与风洞试验的原理相同,只是使用水作为流动介质。与空气相比,水具有高密度、低流速和低质量扩散的特性,并且黏性大,流动更加均匀,水流经过试验模型后出现的各类流动现象更为清晰,因此更适合进行流动显示与流动机理研究,如观测伞衣周围流场中的涡结构、涡的产生与脱落等。按照速度划分,水洞可以分为高速水洞与低速水洞,其中用于空气动力学研究的水洞通常为低速水洞,如NASA兰利中心用于开展空气动力学研究的水洞流速仅有0.23 m/s,德国宇航院的DLR水洞流速也仅有0.5 m/s。

水洞中的水流速度有限,无法模拟航天器的运动速度,主要模拟动压和弗劳德数。水洞中的水流在流速很低的条件下即可达到与高速气流相同的动压,在常压20℃室温环境下,水密度约为空气密度的830倍,动力黏性系数约为空气的55倍,相同的动压条件水流速度仅为空气速度的三十分之一左右。水洞无法模拟速度的另一原因在于水流速度大于特定值后,模型尾流区会形成液体中特有的水压骤然降低、低压气泡突然形成并破裂的"气穴"现象,而"气穴"现象在空气介质中并不存在。此外,水洞尺寸较小,模型尺寸受限,伞衣在水中的充气过程、阻力系数与空气中存在很大差异,因此水洞中并不适于开展降落伞测力试验,仅能用于流动现象的分析,并且所用模型多为金属模型。图11.21为NASA在水洞中开展的"海盗号"火星探测器盘缝带伞试验,试验时水洞中弗劳德数与空气介质下马赫数为 1.4 时大致相同,模型采用图 11.21(a)所示的金属模型,从图 11.21(b)中可以清晰观测到伞衣底部的流动分离以及流体经过盘缝带伞盘与带之间缝隙和顶孔后出现的膨胀波[116]。图 11.22 则为美国空军学院研究人员开展的涤纶材质伞绳水洞试验,从图中可以看到伞绳尾流区出现了涡脱落现象[117]。

(a) 水洞试验模型

(b) 伞衣周围流场

图 11.21　盘缝带伞水洞试验

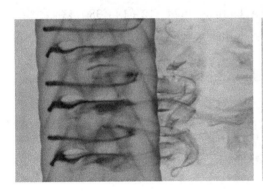

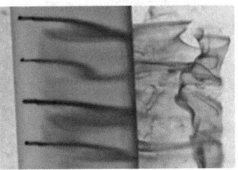

图 11.22　伞绳水洞试验中观测到的涡脱落现象

参 考 文 献

［ 1 ］《降落伞技术导论》编写组.降落伞技术导论［M］.北京：国防工业出版社,1977.

［ 2 ］ 王利荣.降落伞理论与应用［M］.北京：宇航出版社,1997.

［ 3 ］ Ewing E G, Nacke T W, Bixby H W.回收系统设计指南［M］.吴天爵,马宏林,吴剑萍,等译.北京：航空工业出版社,1988.

［ 4 ］ 王希季.航天器进入与返回技术［M］.北京：中国宇航出版社,1991.

［ 5 ］ 荣伟,王海涛.航天器回收着陆技术［M］.北京：中国宇航出版社,2019.

［ 6 ］ Toni R A. Theory on the dynamics of bag strip for a parachute deployment aided by a pilot chute［R］. AIAA 68－925, 1968.

［ 7 ］ Poole L R, Whitesids J L. Suspension-line wave motion during the lines-first parachute unfurling process［J］. AIAA Journal, 1974, 12（1）：38－43.

［ 8 ］ Moog R D. Aerodynamic line bowing during parachute deployment［R］. AIAA 75－1381, 1975.

［ 9 ］ Sundberg W D. Finite-element modeling of parachute deployment and inflation ［R］. AIAA 75－1380, 1975.

［10］ Purvis J W. Prediction of parachute line sail during lines-first deployment［J］. Journal of Aircraft, 1983, 20（11）：940－945.

［11］ 秦子增,郭鹏,陶午沙,等.抽鞭现象研究综述［J］.国防科技大学学报,2010（6）：64－70.

［12］ 宋旭民.大型降落伞开伞过程中的"抽鞭"现象［J］.航天返回与遥感,2009,30（3）：16－21.

［13］ Norman L C, Suit K L. An investigation of the initial century series ringsail parachute［R］. NASA TND－5968, 1970.

［14］ Watts G. Space shuttle solid rocket boost main parachute damage reduction team report［R］.NASA TM－4437, 1993.

［15］ Long L J. Design and development of the model 227 aerial recovery system［R］. AIAA 93－1244, 1993.

［16］ Machin R, Stein J M, Muratore J. An overview of the X－38 prototype crew return vehicle development and test program[R]. AIAA 99 - 1703, 1999.

[17] Mitcheltree R, Bruno R. High altitude test program for a Mars subsonic parachute [R]. AIAA 2005 - 1659, 2005.

[18] 王海涛,秦子增,宋旭民,等.大型降落伞拉直过程的抽打现象分析[J].国防科技大学学报,2010,32(5): 34 - 39.

[19] 王海涛,秦子增,宋旭民,等.牵顶伞对大型降落伞拉直过程的影响分析[J].国防科技大学学报,2010,32(4): 49 - 55.

[20] 丁娣,程文科.大型伞绳帆和抽打现象连续模型及验证[J].航天返回与遥感,2010,31(5): 22 - 26.

[21] Berndt R J, Deweese J H. Filling time prediction approach for solid cloth type parachute canopies[R]. AIAA 1966 - 1503, 1966.

[22] Heinrich H G. Analysis of parachute opening dynamics with supporting wind tunnel experiments[R]. AIAA - 1968 - 924, 1968.

[23] Popp K A, Jahari H, Lee C K. Wind tunnel experiments on characteristics of small-scale parachutes[R]. AIAA - 99 - 1748, 1999.

[24] Desabrais K J, Johari H. The flow in the near wake of an inflating parachute canopy[R]. AIAA 2001 - 2009, 2001.

[25] Johari H, Levshin A. Deformation of a round parachute canopy due to a line vortex[R]. AIAA 2007 - 2506, 2007.

[26] Ghaem-Maghami E, Desabrais K J, Johari H. Measurement of the geometry of a parachute canopy using image correlation photogrammetry[R]. AIAA 2007 - 2568, 2007.

[27] Yakimenko O A, Berlind R M, Albright C B. Status on video data reduction and air delivery payload pose estimation[R]. AIAA 2007 - 2552, 2007.

[28] Ray E, Bretz D I. Improved CPAS photogrammetric capabilities for engineering development unit (EDU) testing[C]. 22nd AIAA Aerodynamic Decelerator Systems Technology Conference, Daytona Beach, 2013.

[29] Wolf D F. A simplified dynamic model of parachute inflation[R]. AIAA 73 - 450, 1973.

[30] McVey D F, Wolf D F. Analysis of deployment and inflation of large ribbon parachutes[J]. Journal of Aircraft, 1974, 11(2): 96 - 103.

[31] Macha J M. A simple approximate model of parachute inflation[R]. AIAA 93 - 1206, 1993.

[32] Sundberg W D. Status report: Parachute system design, analysis and simulation tool[R]. AIAA 93 - 1208, 1993.

[33] Heinrich H G, Saari D P. Parachute opening shock calculations with experimentally established input functions[J]. Journal of Aircraft, 1978, 15(2): 100 - 105.

[34] Cruz J R. Opening loads analyses for various disk-gap-band parachutes [R]. AIAA 2003 - 2131, 2003.

[35] Doherr K F. Extended parachute opening shock estimation method[R]. AIAA 2003 - 2173, 2003.

[36] Potvin J. Momentum-Impulse balance and parachute inflation: Rocket-Propelled payloads[J]. Journal of Aircraft, 2007, 44(3): 1039 - 1042.

[37] Johari H, Stein K, Tezduyar T E. Impulsively started flow about a rigid parachute canopy[J]. Journal of Aircraft, 2001, 38 (6): 1102 - 1109.

[38] Desabrais K J, Johari H. Near-Field wake of a generic, round parachute canopy in steady flow [C]. 39th AIAA Aerospace Sciences Meeting and Exhibit, Reno, 2001.

[39] Johari H, Desabrais K J. A coupled fluid-structure parachute inflation model[C]. 17th AIAA Aerodynamic Decelerator Systems Technology Conference and Seminar, Monterey, 2003.

[40] Sundberg W D. New solution method for steady-state canopy structural loads[J]. Journal of Aircraft, 1988, 25 (11): 1045 - 1051.

[41] Benney R, Stein K, Zhang W, et al. Controllable airdrop simulations utilizing a 3 - D structural dynamic model [C]. 15th Aerodynamic Decelerator Systems Technology Conference, Toulouse, 1999.

[42] Stein K, Tezduyar T E, Benney R. Computational methods for modeling parachute systems[J]. Computing in Science and Engineering, 2003, 5 (1): 39 - 46.

[43] Kalro V, Aliabadi S, Garrard W, et al. Parallel finite element simulation of large ram-air parachutes [J]. International Journal for Numerical Methods in Biomedical Engineering, 1997, 24 (12): 1353 - 1369.

[44] Stein K, Benney R, Kalro V, et al. 3 - D computation of parachute fluid-structure interactions: Performance and control [C]. 15th Aerodynamic Decelerator Systems Technology Conference, Toulouse, 1999.

[45] Tezduyar T E. Stabilized finite element formulations for incompressible flow computations[J]. Advances in Applied Mechanics, 1991, 28 (1): 1 - 44.

[46] Tezduyar T E, Behr M, Mittal S. Computation of unsteady incompressible flows with the finite element methods space-time formulations, iterative strategies and

massively parallel implementations [J]. New Methods in Transient Analysis, 1992, 143 (1): 7 - 24.

[47] Wolf D F. The dynamic stability of a nonrigid parachute and payload system[J]. Journal of Aircraft, 1971, 8: 603 - 609.

[48] Ibrahim S K, Engdahl R A. Parachute dynamics and stability analysis[R]. NASA CR - 120326, 1974.

[49] 程文科.一般降落伞-载荷系统动力学及其动稳定性分析[D].长沙:国防科学技术大学,2000.

[50] Raiszadeh B, Queen E M. Virginia partial validation of multibody program to optimize simulated trajectories II (POST II) parachute simulation with interacting forces[R]. NASA/TM - 2002 - 211634, 2002.

[51] Raiszadeh B. Multibody parachute flight simulations for planetary entry trajectories using "equilibrium points"[C]. 13th AAS/AIAA Space Flight Mechanics Meeting, Ponce, 2003.

[52] Kurashova M, Vishnyak A. Identification of a paraglider longitudinal aerodynamic characteristics[R]. AIAA 1995 - 1560, 1995.

[53] Jann T. Aerodynamic model identification and GNC design for the parafoil-load system AXLEX[R]. AIAA 2005 - 2015, 2005.

[54] Jann T. Aerodynamic coefficients for a parafoil wing with arc anhedral-theoretical and experimental results[R]. AIAA 2003 - 2106, 2003.

[55] Rogers R. Aerodynamic parameter estimation for controlled parachutes[R]. AIAA 2002 - 4708, 2002.

[56] Hur G, Valasek J. System identification of powered parafoil-vehicle from flight test data[R]. AIAA 2003 - 5539, 2003.

[57] Kothandaraman G, Rotea M. SPSA algorithm for parachute parameter estimation [C]. 17th AIAA Aerodynamic Decelerator Systems Technology Conference and Seminar, Monterey, 2003.

[58] 王海涛,郭叔伟,郭鹏,等.遗传算法在降落伞气动力参数辨识中的应用[J].宇航学报,2010,31(4):981 - 986.

[59] 王海涛,秦子增.基于遗传算法的大型降落伞气动力参数辨识[J].国防科技大学学报,2010,32(1):28 - 34.

[60] Miguel A G, Francisco Z. Integrated design and testing tool[R]. AIAA 97 - 1452, 1997.

[61] Adler D, Trogus W, Bachor E. PASDA-A tool to design atmospheric descent bodies with parachutes[J]. Advances in Space Research, 1995, 16 (6):

113 – 116.

[62] Sundberg W D. Status report：Parachute system design，analysis and simulation tool[R]. AIAA 93 – 1208, 1993.

[63] Raiszadeh B, Queen E M. Partial validation of multibody program to optimize simulated trajectories II（POST II）parachute simulation with interacting forces [R]. NASA/TM – 2002 – 211634, 2002.

[64] Balaram J, Austin R, Banerjee P. A high-fidelity dynamics and spacecraft simulator for entry, descent and surface landing[R]. IEEE 0 – 7803 – 7231 – X/ 01, 2002.

[65] Cuthbert P A. A software simulation of cargo drop tests[R]. AIAA 2003 – 2132, 2003.

[66] Ray E S. Updated reconstruction methods for modeling orion parachute loads[R]. AIAA 2019 – 3143, 2019.

[67] Taylor A P, Murphy E. The DCLDYN parachute inflation and trajectory analysis tool-an overview[R]. AIAA 2005 – 1624, 2005.

[68] Eaton J A. Added fluid mass and the equations of motion of a parachute[J]. The Aeronautical Quarterly, 1983, 34（3）：226 – 242.

[69] Lamb H.理论流体动力学[M].游镇雄,牛家玉,译.北京：科学出版社,1990.

[70] Yavuz T. The equations of motion of a parachute system descending through a real fluid[J]. The Aeronautical Journal, 1985, 89(889)：349 – 352.

[71] 宋旭民.大型降落伞系统动力学建模及抽鞭现象研究[D].长沙：国防科学技术大学,2006.

[72] Hwang Y L. Nonlinear analysis of mooring lines[R]. OMAE, 1986.

[73] 纪宝淳.水下缆索之振动分析[D].高雄：台湾中山大学,2001.

[74] Oprea J.微分几何及其应用[M].陈志奇,李君,译.北京：机械工业出版社,2006.

[75] 王海涛.大型降落伞抽打现象及运动稳定性研究[D].长沙：国防科学技术大学,2006.

[76] Potvin J. Simple description of airflow characteristics inside an unfolding parachute[J]. Journal of Aircraft, 2015, 36(5)：809 – 818.

[77] Lummer O. Uber due theorie des knalls [J]. Schlesische Gesellschaft for Vaterlandische Kultur, 1905, 83(II)：2.

[78] Krehl P, Engeman S, Schwenkel D. The puzzle of whip cracking-uncovered by a correlation of whip-tip kinematics with shock wave emission[J]. Shock Waves, 2002(8)：1 – 9.

［79］蔡金狮.飞行器系统辨识［M］.北京：宇航出版社,1995.

［80］Kalman R E . A new approach to linear filtering and prediction problems［J］. Journal of Basic Engineering, 1960, 82D：35－45.

［81］Kalman R E, Bucy R. New results in linear filtering and prediction theory［J］. Journal of Basic Engineering, 1961, 83D：95－108.

［82］Bryson A E Jr, Ho Y C. Applied optimal control ［M］. Waltham：Blaisdell, 1969.

［83］周明,孙树栋.遗传算法原理及应用［M］.北京：国防工业出版社,1999.

［84］崔逊学.多目标进化算法及其应用［M］.北京：国防工业出版社,2006.

［85］钱炜祺,汪清,王文正,等.遗传算法在气动力参数辨识中的应用［J］.空气动力学学报,2003,21(2)：196－201.

［86］钱炜祺,汪清,何开锋,等.混合遗传算法在气动力参数辨识中的应用［J］.飞行力学,2004,22(1)：33－36.

［87］郭鹏.大型降落伞开伞过程研究［D］.长沙：国防科学技术大学,2012.

［88］熊菁.翼伞系统动力学与归航方案研究［D］.长沙：国防科学技术大学,2005.

［89］余莉.气动减速技术［M］.北京：科学出版社,2018.

［90］Lissaman P B, Brown G J. Apparent mass effects on parafoil dynamics［R］. AIAA 93－1236, 1993.

［91］Barrows T M. Apparent mass of parafoils with spanwise camber［J］. Journal of Aircraft, 2002, 39 (3)：445－451.

［92］Nicolaides J D. Parafoil wind tunnel tests［R］. AFFDL－TR－70－146, 1970.

［93］Goodrick T F.Simulation studies of the flight dynamics of gliding parachute system［R］. AIAA 79－0417, 1979.

［94］郭叔伟.载人飞船回收着陆半实物仿真系统及试验研究［D］.长沙：国防科学技术大学,2009.

［95］王海涛,程文科,秦子增.月球取样返回器回收半实物仿真系统研究［J］.航天返回与遥感,2014,35(6)：28－36.

［96］荣伟,陈旭.火星探测用降落伞研制试验简介［J］.航天返回与遥感,2007,28(1)：12－17.

［97］高树义,戈嗣诚,梁艳.火星盘缝带伞跨声速风洞试验研究［J］.中国空间科学技术,2015(4)：69－75.

［98］高树义,李健.天问一号火星探测器降落伞研制的回顾［J］.中国航天,2021(6)：32－38.

［99］Youssef M, Baptiste L, Luca F, et al. Development of pressure-sensitive paints for flexible parachutes［R］. AIAA 2015－2168, 2015.

[100] Carlie H Z, Juan R C, Donald F K, et al. Wind tunnel test of subscale ringsail and disk-gap-band parachutes[R]. AIAA 2016 – 3882, 2016.

[101] Zell P T, Cruz J R, Witkowski A. Structural testing of parachutes in the national full-scale aerodynamics complex 80 – by – 120 – foot wind tunnel at NASA AMES research center[R]. AIAA 2003 – 2130, 2003.

[102] Sengupta A, Wernet M, Roeder J, et al. Supersonic testing of 0.8m disk-gap-band parachutes in the wake of a 70 deg sphere cone entry vehicle[R]. AIAA 2009 – 2974, 2009.

[103] Sengupta A. Fluid structure interaction of parachutes in supersonic planetary entry[R]. AIAA 2011 – 2541, 2011.

[104] Wernet M P, Locke R J, Wroblewski A, et al. Application of stereo PIV on a supersonic parachute model[R]. AIAA 2009 – 70, 2009.

[105] Seidel J, Bergeron K. Wind tunnel investigations of billowing effects on rigid ram air parachute models[R]. AIAA 2017 – 4057, 2017.

[106] Maskell E C. A theory of the blockage effects on bluff bodies and stalled wings in a closed wind tunnel[R]. AD-A955243, 1963.

[107] Macha J M, Buffington R J. Wall-Interference corrections for parachutes in a closed wind tunnel[J]. Journal of Aircraft, 1990, 27(4): 320 – 325.

[108] Macha J M, Buffington R J, Henfling J. Slotted-Wall research with disk and parachute models in a low-speed wind tunnel[R]. AIAA 90 – 1407, 1990.

[109] Cruz J R, Mineck R E, Keller D F, et al. Wind tunnel testing of various disk-gap-band parachutes[R]. AIAA 2003 – 2129, 2003.

[110] Eugene E, Niemi Jr. An improved scaling law for determining stiffness of flat circular canopies[R]. AD – A251384, 1992.

[111] 张宇.火星降落伞的结构设计与初步性能试验研究[J].航天返回与遥感, 2011,32(3): 16 – 22.

[112] 李健,唐明章."神舟八号"飞船主伞的改进设计与试验[J].航天返回与遥感,2011,32(6): 26 – 32.

[113] Moore J W, Romero L M. An airborne parachute compartment test bed for the orion parachute test program[R]. AIAA 2013 – 1289, 2013.

[114] Mitcheltree R, Bruno R, Slimko E, et al. High altitude test program for a Mars subsonic parachute[R]. AIAA 2005 – 1659, 2005.

[115] Sonneveldt B S, Clark I G, O'Farrell C. Summary of the advanced supersonic parachute inflation research experiments (ASPIRE) sounding rocket tests with a disk-gap-band parachute[R]. AIAA 2019 – 3482, 2019.

[116] Jaremenko I, Steinberg S, Faye-Petersen R. Scale model test results of the Viking parachute system at Mach Number from 0.1 through 2.6[R]. TR - 3720181, 1971.

[117] Seifers T, Greene K, McLaughlin T E, et al. Wind and water tunnel measurements of parachute suspension line[R]. AIAA 2013 - 0064, 2013.